职业教育云计算应用系列教材

云架构设计实战

主　编　王隆杰　齐　坤
参　编　杨名川　屈海洲

机械工业出版社

本书以当前亚马逊云（北京区域或宁夏区域）作为平台，介绍如何在云上构建常用的云服务。本书共 12 个单元，分为两篇：服务篇和架构优化篇。单元 1~8 为服务篇，介绍典型的云服务。单元 1 介绍云计算的概念以及如何访问亚马逊云科技服务；单元 2 介绍云服务中最基础的计算服务和块存储服务；单元 3 介绍亚马逊云科技的核心服务 VPC；单元 4 介绍身份和访问管理；单元 5 介绍关系型数据库服务和 NoSQL 数据库服务；单元 6 介绍网络文件系统和对象存储服务；单元 7 介绍域名系统和内容分发网络服务；单元 8 介绍监控服务。单元 9~12 为架构优化篇，介绍如何使用一些服务进行架构的部分优化。单元 9 介绍使用自动化部署服务减少重复性部署工作量，以及使用数据加密服务来保障数据安全；单元 10 介绍负载均衡与自动扩展服务以实现冗余和弹性伸缩；单元 11 介绍使用无服务器架构降低云成本，以及使用消息队列、消息通知服务将应用程序从同步模式改造为异步模式，并部分实现基础设施的解耦；单元 12 介绍成本优化。

本书采用项目式编写形式，内容具有实用性，读者可学以致用，根据书中的步骤完成亚马逊云上常用服务的构建。本书可作为各类职业院校云计算技术应用及相关专业的教材，也可供计算机爱好者参考使用。

为方便教学，本书配备电子课件等教学资源。凡选用本书作为教材的教师均可登录机械工业出版社教育服务网 www.cmpedu.com 进行免费下载。

图书在版编目（CIP）数据

云架构设计实战 / 王隆杰，齐坤主编 . — 北京：机械工业出版社，2023.8
职业教育云计算应用系列教材
ISBN 978-7-111-73548-9

Ⅰ. ①云… Ⅱ. ①王… ②齐… Ⅲ. ①云计算-职业教育-教材 Ⅳ. ①TP393.027

中国国家版本馆CIP数据核字（2023）第135596号

机械工业出版社（北京市百万庄大街22号 邮政编码100037）
策划编辑：赵志鹏　　责任编辑：赵志鹏　张翠翠
责任校对：龚思文　陈　越　　封面设计：马精明
责任印制：单爱军
北京虎彩文化传播有限公司印刷
2023年10月第1版第1次印刷
184mm × 260mm · 16.75印张 · 435千字
标准书号：ISBN 978-7-111-73548-9
定价：54.00元

电话服务
客服电话：010-88361066
　　　　　010-88379833
　　　　　010-68326294

网络服务
机　工　官　网：www.cmpbook.com
机　工　官　博：weibo.com/cmp1952
金　　书　　网：www.golden-book.com
机工教育服务网：www.cmpedu.com

前言

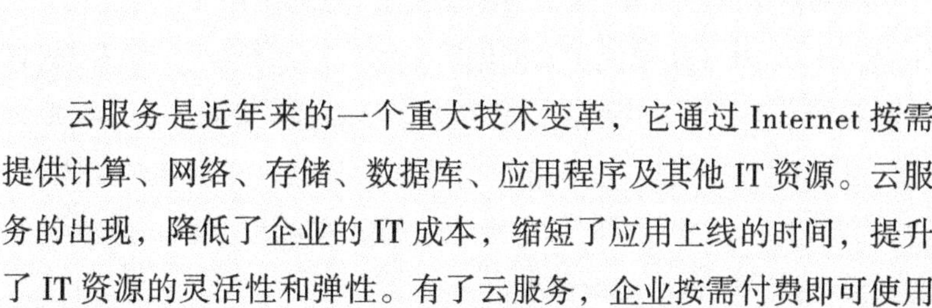

云服务是近年来的一个重大技术变革，它通过 Internet 按需提供计算、网络、存储、数据库、应用程序及其他 IT 资源。云服务的出现，降低了企业的 IT 成本，缩短了应用上线的时间，提升了 IT 资源的灵活性和弹性。有了云服务，企业按需付费即可使用所需的云服务，而不必关心云中的技术细节，企业可以更加专注于业务的开发。

亚马逊云科技（Amazon Web Services）作为全球排名名列前茅，技术成熟且稳定的云服务商，从 2013 年起进入我国。2016 年 9 月，由光环新网运营的亚马逊云科技中国（北京）区域正式商用。2017 年 12 月，由西云数据运营的亚马逊云科技中国（宁夏）区域正式上线。2019 年 4 月，亚马逊云科技亚太（中国香港）区域正式上线。由光环新网运营的北京区域和西云数据运营的宁夏区域提供与全球各地的其他亚马逊云科技区域相似的技术服务平台，保存北京区域和宁夏区域的数据或信息只保留在各自的区域，除非是客户将其转移到其他位置。本书使用北京区域或宁夏区域的云服务进行介绍。

职业教育是面向岗位的教育，为了应对社会的需要，高等职业教育开设了云计算技术应用专业，培养具有高技术技能的云计算工程师。除了云计算技术应用专业外，计算类相关专业，如计算机网络技术、计算机应用技术、软件技术、信息安全技术应用等专业，也需要学习云服务的内容。本书是面向云服务的入门者而编写的，特别是高职及应用型本科的学生，旨在使读者能够通过学习本课程掌握如何在云上构建 IT 服务或者把企业现有的 IT 服务迁移到云上。

本书详细地介绍了在亚马逊云科技上使用常见服务的步骤，

读者按照步骤就能完成每个任务。作为入门级教材，不仅介绍具体的操作步骤，也介绍基本原理，读者能知其然及知其所以然。读者能够通过亚马逊云科技的学习掌握云服务相关的概念，包含云主机、云存储、云网络、云数据库、对象存储、访问控制、网络文件系统、DNS、CDN、监控、无服务器架构等，为日后学习和使用其他运营商的云服务打下基础。本书涵盖了亚马逊云科技云架构助理工程师（Amazon Web Services Solutions Architect-Associate）认证的大部分内容，体现了完善亚马逊云科技架构的六大支柱（卓越运营、安全性、可靠性、性能效率、成本优化和可持续性）的部分思想。学习本书所需的大概课时为56学时或两周的实训时间。

本书由王隆杰（第4~7、12单元）、齐坤（第1、8单元）、杨名川（第2、3、9单元）、屈海洲（第10、11单元）共同编写，由王隆杰统稿。编写团队具有多年的亚马逊云科技云架构课程教学经验。本书编写过程得到了Amazon Web Services Academy的大量帮助，并得到了亚马逊云科技工作人员王晓薇、孙展鹏、田锴、王向炜、梁鹏程、李锦鸿、王宇博、费良宏、钱凯、周君、刘奭、徐晓等的大力支持，在此表示衷心的感谢。虽尽作者所能，但书中难免有疏漏之处，敬请读者批评指正。

编　者

目 录

架构优化篇

服务篇

亚马逊云科技提供功能齐全的云服务，其中包括计算、存储、数据库、分析、联网、移动产品、开发人员工具、管理工具、物联网、机器学习程序等，为数百万用户降低了成本，提高了敏捷性并加速了创新。

本篇将介绍弹性计算服务 Amazon EC2、块存储服务 Amazon EBS、虚拟私有云服务 Amazon VPC、身份验证和访问控制服务 Amazon IAM、关系型数据库服务 Amazon RDS、NoSQL 数据库服务 Amazon DynamoDB、网络文件系统 Amazon EFS、对象存储服务 Amazon S3、域名服务 Amazon Route 53、内容分发服务 Amazon CloudFront，以及监控服务 Amazon CloudWatch 和 Amazon CloudTrail。

单元 1

云计算及亚马逊云科技简介

单元概述

随着互联网技术的高速发展，云计算得到了广泛应用。在众多的云平台中，亚马逊云科技（Amazon Web Services）无疑是全球中非常全面且应用广泛的云平台。本单元将介绍云计算的概念与优势，让用户了解亚马逊云科技。

学习目标

通过学习本单元，读者应掌握以下知识点和技能点。

知识点：

- 云计算的概念
- 云计算的优势
- 什么是亚马逊云科技
- 亚马逊云科技基础设施

技能点：

- 注册亚马逊云科技中国区账号

项目 1.1 了解云计算

项目描述

本项目主要介绍云计算的相关概念以及云计算的优势。

任务 1.1.1　了解云计算的概念

1. 什么是云计算

2006 年，Google 首席执行官埃里克·施密特（Eric Schmidt）首次提出“云计算”（Cloud Computing）的概念。2006 年 3 月 14 日，亚马逊云科技推出第一项商用存储服务 Amazon S3，从此云计算技术和相关产业迅速发展，应用也日益广泛。

“云”实质上就是一个网络。狭义上讲，云计算就是一种提供资源的网络。使用者可以随时获取“云”上的资源，并且资源可以看成是无限扩展的，只要按使用量付费就可以。“云”就像自来水厂一样，人们可以随时接水，并且不限量供应，只要按照自己家的用水量付费给自来水厂就可以。

从广义上说，云计算是与信息技术、软件、互联网相关的一种服务，这种计算资源共享池称为“云”。云计算把许多计算资源集合起来，通过软件实现自动化管理，只需要很少的人参与，就能让资源被快速提供。也就是说，计算能力作为一种商品，可以在互联网上流通，就像水、电、煤气一样，可以方便地取用，且价格较为低廉。

总之，云计算不是一种全新的网络技术，而是一种全新的网络应用概念。云计算的核心概念是以互联网为中心的，在互联网上提供快速且安全的云计算服务与数据存储，让每一个使用互联网的人都可以使用网络上的庞大计算资源与数据中心。

美国国家标准与技术研究院（NIST）对云计算的定义为“云计算是一种按使用量付费的模型，这种模型提供可用的、便捷的、按需的网络访问，从可配置的计算资源共享池获取所需的资源（如网络、服务器、存储、应用程序和服务），这些资源能够快速提供并释放，使管理资源的工作量或与服务提供商的交互减小到最低限度”。

2. 云计算的模式

云计算让开发人员和 IT 部门可以全身心投入最有价值的工作，避免被采购、维护、容量规划等重复性的工作分散精力。云计算已经日渐普及，并拥有了几种不同的模型和部署策略，以满足不同用户的特定需求。每种类型的云服务和部署方法都提供了不同级别的控制力、灵活性和管理功能。理解基础设施即服务、平台即服务和软件即服务之间的差异，以及可以使用的部署策略，有助于根据需求选用合适的服务组合。

（1）按服务模式分类

云计算的 3 种主要类型包括基础设施即服务（Infrastructure as a Service，IaaS）、平台即服务（Platform as a Service，PaaS）和软件即服务（Software as a Service，SaaS）。用户可以根据需要选择正确的服务集。

1）基础设施即服务（IaaS）：IaaS 包含云 IT 的基本构建块，通常提供对联网功能、计算机（虚拟或专用硬件）及数据存储空间的访问。IaaS 提供最高等级的灵活性和对 IT 资源的管理控制，其机制与众多 IT 部门和开发人员所熟悉的现有 IT 资源最为接近，用户可以管理物理或虚拟服务器及操作系统（如 Windows 或 Linux）。

2）平台即服务（PaaS）：PaaS 消除了组织对底层基础设施（一般是硬件和操作系统）的管理需要，让用户可以将更多精力放在应用程序的部署和管理上。这有助于提高效率，因为用户不用操心资源购置、容量规划、软件维护、补丁安装或与应用程序运行有关的任何无差别的繁重工作。PaaS 还为开发人员提供了一个框架，可基于该框架创建自定义应用程序。

3）软件即服务（SaaS）：SaaS 提供了一种完善的产品，其运行和管理皆由服务提供商负责。人们通常所说的 SaaS 是终端用户应用程序。使用 SaaS 产品时，服务的维护和底层基础设施的管理都不用用户操心，用户只需要考虑怎样使用 SaaS 软件就可以了。SaaS 的常见应用例子是基于 Web 的电子邮件，在这种应用场景中，用户可以收发电子邮件，而不用进行电子邮件产品的功能添加，也不需要维护电子邮件程序运行所在的服务器和操作系统。

（2）按部署模式分类

云计算按部署方式可分为 3 类：公有云、私有云和混合云。

1）公有云：公有云是由云运营商构建和运营的云，以满足用户的需求。基于云的应用程序完全部署在云中，并且应用程序的所有部分都在云中运行。云中的应用程序既可以在云中创建，也可以从现有基础设施中迁移而来。基于云的应用程序可以构建在底层的基础设施组件（如联网、计算或存储）上，也可以使用上层的服务来提供核心基础设施的管理、架构和扩展要求的抽象信息。

2）私有云：当用户从自己的数据中心构建和运营云基础设施时，称为本地云或私有云。它可提供专有资源，是需要满足特定合规性标准的组织的热门选择。在大多数情况下，这种部署模式与传统 IT 基础设施相同，使用应用程序管理和虚拟化来提高资源利用率。

3）混合云：混合部署是将基于云的资源与云以外的现有资源之间的基础设施和应用程序连接起来。常见的混合部署是在云和现有本地基础设施（有时称为本地）之间部署。本地基础设施位于企业的物理范围内，通常位于公司的数据中心内。混合部署方式用于将企业的基础设施扩展到云中，同时将云资源连接到内部系统。

任务 1.1.2 了解云计算的优势

云计算通过互联网按需提供 IT 资源，并且采用按使用量付费的定价方式，使用者可以根据需要从云提供商那里获得技术服务。那么云计算和传统 IT 服务相比较具有哪些优势呢？

1. 敏捷性

云计算可以使用户轻松地使用各种技术，从而更快地进行创新，并构建几乎任何可以想象的东西。用户可以根据需要快速启动资源，包括从计算、存储和数据库等基础设施服务到物联网、机器学习、数据湖和分析等。

用户可以在几分钟内部署技术服务，并且从构思到实施的速度呈数量级增长。用户可以自由地进行试验，测试新想法，以打造独特的客户体验并实现业务转型。

2. 弹性

在使用云计算之前，用户必须猜测满足使用量峰值所需的资源量。该方法是以用户可以准确预测使用量峰值为前提的。当用户猜测时，极有可能会购买过多或过少的资源。如果购买的过多，则会浪费资金；如果购买得过少，将会发生停机。利用云计算，这些问题都不会出现。

借助云计算，用户无须为日后处理业务活动高峰而预先过度预置资源；相反，可以根据实际需求预置资源量。用户可以根据业务需求的变化立即扩展或缩减这些资源，以扩大或缩小容量。

3. 节省成本

使用云计算，企业无须再投资于数据中心和服务器（资本支出），可以通过按使用量付费的模式仅按实际使用量付费（可变费用）。这使企业可以节省技术资金，并能够在几分钟（而不是数周或数天）内按照所需的空间适应新的应用程序。

此外，相比于传统的数据中心，因为云计算会汇集成千上万的客户，因此像亚马逊云科技这样的提供商可以实现更高的规模经济，并将这一特点转化成更低的按使用量付费的价格。

4. 全球部署

借助云计算，企业可以扩展到新的地理区域，并在几分钟内进行全局部署。例如，亚马逊云科技的基础设施部署在全球多个国家和地区，用户只需单击几下即可在多个物理位置部署应用程序。将应用程序部署在离最终用户更近的位置可以减少延迟并改善他们的体验。

项目 1.2　了解亚马逊云科技

项目描述

2006 年，亚马逊云科技（Amazon Web Services）发布了 3 款最早的云计算服务：对象存储 Amazon Simple Storage Service（Amazon S3）、Amazon EC2（Elastic Compute Cloud）和 Amazon SQS（Simple Queue Service）。多年来，亚马逊云科技已成为几乎所有用户都在使用的平台。目前，亚马逊云科技平台的产品和服务已经成为不同行业的企业客户的热门选择之一。本项目主要介绍亚马逊云科技的概念、提供的基础设施，以及用户如何注册账户来访问亚马逊云科技。

任务 1.2.1　了解什么是亚马逊云科技

1. 亚马逊云科技简介

亚马逊云科技是全球最全面、应用最广泛的云平台，从全球数据中心提供超过 200 项（截至 2021 年 12 月）功能齐全的服务。数百万客户（包括增长快速的初创公司、大型企业和主要的政府机构）都在使用亚马逊云科技来降低成本，提高敏捷性并加速创新。

多年来，亚马逊云科技已成为大部分用户都在使用的平台。亚马逊云科技平台的产品和服务已经成为顶级企业客户的热门选择之一。亚马逊云科技作为领先的云平台，具有以下特点。

（1）服务最广

从计算、存储和数据库等基础设施技术，到机器学习、数据湖和分析以及物联网等新兴技术，亚马逊云科技提供的服务以及其中的功能十分丰富。这使得将现有应用程序迁移到云中变得更快、更容易且更具成本效益。例如，亚马逊云科技提供了种类繁多的数据库，这些数据库是为不同类型的应用程序专门构建的，因此用户可以选择适合作业的工具来获得最佳的成本和性能。

（2）拥有大量客户群体和合作伙伴社区

亚马逊云科技拥有大量且具有活力的社区，在全球拥有数百万活跃客户和成千上万个合作伙伴。大部分行业的客户（包括初创公司、企业和公共部门组织）都在亚马逊云科技上运行其使用案例。亚马逊云科技合作伙伴网络（APN）包括专注于亚马逊云科技服务的数千个系统集成商和成千上万个将其技术应用到亚马逊云科技中的独立软件供应商（ISV）。

（3）安全功能完善

亚马逊云科技的核心基础设施是为了满足全球的银行和其他高度敏感性组织的安全要求而构建的。亚马逊云科技支持 90 个安全标准和合规性认证，而且存储客户数据的 117 项亚马逊云科技服务均具有加密此类数据的能力。

（4）具有更快的创新速度

借助亚马逊云科技，用户可以利用新技术更快地进行试验和创新。同时，亚马逊云科技将不断加快创新步伐，以发明可用于转变业务的全新技术。例如，2014 年，亚马逊云科技通过推出 Amazon Lambda 在无服务器计算领域开了先河，该平台使开发人员无须预置或管理服务器即可运行其代码。2017 年，亚马逊云科技构建了 Amazon SageMaker，这是一种完全托管的机器学习服务，可让日常开发人员和科学家不需要任何前置经验即可运用机器学习。

（5）具有更成熟的运营专业能力

亚马逊云科技具有的经验、成熟度、可靠性、安全性和性能，使用户可以放心地将其用于重要的应用程序。在超过 15 年的时间中，亚马逊云科技一直在为全球数百万用户提供云服务。

2. 亚马逊云科技提供的服务

目前，亚马逊云科技从数据库到部署工具，从目录到内容交付，从网络到计算服务，提供了超过 200 多种的服务（截至 2021 年 12 月）。所有这些服务都位于亚马逊云科技全球基础设施上，用于帮助企业扩展和增长。

如图 1-1 所示，亚马逊云科技服务通常分为不同的类别，如计算、联网、存储、应用程序服务、数据库、分析和管理工具等。

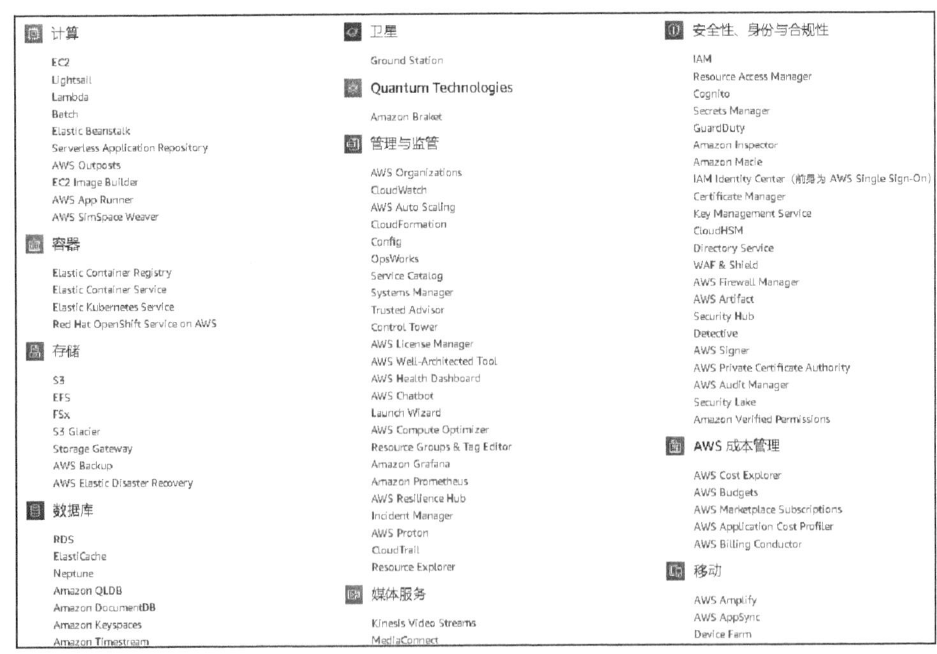

图 1-1　亚马逊云科技的类别

亚马逊云科技的核心服务是指广泛而深入的一组核心云基础设施服务，如计算、联网、存储、数据库等。

亚马逊云科技的基础服务是指为分析、企业、移动和 IoT 平台提供基于云的解决方案的服务组，如分析、企业引用程序、移动服务、物联网等。

亚马逊云科技开发人员工具也是一组服务。

随着用户开始使用亚马逊云科技，亚马逊云科技服务阵列可能会令人畏惧。最初，用户只需关注几个核心服务。具体而言，应当了解核心服务组中的以下服务：

1）计算。

- Amazon Elastic Compute Cloud（EC2）。
- Amazon Lambda。
- Amazon Elastic Beanstalk。

2）联网。

- Amazon Virtual Private Cloud（VPC）。
- Amazon Route 53 及 DNS（域名服务）。

3）存储。

- Amazon Elastic Block Store（EBS）。
- Amazon S3（简单存储服务）。
- Amazon Glacier。

4）数据库。

- Amazon RDS（关系型数据库服务）。
- Amazon DynamoDB（NoSQL 数据库）。

任务 1.2.2　了解亚马逊云科技基础设施

1. 亚马逊云科技全球基础设施

亚马逊云科技拥有广泛的全球云基础设施。2021 年 12 月，为超过 245 个国家或地区的数百万个客户提供服务，帮助全球客户实现更低的延迟性、更高的吞吐量和冗余度，确保他们的数据仅驻留在其指定的区域。在客户拓展其业务时，亚马逊云科技将持续提供满足其全球需求的基础设施。亚马逊云科技云基础设施包括区域（Region）、可用区（Availability Zone，AZ）、边缘站点、本地扩展区、Wavelength Zones、Outposts，如图 1–2 所示。

图 1–2　亚马逊云科技基础设施

截至 2022 年 3 月，亚马逊云科技已在全球 26 个区域内运营着 84 个可用区，并宣布计划新增 8 个亚马逊云科技区域、24 个可用区。Gartner 已将亚马逊云科技区域 / 可用区模式评为运行需要高可用性的企业级应用程序的推荐方法。

（1）亚马逊云科技区域

亚马逊云科技设定了区域的概念，即人们在世界各地聚集数据中心的物理位置。每个逻辑数据中心组都称为可用区，如图 1–3 所示。亚马逊云科技区域由一个地理区域内的多个隔离的且在物理上分隔的可用区组成。与其他通常将区域定义为一个数据中心的云提供商不同的是，为每个亚马逊云科技区域设计多个可用区可为客户提供优势。每个可用区都有独立的电力、冷却和物理安全性，并通过冗余的超低延迟网络连接。专注于高可用性的亚马逊云科技客户可以将他们的应用程序设计为在多个可用区中运行，以实现更大的容错能力。亚马逊云科技基础设施区域可满足最高级别的安全性、合规性和数据保护要求。

亚马逊云科技提供了广泛的全球覆盖范围，而且为了支持其全球覆盖范围和确保为世界各地的客户提供服务，亚马逊云科技会迅速开辟新区域。亚马逊云科技提供多个地理区域的服务。

（2）亚马逊云科技可用区

如图 1–4 所示，可用区（AZ）指的是亚马逊云科技区域中的一个或多个离散的数据中心。在可用性、容错能力和可扩展性方面，可用区能够让客户运行比单个数据中心更强的生产应用程序和数据库。

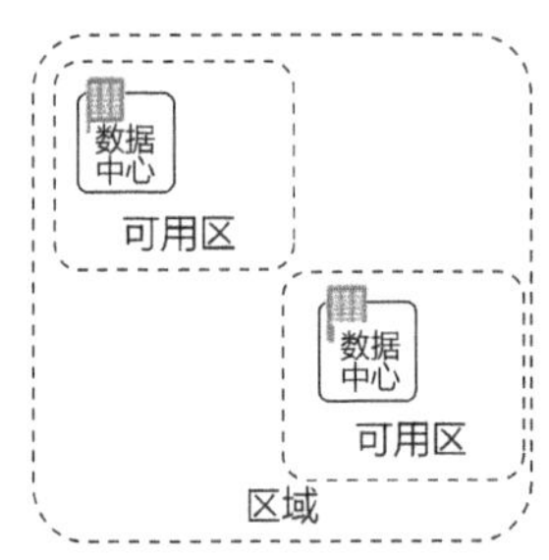

图 1–3　亚马逊云科技区域

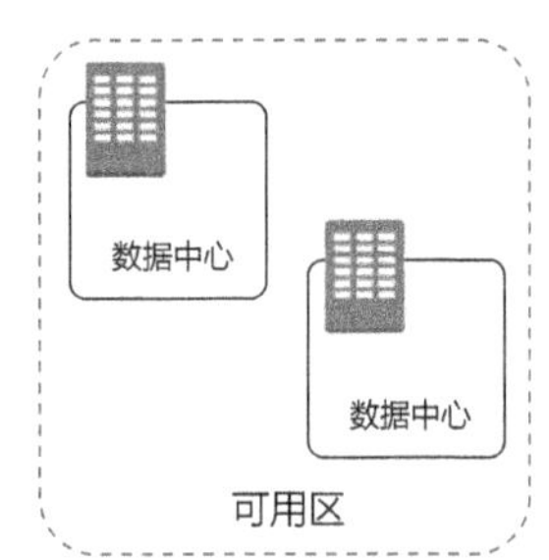

图 1–4　亚马逊云科技可用区

每个可用区都是独立的，各可用区之间间隔一定距离，不过彼此都在 100km 以内。一个亚马逊云科技区域中的所有可用区都通过高带宽、低延迟网络与完全冗余的专用城域光纤互联，为可用区之间提供高吞吐量和低延迟的网络。可用区之间的所有流量都进行了加密，网络性能足以完成可用区之间的同步复制。多可用区的使用可以让用户更容易构建同城双活的高可用的系统。

每个可用区均设计为独立的故障区域。这意味着可用区在一个典型的大城市区域内，并位于较低风险的冲积平原中（特定的洪水区分类随地区不同而不同）。除了离散分布的不间断电源（UPS）和现场备用发电设施，它们通过来自独立公用事业公司的不同电网供电，进一步减少了单点故障。可用区全部冗余连接到多个一级传输供应商。

（3）亚马逊云科技本地扩展区

亚马逊云科技本地扩展区将计算、存储、数据库和其他初级亚马逊云科技服务置于离最终用户更近的位置。借助亚马逊云科技本地扩展区，可以轻松运行需要个位数毫秒级延迟的高要求应用程序，如媒体和娱乐内容创建、实时游戏、电子设计自动化和机器学习等。

如图 1–5 所示，每个亚马逊云科技本地扩展区都是亚马逊云科技区域的扩展，可以在其中使用多种亚马逊云科技服务，包括 EC2、VPC、EBS、Amazon File Storage 和 Amazon Elastic Load Balancing，在靠近终端用户的位置运行对延迟敏感的应用程序。亚马逊云科技本地扩展区在本地工作负载与亚马逊云科技区域中运行的工作负载之间提供了高带宽的安全连接，可以通过相同的 API 和其他工具集无缝地连接到区域内的所有服务。

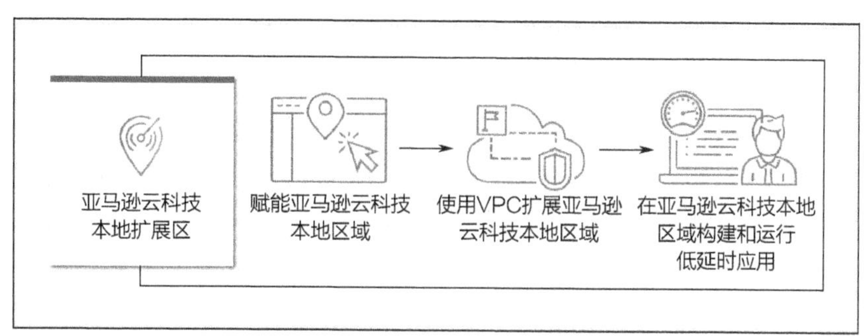

图 1–5　本地扩展区工作原理

亚马逊云科技本地扩展区由亚马逊云科技管理和支持，带来云的诸多弹性、可扩展性和安全性优势。借助亚马逊云科技本地扩展区，可以使用一套一致的亚马逊云科技服务轻松地构建和部署对延迟敏感的应用程序，使其更接近最终用户，可以将其扩展或收缩，并且仅需为所使用的资源付费。

亚马逊云科技产品和服务的提供情况取决于具体区域，因此各个区域提供的服务可能不尽相同。用户可以在一个区域中运行应用程序和工作负载，以减少终端用户的延迟，同时避免维护运营全球基础设施所产生的前期投资、长期投入和扩展问题。

当用户启动实例时，可以自己选择可用区或让亚马逊云科技选择可用区。如果实例分布在多个可用区且其中的某个实例发生故障，则用户可对应用程序进行相应设计，以使另一可用区中的实例可代为处理相关请求。亚马逊云科技强烈建议跨多个可用区预置计算资源。如果用户拥有多个实例，则可以跨多个可用区运行这些实例，以获得附加冗余。在一个可用区出现问题的情况下，另一个可用区内的所有资产不会受到影响。

2. 亚马逊云科技基础设施功能

亚马逊云科技基础设施在区域和可用区附近构建。亚马逊云科技区域提供多个物理分隔的可用区。一个亚马逊云科技区域包含多个可用区。

一个可用区是一个数据中心或数据中心的集合，并且通过低延迟、高吞吐量和高冗余的网络连接。可用区在物理上独具特点，并且每个都有不间断电源（UPS）、散热设备、备用发电机和安全设备等，确保运行不间断。如图 1–6 所示，此基础设施有多个有价值的特点：

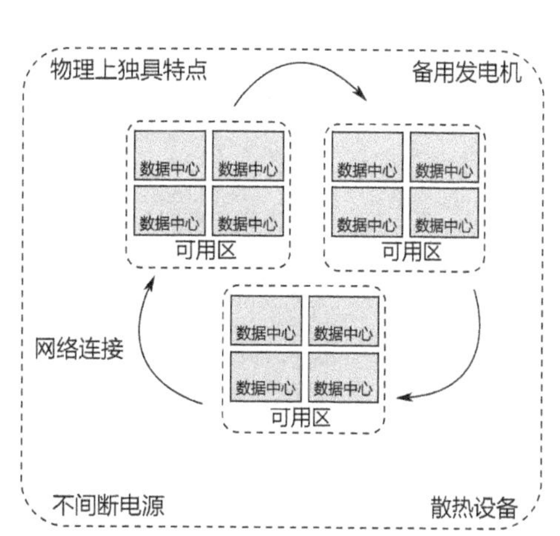

图 1–6　亚马逊云科技基础设施的功能

首先，它具有弹性和可扩展性，即资源可自动调整以增加或减少容量需求。它还可以快速适应增长。

其次，此基础设施具有容错能力，也就是说，它具有内置的组件冗余，在组件发生故障的情况下能够继续运行。

最后，它需要极少的人为干预甚至无须人为干预，同时提供高可用性及最少的停机时间。

任务 1.2.3 访问亚马逊云科技服务

在访问亚马逊云科技服务之前，客户需要创建一个亚马逊云科技账户（Account）。亚马逊云科技账户相当于客户拥有所有资源的一个篮子。如果多个人需要访问该账户，则可以将多个用户（User）添加到一个账户中。默认情况下，一个账户拥有一个根（Root）用户。亚马逊云科技在我国的云服务独立于海外云服务，在我国的云服务网址为 https：//www.amazonaws.cn/，而海外的网址为 https：//aws.amazon.com/cn 。亚马逊云科技在我国的云服务目前不支持个人注册。创建亚马逊云科技账户需要提供用户所在公司的企业注册证照和网络安全负责人有效身份证件的照片或扫描件。注意：本书后续的章节使用的是中国区的云服务。

这里以在中国亚马逊云科技注册为例。

1）打开 https：//www.amazonaws.cn/ 链接（建议使用火狐或者 Chrome 浏览器），首页如图 1-7 所示，单击右上角的“免费注册”按钮。如图 1-8 所示，填写管理员（通常也是联系人）的电子邮件地址、用户名（注册后还可以更改）和密码，单击“继续”按钮。

图 1-7 创建亚马逊云科技账户首页

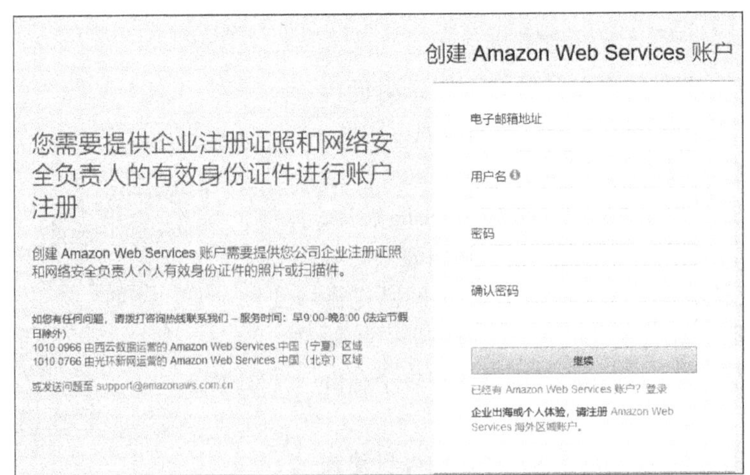

图 1-8 填写账户管理员信息

2）如图 1-9 所示，填写联系人信息，并选择客户协议和隐私政策复选框，单击“继续”按钮。

3）如图 1–10 所示，上传企业注册证照，并填写网络安全负责人的各项信息，单击“提交”按钮。提交完核验资料后的两个工作日之内，核验结果将以邮件的形式发送至注册邮箱。

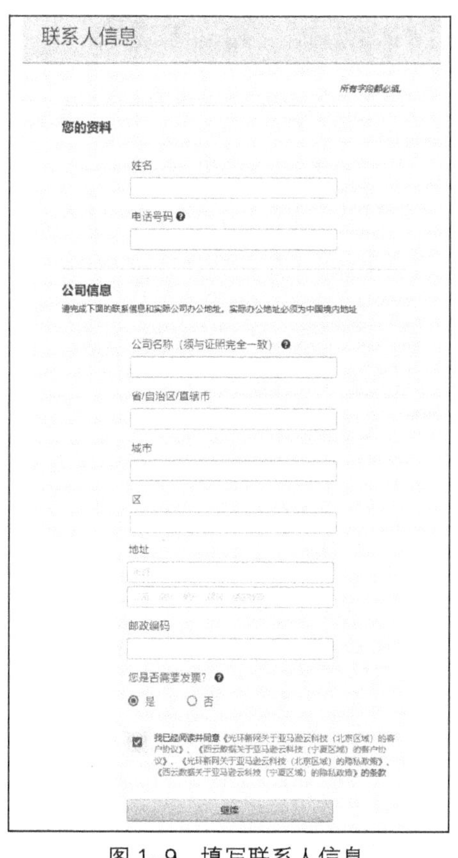

图 1–9　填写联系人信息

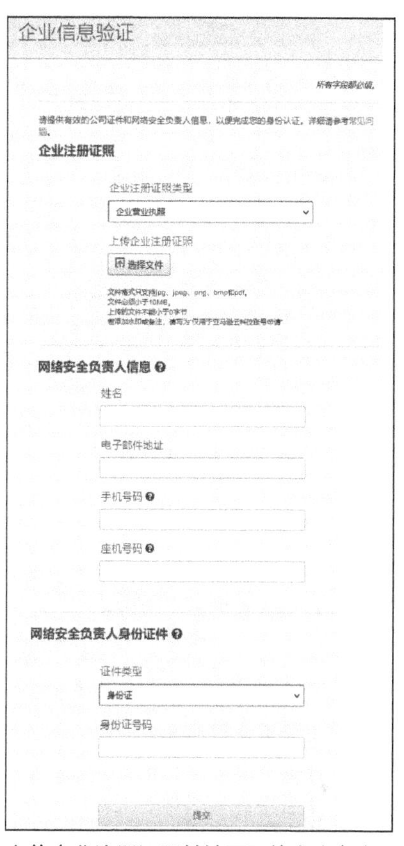

图 1–10　上传企业注册证照并填写网络安全负责人的信息

4）成功注册后收到的邮件中包含 12 位数的账户 ID。打开 https：//www.amazonaws.cn/ 链接，单击“我的账号”→“管理控制台”命令，在打开的图 1–11 所示的界面中输入账户 ID、用户名和密码，单击“登录”按钮。

亚马逊云科技　西云数据运营宁夏区域　光环新网运营北京区域

以 IAM 用户身份登录

账户 ID (12 位数)或账户别名

用户名:

密码:

记住此账户

登录

图 1–11　登录亚马逊云科技

5）如图 1-12 所示，登录成功后，在亚马逊云科技管理控制台中可以使用亚马逊云科技服务。

图 1-12　亚马逊云科技管理控制台

习题

1. 云计算的服务模式有哪些？（　　）

A. IaaS　　B. PaaS

C. SaaS　　D. KaaS

2. 云计算的部署模式有哪些？（　　）

A. 公有云　　B. 私有云

C. 亚马逊云科技云　　D. 混合云

3. 云计算的优势包含以下哪些选项？（　　）

A. 敏捷性　　B. 弹性

C. 节省成本　　D. 全球部署

4. 以下哪个不是亚马逊云科技的核心服务？（　　）

A. 计算　　B. 物联网

C. 存储　　D. 数据库

5. 亚马逊云科技的云基础设施是围绕什么构建的？（　　）

A. 区域　　B. 边缘站点

C. 可用区　　D. 以上都是

6. 操作题：创建亚马逊云科技海外账户或者亚马逊云科技教育者账户，并登录亚马逊云科技管理控制台。

单元 2

计算服务及块存储服务

单元概述

本单元将介绍亚马逊云科技的两个核心服务：计算服务 Amazon Elastic Compute Cloud（Amazon EC2）和块存储服务 Amazon Elastic Block Store（Amazon EBS）。EC2 服务提供可以弹性伸缩的云主机，用户可以选择适合自己需要的云主机，包括内存、CPU、磁盘空间和网络，以及操作系统和应用程序。EBS 服务提供可以弹性伸缩的块存储服务（即卷），用户可以选择卷的类型、大小，以及是否加密，然后把卷挂载到云主机上。

学习目标

通过学习本单元，读者应掌握以下知识点和技能点。

知识点：

- 什么是弹性计算服务
- 什么是实例
- 什么是系统映像
- 什么是块存储服务
- 什么是快照

技能点：

- 创建 EC2 实例
- 连接到 EC2 实例
- 创建 EBS 卷
- 在不同操作系统的 EC2 上挂载 EBS 卷
- 管理 EBS 卷

项目 2.1 使用 Amazon EC2 服务

项目描述

为了适应快速增长的业务和降低 IT 成本，企业安排 IT 系统管理员深入了解亚马逊云科技（Amazon Web Services）云，探索把原有的 IT 系统迁移到云的可能性。该管理员正在悄悄改变他的角色，成为未来的云计算架构师和云运维人员。该管理员刚接触亚马逊云科技云服务，他想在亚马逊云科技中快速创建云主机，体会云服务的基本使用。本项目将在亚马逊云科技中使用 EC2 服务，创建两个实例（即云主机），一个是安装了 Microsoft Windows 2019 操作系统的实例，另一个是安装 Linux 操作系统的实例。由于是初次使用亚马逊云科技云，因此实例连接到默认的 VPC（网络），亚马逊云科技可以为实例自动分配公有 IP 地址。通过两个实例的公有 IP 地址，验证实例是否正常。本项目还将测试实例的启动、停止过程，最后终止它们。

任务 2.1.1 知识预备与方案设计

云计算通过互联网按需提供 IT 资源，并且采用按使用量付费的定价方式。企业可以从诸如亚马逊云科技之类的云提供商获得技术服务，如计算能力、存储和数据库，而无须购买、拥有和维护物理数据中心及服务器。目前，亚马逊云科技在公有云市场的占有率是世界排名第一。结合传统的计算机网络技术，亚马逊云科技对它提供的各种云服务做了很多个性化的命名。了解和掌握这些名词术语是学习及使用亚马逊云科技的必由之路。

1. 弹性计算服务（Amazon EC2）

计算服务是公有云提供的核心服务之一。亚马逊云科技根据用户的需求提供了多种计算服务，有云主机 Amazon EC2 服务、无服务器计算的 Amazon Lambda 服务、按需扩展的 Amazon EC2 Auto Scaling 服务及弹性负载均衡的 ELB（Elastic Load Balancer）服务等。

Amazon EC2 是亚马逊云科技公有云提供的可扩展的云主机的计算服务。它属于基础设施服务，即 IaaS。Elastic 即弹性，它有两层含义：一方面是指用户可以轻松地增加或减少租用的云主机的数量，另一方面指可以改变云主机配置的大小。用户可以在亚马逊云科技云中选择适合自己需要的计算资源，包括内存、CPU、磁盘空间和磁盘类型等硬件资源，以及各种操作系统和应用程序的软件资源。配置好的云主机能充当各种应用服务器，如 Web 服务器、数据库服务器、邮件服务器、媒体服务器、代理服务器、FTP 服务器等。

2. 实例（Instance）

实例是指用户在亚马逊云科技提供的 EC2 服务中租用的具体的云主机。根据工作负载不同，亚马逊云科技对实例的虚拟硬件资源进行了优化设计，提供了多种类型实例供用户选择。

实例类型有通用型、计算优化型、内存优化型、存储优化型和加速计算型。当然，用户也可以自定义实例的核心数量、内存量、磁盘空间、磁盘类型等。实例类型命名是有规则的（参见 https：//aws.amazon.com/cn/ec2/instance-types/）。如 t3.large，第一个字母代表系列名称，这里的 t 代表通用型，适用于多种场合；数字 3 代表世代编号，一般而言，世代编号越大的实例，功能就越强大；large 代表实例的大小，实例越大，CPU 的数目和内存越大，实例的性能也就越强。t3.xlarge 的 vCPU 和内存是 t3.large 的两倍，t3.2xlarge 的 vCPU 和内存是 t3.xlarge 的 vCPU 和内存的两倍。

一台计算机只有安装了操作系统才能提供服务，云主机也不例外。Amazon EC2 服务支持实例上安装各种操作系统（Windows 系列操作系统、Linux 系列操作系统），包括 Windows Server 2008/2012/2016/2019、Red Hat、SUSE、Ubuntu 和 Amazon Linux 等。

3. 系统映像（AMI）

Amazon 系统映像（Amazon Machine Images，AMI）实际上是创建云主机的模板。AMI 包含以下内容：

1）一个或多个 Amazon EBS（ Amazon Elastic Block Store）快照。对于由实例存储支持的 AMI，包括一个实例（如操作系统、应用程序服务器和应用程序）根卷的模板。

2）控制可以使用 AMI 启动实例的亚马逊云科技账户的启动许可。

3）数据块设备映射，指定在实例启动时要附加到实例的卷。

用户启动一个实例时必须指定源 AMI。启动 AMI 有四种选项，第一种是亚马逊云科技提供的 AMI，即“快速启动”，这里包含种类繁多的 Windows 系列、Linux 系列操作系统映像；第二种是自定义的 AMI，即“我的 AMI”；第三种是经过亚马逊云科技校验过的第三方提供的 AMI，即“AMI Marketplace”；第四种是“社区 AMI”，即他人提供的，但是使用有风险，因为映像中的代码和组件并不保证安全。

4. 方案设计

本项目在中国（北京）区域（cn-north-1）创建两个实例。第一个实例的操作系统为 Microsoft Windows Server 2019 Base（简体中文），实例类型为“t2.micro”，vCPU 为 1，内存为 1GB，名称为 Win2019server，实例的详细信息（如网络、存储、安全组等）均为默认值，添加标签“Name”为“Win2019server”。第二个实例的操作系统为 Amazon Linux 2，实例类型为“t2.micro”，vCPU 为 1，内存为 1GB，名称为 Amazon Linux，实例的详细信息（如网络、存储、安全组等）均为默认值，添加标签“Name”为“Linux”。在 Windows 客户端上，分别使用 RDP、SSH 远程登录到两个实例。

任务 2.1.2　创建 Windows EC2 实例并连接实例

本任务将登录亚马逊云科技管理控制台，在中国（北京）区域（cn-north-1）中创建一个操作系统为 Microsoft Windows Server 2019 Base（简体中文）的 EC2 实例。要求使用的 AMI 在“快速启动”类型中选择，该实例命名为 Win2019server，vCPU 为 1，内存为 1GB，类型为通用型系列，使用 EBS 存储。创建完成之后，以管理员（Administrator）身份远程登录 Win2019server，在实例中测试能否访问 Internet。在该实例不使用时，执行停止实例操作（以节约租金），最后在管理控制台中终止该实例（删除资源）。

1. 创建 Windows EC2 实例

1）登录控制台。如图 2-1 所示，建议使用火狐或者 Chrome 浏览器，在 https：//console.amazonaws.cn 页面中，输入用户自己的账户 ID、用户名、密码，单击“登录”按钮。

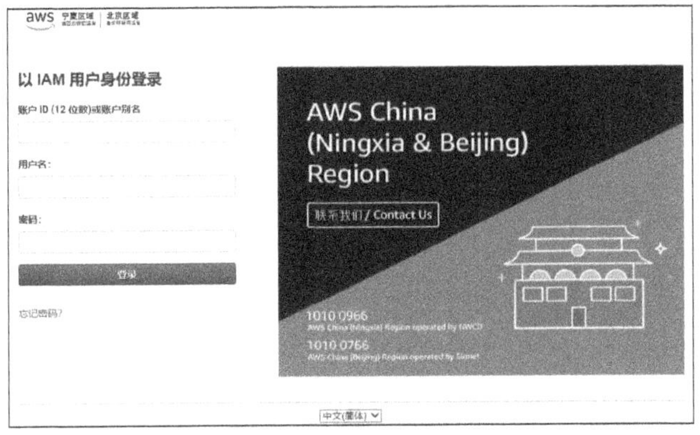

图 2-1　登录亚马逊云科技控制台

2）使用 EC2 服务。如图 2-2 所示，在窗口右上角选择“北京（cn-north-1）”区域，则实例将在北京的数据中心上运行。再单击“服务”选项，选择“EC2”或在“Find Services”文本框中输入“EC2”。

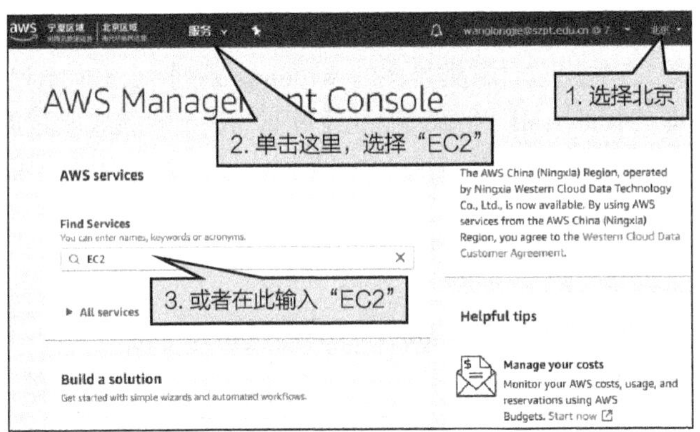

图 2-2　选择“EC2”服务

3）启动实例。如图 2-3 所示，单击“启动实例”按钮，选择“启动实例”选项。

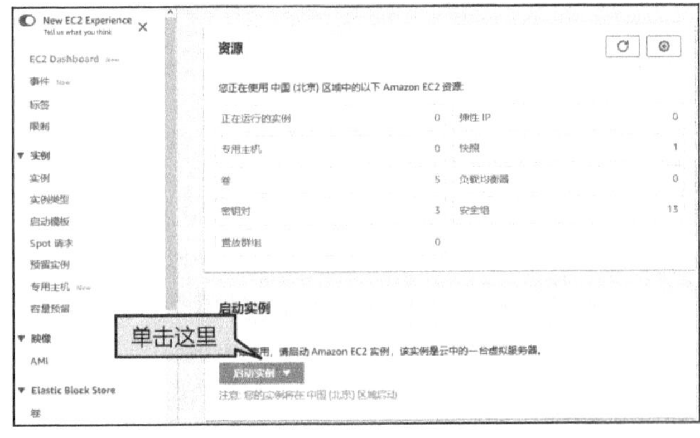

图 2-3　启动实例

4）选择 AMI。如图 2-4 所示，进入“步骤 1：选择一个 Amazon 系统映像（AMI）”页面，在左侧的 AMI 类别中选择“快速启动”，在右侧区域中选择“Microsoft Windows Server 2019 Base（Chinese Simplified）”。也可以在搜索文本框输入关键字，然后按 <Enter> 键，搜索 AMI。

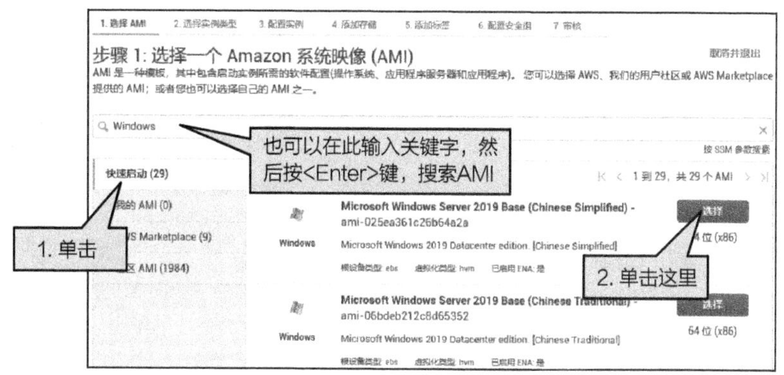

图 2-4　选择 AMI

5）选择实例类型。如图 2-5 所示，进入“步骤 2：选择一个实例类型”页面，选择实例类型为“t2.micro”，单击“下一步：配置实例详细信息”按钮（该按钮图中未显示）。实例类型的选择原则：在不知道使用场合情况下选择通用型；尽量使用最新一代实例类型，最新一代的实例类型会有较高的性价比。

1. 选择 AMI　2. 选择实例类型　3. 配置实例　4. 添加存储　5. 添加标签　6. 配置安全组　7. 审核

步骤 2: 选择一个实例类型

Amazon EC2 提供多种经过优化，适用于不同使用案例的实例类型以供选择。实例就是可以运行应用程序的虚拟服务器。它们由 CPU、内存、存储和网络容量组成不同的组合，可让您灵活地为您的应用程序选择适当的资源组合。有关实例类型以及这些类型如何满足您的计算需求的信息，请参阅“了解更多”。

筛选条件：所有实例类型　最新一代　显示/隐藏列

当前选择的实例类型: t2.micro (变量 ECU, 1 vCPU, 2.5 GHz, Intel Xeon Family, 1 GiB 内存, 仅限于 EBS)

	系列	类型	vCPU	内存 (GiB)	实例存储 (GB)	可用的优化 EBS	网络性能	IPv6 支持
■	通用型	t2.micro	1	1	仅限于 EBS	-	低到中等	是
	通用型	t2.small	1	2	仅限于 EBS	-	低到中等	是
	通用型	t2.medium	2	4	仅限于 EBS	-	低到中等	是
	通用型	t2.large	2	8	仅限于 EBS	-	低到中等	是
	通用型	t2.xlarge	4	16	仅限于 EBS	-	中等	是
	通用型	t2.2xlarge	8	32	仅限于 EBS	-	中等	是

图 2-5　选择实例类型

6）配置实例详细信息。如图 2-6 所示，进入“步骤 3：配置实例详细信息”页面，可以设置实例数量、所在网络、IAM 角色、监控等信息。本项目全部使用默认选项，单击“下一步：添加存储”按钮。图 2-6 中主要信息的含义如下：

实例的数量：表示使用这个 AMI 一次启动云主机的数量。

购买选项：建议不要勾选“请求 Spot 实例”复选框。借助 Spot 实例，可以充分利用亚马逊云科技云中未使用的 EC2 容量。与按需实例相比，Spot 实例最高可提供 90% 的价格折扣。

网络：表示这台云主机所在的网络，也可以创建自己的 VPC。

子网：表示这台云主机所在的子网。

图 2-6 配置实例详细信息

自动分配公有 IP：表示这台云主机自动获得的公有 IP。停止或终止这台云主机时，该 IP 地址释放。

容量预留：创建容量预留时，亚马逊云科技会保留指定的容量。无论是否有实例在其中运行，预留容量都按所选实例类型的按需费率收费。还可以将区域的预留实例与容量预留结合使用，这样能从计费折扣中受益。

域加入目录：是否加入亚马逊云科技托管的 Microsoft AD（活动目录），或者创建新 AD。

IAM 角色：IAM 角色是可在账户中创建的一种具有特定权限的 IAM 身份，该身份具有确定其在亚马逊云科技中可执行和不可执行的操作的权限策略。这个身份可以赋给 IAM 用户、在 EC2 上运行的应用程序代码、某种亚马逊云科技服务等。使用角色时，可以提供角色会话的临时安全凭证。

7）添加存储。如图 2-7 所示，进入“步骤 4：添加存储”页面。从中可以设置实例的系统盘大小，单击“添加新卷”按钮，则可以添加额外的磁盘作为数据盘。单击“下一步：添加标签”按钮（该按钮图中未显示）。

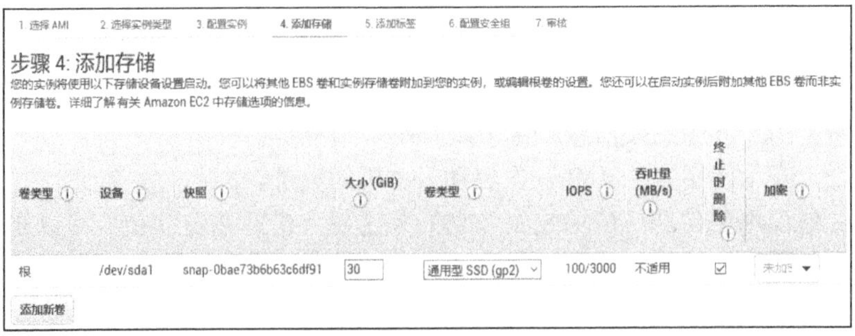

图 2-7 添加存储

8）添加标签。在云主机添加标签，可方便以后通过标签查找云主机。如图 2–8 所示，进入“步骤 5：添加标签”页面，单击“添加标签”按钮，然后在“键”栏目中输入“Name”，在“值”栏目中输入该实例的名称“Win2019server”，单击“下一步：配置安全组”按钮（该按钮图中未显示）。

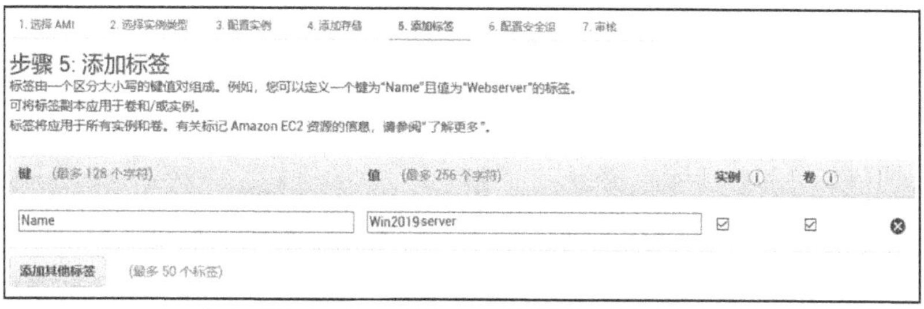

图 2–8　添加标签

9）配置安全组。如图 2–9 所示，进入“步骤 6：配置安全组”页面。安全组相当于传统的网络防火墙，可保护实例免受攻击。选择“创建一个新的安全组”单选按钮，输入安全组的名称和描述，单击“添加规则”按钮添加规则，允许用户使用 RDP 和 SSH 协议登录 Windows 或者 Linux 云主机，便于后续来验证该实例是否成功运行。最后单击“审核和启动”按钮（该按钮图中未显示）。

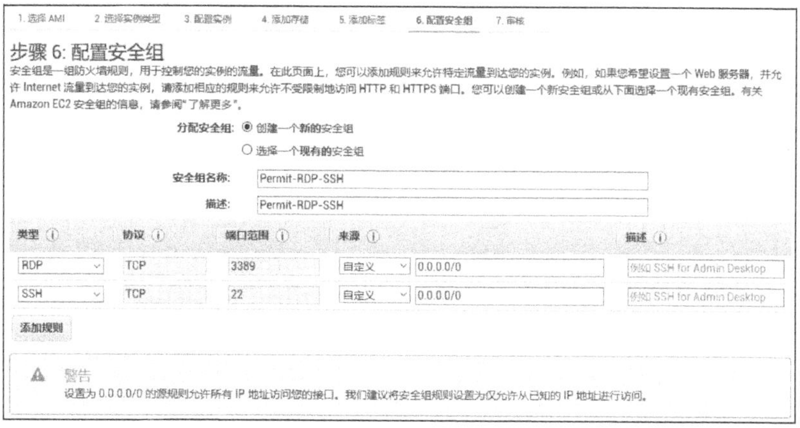

图 2–9　配置安全组

这里，安全组选择 0.0.0.0/0，代表公开到所有的 IP，这是不推荐的配置方式，这里仅是为了方便演示而进行的配置。

10）核查实例启动。如图 2–10 所示，进入“步骤 7：核查实例启动”页面。这里显示之前设置的实例的简要信息，确认无误后单击“启动”按钮。

11）创建密钥对。如图 2–11 所示，在“选择现有密钥对或创建新密钥对”对话框中选择“创建新 密钥对”选项，并输入密码对的名称“win2019server”。单击“下载该密钥对”按钮，将密钥文件命名为 win2019server.pem。如果用户不登录该实例，则可以选择“在没有密钥对的情况下继续”选项。密钥对由亚马逊云科技存储的公有密钥文件和用户自行存储的私有密钥文件构成。它们共同帮助用户安全地连接到实例。对于 Windows AMI，需使用私有密钥文件获取登录实例所需的密码。对于 Linux AMI，私有密钥文件让用户通过 SSH 安全地登录实例。最后单击“启动实例”按钮。

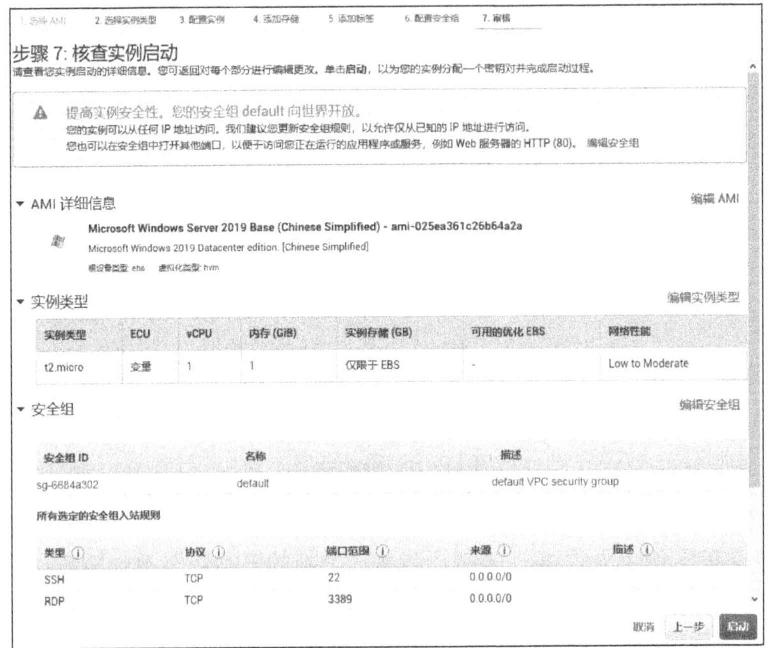

图 2-10　核查实例启动

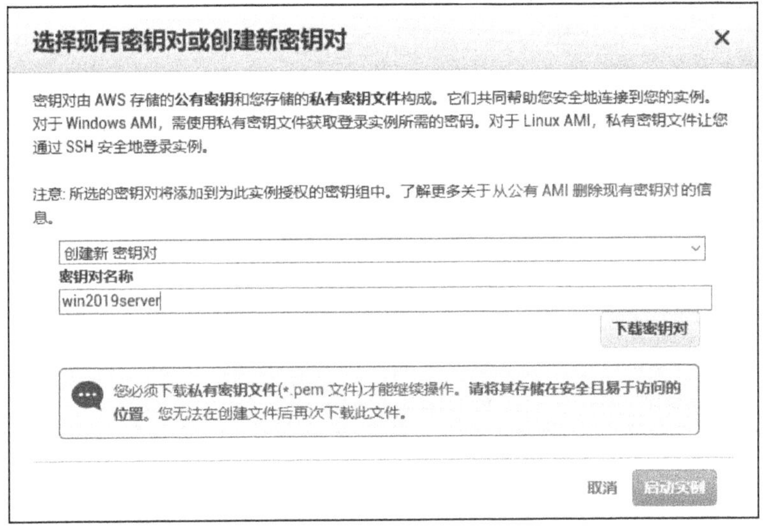

图 2-11　创建密钥对

12）系统进入启动实例状态，单击“查看实例”按钮。

13）查看实例。如图 2-12 所示，返回到 EC2 页面，在左侧窗口中单击“实例”选项，可以看到“实例状态”列显示为“running”状态。当“状态检查”列中显示为“2 项检查已通过”时，实例就已经成功创建并就绪。单击实例所在的列，在窗口右下窗格的“描述”标签中可以看到该实例的基本信息，这里将“公有 DNS（IPv4）”“IPv4 公有 IP”地址复制到记事本中，方便稍后使用。

2. 以管理员身份连接实例

1）下载远程桌面文件。单击图 2-12 中上方的“连接”按钮，打开图 2-13 所示的对话框，单击“下载远程桌面文件”按钮，保存 Windows Server 的远程桌面文件。

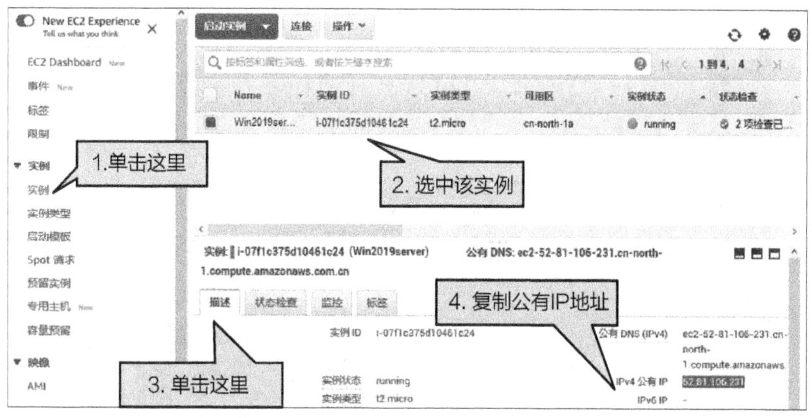

图 2–12　查看实例

2）获取密码。单击图 2–13 中的“获取密码”按钮，在图 2–14 中单击“浏览”按钮，找到刚才下载的密钥文件“win2019server.pem”并上传，单击“解密密码”按钮。如图 2–15 所示，把“密码”文本框中的字符复制到记事本、保存，单击“关闭”按钮。

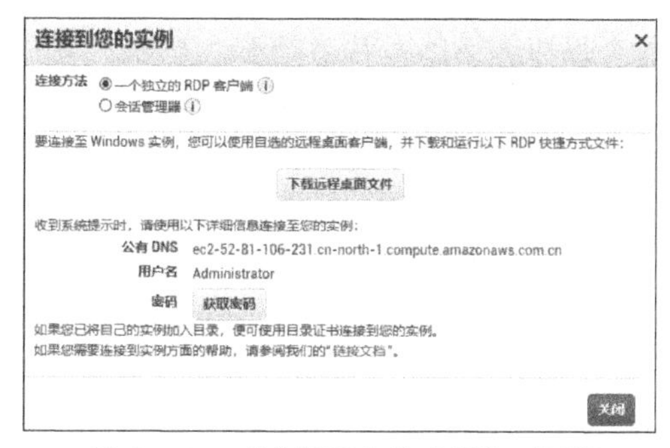

图 2–13　“连接到您的实例”对话框

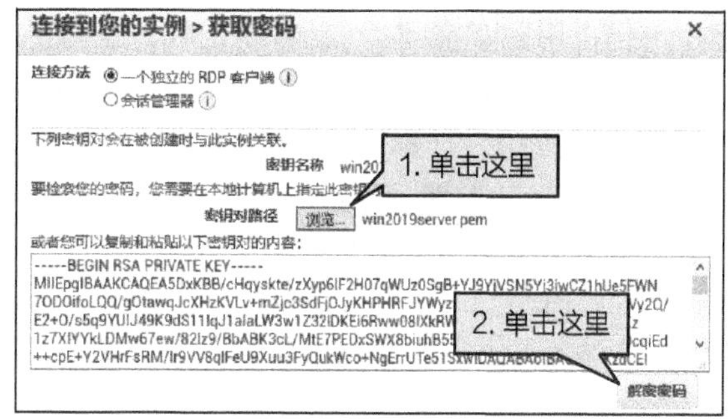

图 2–14　上传密钥对

3）远程桌面连接。双击远程桌面文件，如图 2–16 所示，将复制到记事本的密码粘贴到密码框，单击“确定”按钮，系统询问是否继续打开，单击“是”按钮。

4）测试实例。如图 2–17 所示，成功使用 RDP 连接实例，表明 EC2 实例可以正常使用了。在 Windows 实例上，打开浏览器测试是否能成功连接到 Internet。

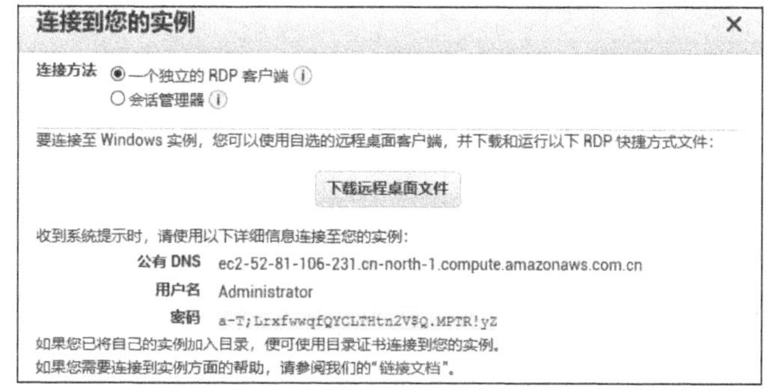

图 2–15　解密密码

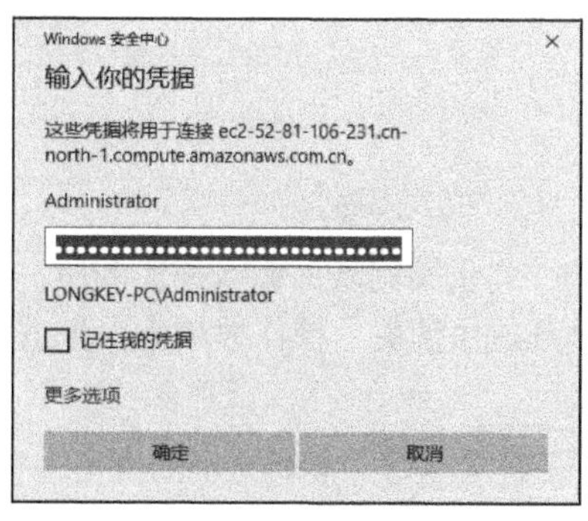

图 2–16　远程桌面连接

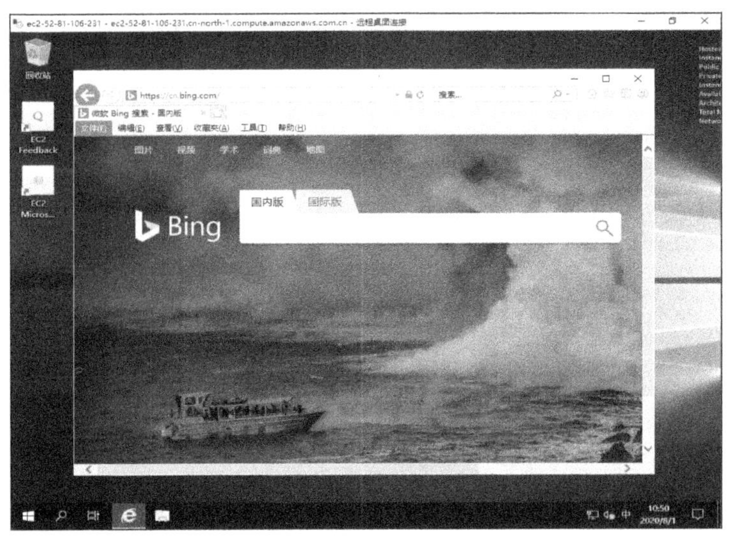

图 2-17　成功连接 Windows Server 实例

3. 停止实例

停止实例时会释放云主机占用的一些硬件资源，如 CPU、内存、网络资源，但是实例依然存在（仍占用磁盘空间）。实例停止后，亚马逊云科技不再对实例的 CPU、内存、网络资源计费，但仍然对实例占用的磁盘空间计费。如图 2-18 所示，在实例列表中选择要停止的实例，单击“操作”按钮，选择“实例状态”→“停止”命令。系统出现“停止实例”对话框，单击“是，请停止”按钮即可停止。实例停止后的状态为“stopped”。

实例“停止”后再“启动”，其私有 IP 地址不会变化，但公有地址会变化（除非使用弹性 IP），但是“重启”实例时，实例的 IP 地址不会变化。如图 2-18 所示，选择“实例状态”→“重启”命令，可以重启实例。

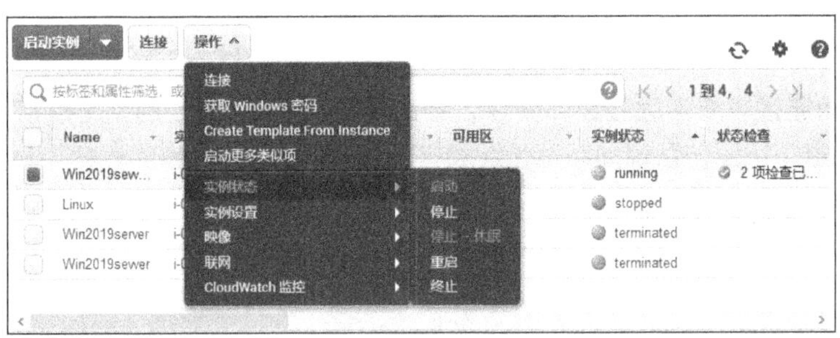

图 2-18　停止、重启实例

4. 终止实例

终止实例表示删除该实例所占用的资源。被终止实例的状态显示为 terminated，最终会从实例列表中消失。操作方法为：先选中实例，在图 2-18 中选择“实例状态”→“终止”命令。

任务 2.1.3　创建 Linux EC2 实例并连接实例

本任务将创建一个操作系统为 Linux 的 EC2 实例，要求实例名称为 Amazon Linux，vCPU 为 1，内存为 1GB，存储空间为 8GB，使用 EBS 存储。创建完成之后，以“ec2-user”的用户远程登录该 Linux 实例。

1. 创建 Linux EC2 实例

1）~3）、5）、6）、10）步骤基本和创建 Windows 的 EC2 实例一样，不再赘述。

4）AMI 选择。选择“快速启动”中的“Amazon Linux 2 AMI（HVM），SSD Volume Type”。

7）存储大小使用默认值 8GB。

8）设置该实例标签名称为 Amazon Linux。

9）使用现有安全组，名称为“Permit-RDP-SSH”。该安全组允许客户通过 22 端口 SSH 远程登录，以及通过 3389 端口远程桌面登录。

11）创建新密钥对，命名私有密钥文件为“linux.pem”，并下载密钥对，启动实例。新创建的 Linux 实例如图 2-19 所示。

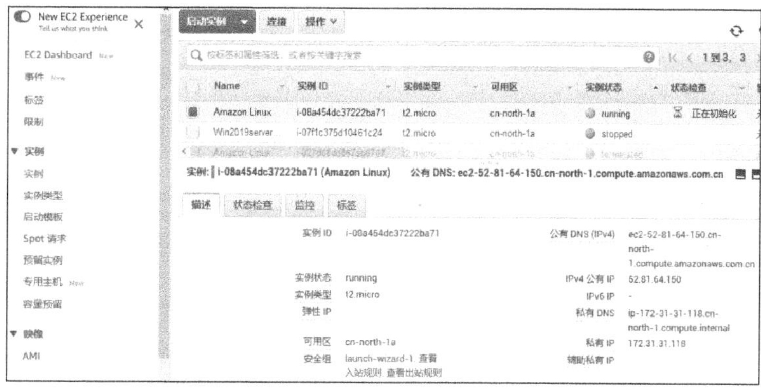

图 2-19　新创建的 Linux 实例

2. 以 ec2-user 用户登录 Linux 实例

客户端操作系统不同，连接 Linux EC2 实例的操作方法也有区别，下面分两种情况连接 Linux 实例。

1）客户端操作系统为 Windows，连接到 Linux 实例。

①在图 2-19 中，单击上方的“连接”按钮，打开图 2-20 所示的对话框。

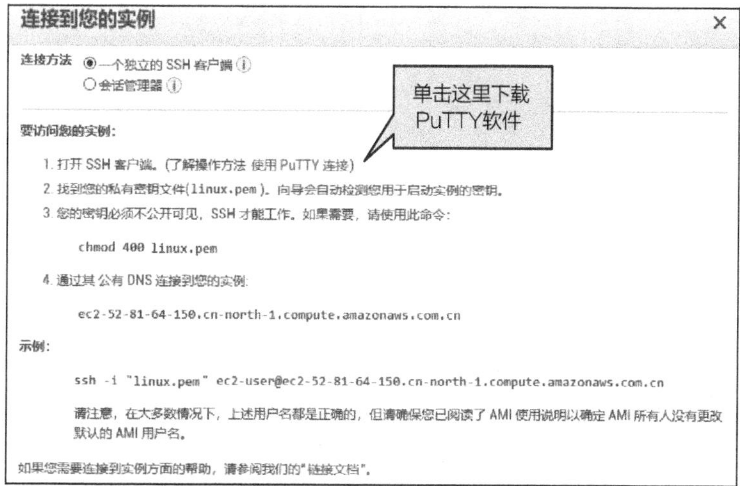

图 2-20　连接 Linux 实例的步骤

②按照图 2-20 中步骤 1 提供的链接，下载并安装 PuTTY 软件。

③客户端为 Windows 操作系统时，前面步骤下载的密钥文件 linux.pem 不能直接使用，需要使用 PuTTYgen（会和 PuTTY 一起安装）将该文件转换为 .ppk 文件，才能被 PuTTY 使用。启动 PuTTYgen 软件，如图 2-21 所示，单击“Load”按钮，找到“linux.pem”文件并上传。

④单击图 2-21 中的“Save private key”按钮，系统显示保存密钥的警告，单击“是”按钮，输入私钥文件名“linux”，文件被保存为 linux.ppk。

⑤启动 PuTTY 程序，如图 2-22 所示，单击“Session”选项，在“Host Name（or IP address）”中输入保存在记事本中 Amazon Linux 实例中的 IPv4 公有 IP。

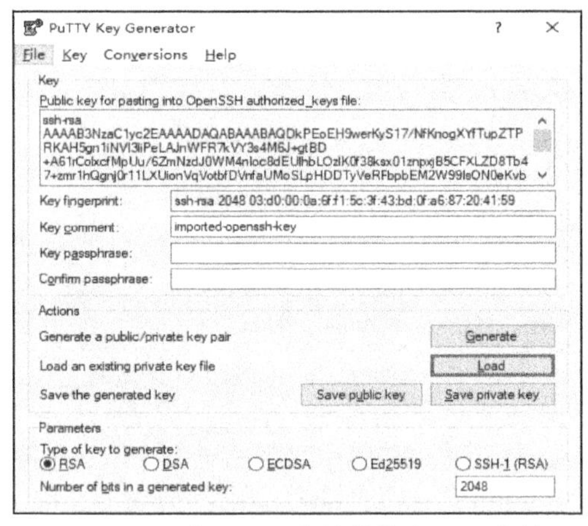

图 2-21　把 .pem 文件转换为 .ppk 文件

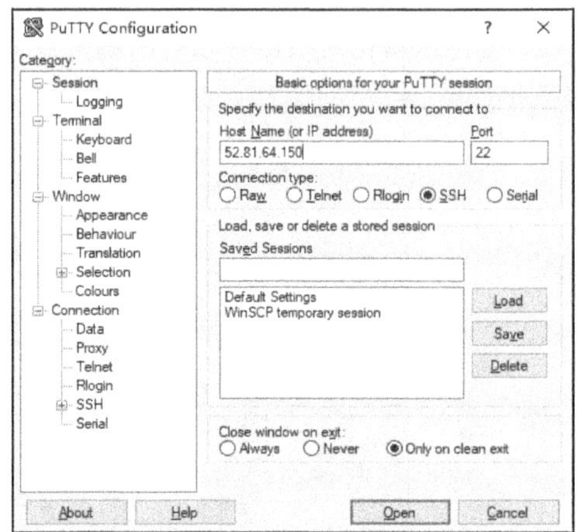

图 2-22　输入 Linux 实例的公有 IP

⑥如图 2-23 所示，单击“Connection”→“SSH”→“Auth”选项，单击“Browse”按钮，找到私有密钥文件 linux.ppk，单击“Open”按钮。如图 2-24 所示，在“PuTTY Security Alert”提示框中单击“是”按钮。

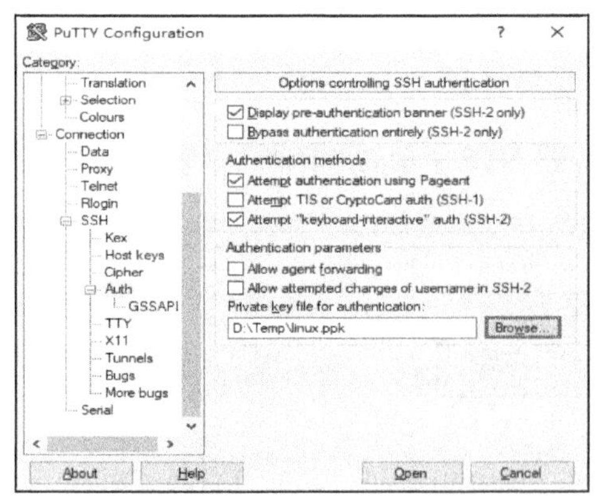

图 2-23　找到私有密钥文件

图 2-24　“PuTTY Security Alert”提示框

⑦如图 2-25 所示，输入用户名 ec2-user，按 <Enter> 键登录，输入“ifconfig”命令，查看实例的网络信息。可以使用“ping”命令测试与 Internet 上主机的通信。

⑧在命令行提示符下输入“exit”命令，退出登录。

2）客户端是 Mac OS 或者 Linux 操作系统，这种情况的操作比较简单，步骤如下：

①在图 2-19 中单击“连接”按钮，打开图 2-20 所示的对话框。

②打开客户端 Mac OS 或 Linux 命令窗口。

③在客户端命令窗口中，按照图 2–20 中的步骤 3、4 输入命令，连接到实例 Amazon Linux。

④以 ec2–user 用户登录实例 Amazon Linux，查看实例的网络信息。

⑤退出实例。

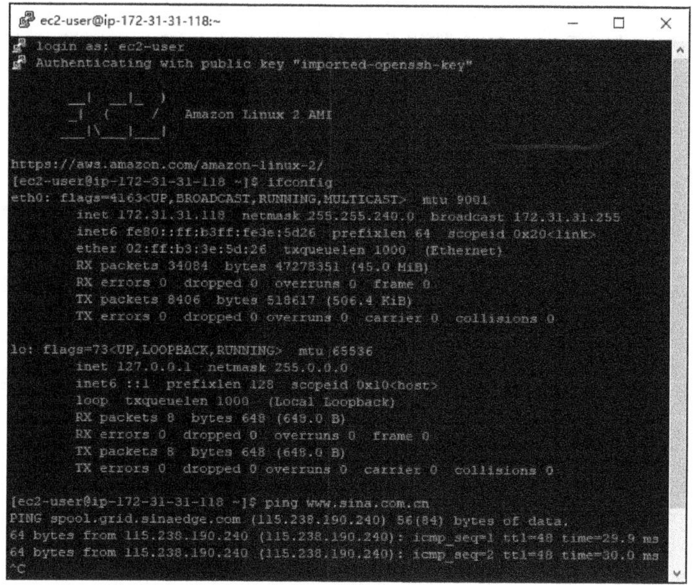

图 2–25　成功连接 Linux 实例

任务 2.1.4　管理 EC2 实例的生命周期

实例从创建到被删除有 pending（等待中）、running（正在运行）、stopping（休眠）、stopped（停止）、shutting–down（终止中）、terminated（终止）、rebooting（重启）7 种状态。状态转换如图 2–26 所示。

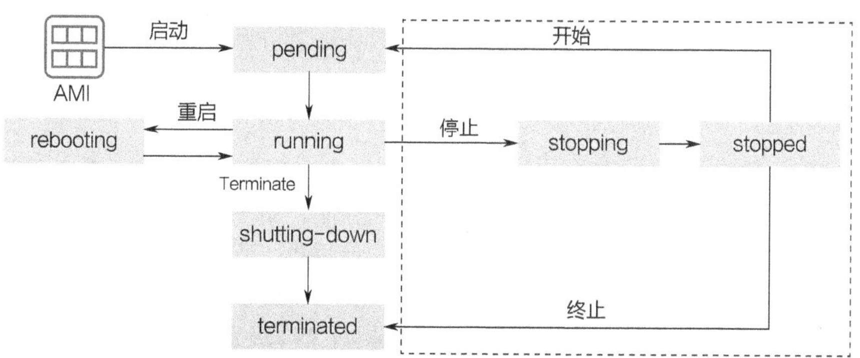

图 2–26　EC2 实例生命周期的状态转换

pending：表示实例正准备进入 running 状态，不计费。

running：实例正在运行，计费。

stopping：实例正准备进入 stopped 状态（实例计算部分不计费，但挂载的存储计费），或者实例处于休眠状态（计费）。

stopped：实例已停机，不计费。

shutting-down：实例正准备终止，不计费。

terminated：实例已永久删除，无法启动，不计费。

rebooting：相当于重启操作系统，重新引导实例不会开启新的实例计费周期。

如图 2-18 所示，在实例列表中选择要停止的实例，单击“操作”按钮，在“实例状态”菜单中可选择命令对实例进行重启、停止等操作，从而实现对实例生命周期的管理。

项目 2.2 使用 Amazon EBS 服务

项目描述

在传统计算机上，磁盘可存储系统数据或用户数据。创建云主机时，云主机系统所使用的存储空间会自动创建，但是经常需要为云主机申请额外的存储空间来存放用户的数据。本项目将为本单元项目 2.1 的两个实例（Windows Server、Linux）申请云磁盘并挂载。

任务 2.2.1 知识预备与方案设计

存储服务是亚马逊云科技提供的核心服务之一，云存储相对传统存储有更好的扩展性、安全性、可靠性等优点。存储服务可用于存档文件、数据库及其备份、应用程序使用的数据等。亚马逊云科技提供多种云存储服务，如实例存储、Amazon EBS、Amazon S3、Amazon EFS 等。根据应用场合和需求的不同，用户可选择不同的存储服务。下面详细介绍 EBS。

1. 块存储服务（Amazon EBS）

EBS（Elastic Block Store，弹性块存储）是亚马逊云科技提供的一种可持久保存数据的、可挂载到 EC2 实例上的云存储。通常情况下，一个 EC2 实例可以挂载多个 EBS，而一个 EBS 只挂载到一个 EC2 实例上。EBS 应与 EC2 实例位于同一可用区，这样可以减少数据读 / 写的延迟。EBS 保存数据的持久性一方面体现在，当 EC2 实例终止时，EBS 自动与实例分离，它上面的数据依然完整保存；另一方面体现在 EBS 卷可在可用区内自动复制，提供一定程度数据可靠性的冗余，避免因硬件故障带来数据损失。EBS 是弹性存储，用户可以根据需要方便、快捷地对 EBS 卷进行扩容（缩减则不那么容易）。EBS 按预配置量付费，节约资金。

EBS 是块级存储，它存储文件的最小单位是数据块，相当于传统计算机上的硬盘。用户可以在 EBS 上格式化文件系统，设置数据块的大小。相对文件级别的存储设备，它的速度更快，使用带宽更少。

Amazon EBS 支持快照操作，实现数据备份功能。用户通过快照可以创建新卷或恢复卷。如果快照是加密的，则通过该快照创建的 EBS 卷也是加密的。EBS 的快照可自动保存在对象存储 S3 中。S3 的特性之一就是能在不同的可用区提供冗余存储，具有高持久型。用户利用 S3 上的快照可以实现复制、还原备份，还可以达到 EBS 存储数据在可用区间移动的目的。

EBS 支持加密功能，它使用行业标准 AES-256 算法，利用数据密钥加密卷。该操作在 EC2 实例上进行。加密对象包括卷中的所有数据、卷与实例之间传输的所有数据、卷的快照、从快照中创建的卷。

2. 卷类型

Amazon EBS 提供 4 种类型的卷：通用型 SSD（Solid State Disk，固态驱动器）、预配置 IOPS SSD、吞吐量优化 HDD（Hard Disk Drive，硬盘驱动器）、冷 HDD。SSD 在小型的、需要做频繁读 / 写操作的情况下更有优势。HDD 一般工作在以 MiB/s 为单位的大型流式读 / 写操作的情况下。通用型 SSD 用于大多数工作负载，可用作系统启动卷、虚拟桌面，适合开发和测试环境、低延迟交互式应用程序。预配置 IOPS SSD 可提供最高性能的存储，用于 I/O 密集型工作负载、关系型和 NoSQL 数据库。吞吐量优化 HDD 用于大数据、数据仓库、日志处理等需要稳定、快速且价格低廉的流式处理工作负载。冷 HDD 存储成本最低，不能用作启动卷，适合存储大量不常访问的数据。表 2-1 列出了不同类型 EBS 卷的性能参数。

表 2-1　EBS 卷的性能参数

驱动器类型	固态驱动器（SSD）					硬盘驱动器（HDD）	
卷类型	通用型 SSD		预配置 IOPS SSD			吞吐量优化 HDD	冷 HDD
	gp3	gp2	io2 Block Express	io2	io1	st1	sc1
最大卷大小	16TiB	16TiB	64TiB	16TiB	16TiB	16TiB	16TiB
最大 IOPS/ 卷	16000	16000	256000	64000	64000	500	250
最大吞吐量 / 卷	1000MiB/s	250MiB/s	4000MiB/s	1000MiB/s	1000MiB/s	500MiB/s	250MiB/s

3. 快照

快照属于增量备份，t_1 时间创建首个快照，它要复制存储设备上的所有数据。之后，t_2 时间创建的快照仅保存存储设备上在 t_1~t_2 期间更改的数据块。由于无须复制全部数据，因此将最大限度地缩短创建快照所需的时间和节约存储成本。删除快照时，仅会删除该快照特有的数据。每个快照都包含将数据（拍摄快照时存在的数据）还原到新 EBS 卷所需的所有信息。

4. 方案设计

本项目在与项目 2.1 的两个实例相同的可用区（cn-north-1a，见图 2-12 中实例条目的“可用区”列）中创建两个 EBS 卷，类型均为通用型 SSD。一个卷名为“EBS_WIN”，大小为 10GB，它将在任务 2.2.3 中被挂载到项目 2.1 创建的“Win2019server”实例上；另一个卷命名为“EBS_Linux”，大小为 15GB，它将在任务 2.2.4 中被挂载到项目 2.1 创建的“Amazon Linux”实例上。

任务 2.2.2　创建卷

创建 EBS 卷的步骤如下：

1）登录亚马逊云科技控制台，选择“服务”中的“EC2”。

2）如图 2-27 所示，在左侧窗格中选择“Elastic Block Store”→“卷”选项，在右侧窗格中可用看到已有的 EBS 卷的列表。目前仅有两个实例的系统卷。

图 2-27 卷列表

3）创建“EBS_WIN”卷。单击图 2-27 中的“Create Volume”按钮，打开的界面如图 2-28 所示。在“Size”文本框中输入卷的大小（单位为 GB），在“Availability Zone”下拉列表中选择卷的可用区域。单击“添加标签”按钮，在“键”“值”中分别输入“Name”“EBS_WIN”，单击“Create Volume”按钮（该按钮图中未显示）。

图 2-28 创建卷界面

4）如图 2-29 所示，卷创建成功。

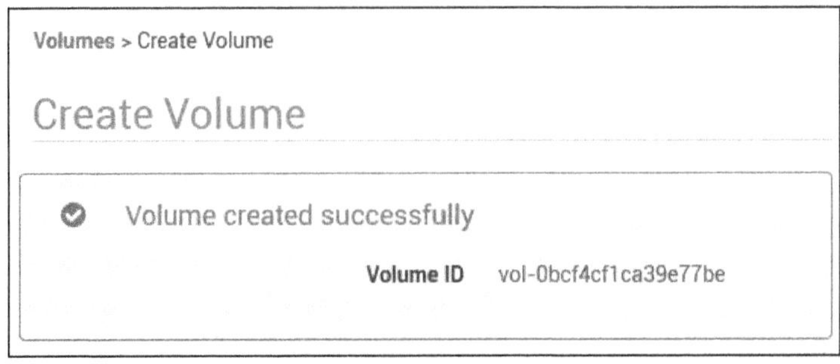

图 2-29 卷创建成功

5）以相同的步骤创建“EBS_Linux”卷，大小为 15GB。

6）卷列表。如图 2–30 所示，在左侧窗格中选择“Elastic Block Store”→“卷”选项，在右侧窗格中可看到已有的 EBS 卷的列表。选中“EBS_WIN”，单击“描述”标签，可以看到该卷的大小、可用区、状态、卷类型等信息。

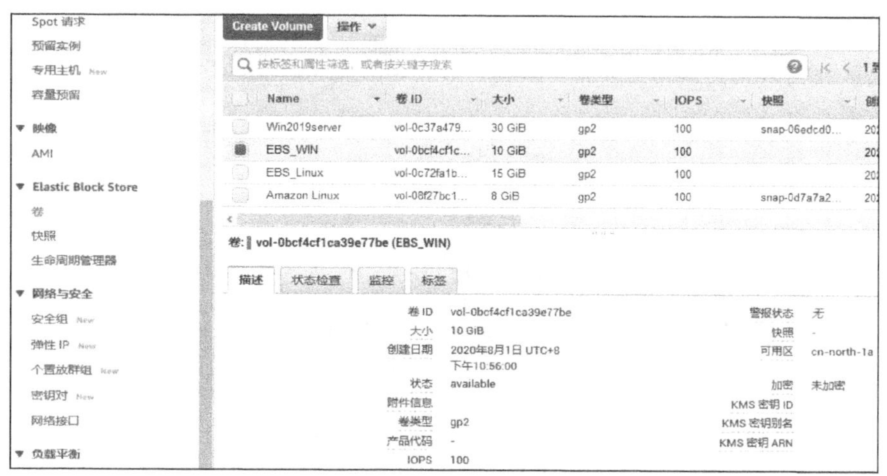

图 2–30　卷的信息

任务 2.2.3　在 Windows EC2 实例挂载卷

本任务将任务 2.2.2 中创建的“EBS_WIN”卷挂载到项目 2.1 中创建的实例 Win2019server 中，初始化为 GPT 磁盘。利用“EBS_WIN”卷的全部空间创建新分区，驱动器号为 D，名称为“EBS_WIN”，将 D 盘格式化为 NTFS 文件系统，数据块大小设置为 1024B。步骤如下：

1）连接卷。如图 2–31 所示，在卷列表中选中“EBS_WIN”，选择“操作”→“连接卷”命令。

2）附加到实例。如图 2–32 所示，在“实例”选项中选择“Win2019server”实例，单击“附加”按钮。

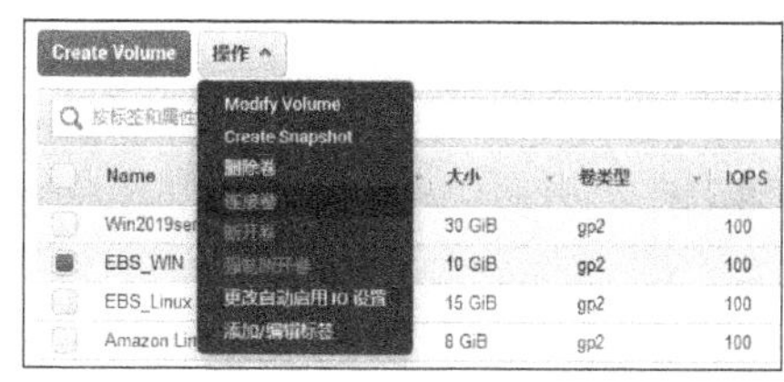

图 2–31　连接卷

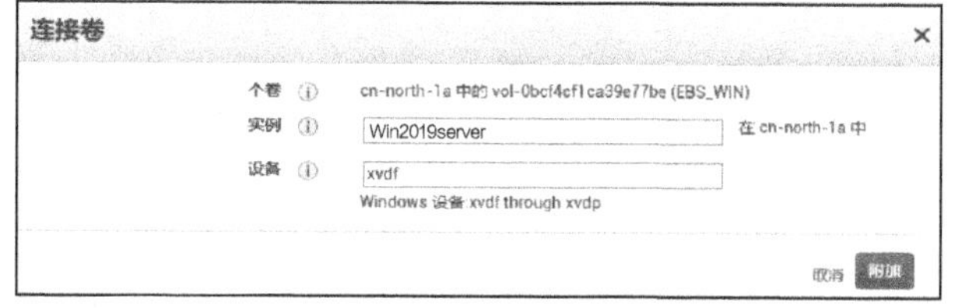

图 2–32　附加到实例

3）启动实例。如图 2–33 所示，在左侧窗格中选择“实例”选项，在右侧窗格的实例列表中选择 Win2019server，单击“操作”按钮，选择“实例状态”→“启动”命令，系统弹出窗口询问是否启动实例，单击“是”按钮。

4）连接到实例。当 Win2019server 实例的状态为 running 时，参见项目 2.1 的任务 2.1.2 中的步骤，连接到 Win2019server，如图 2–34 所示。

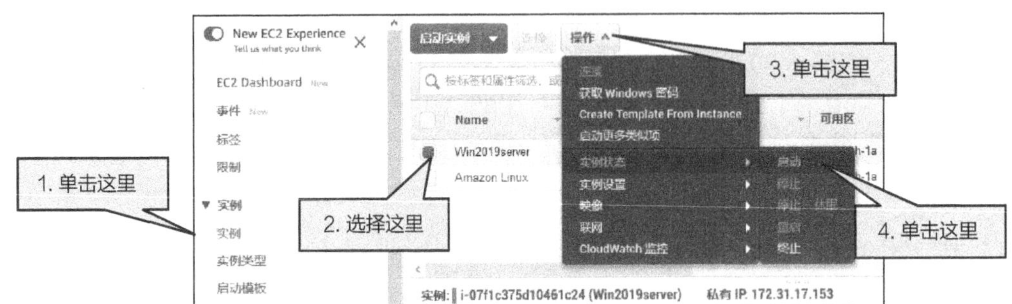

图 2-33　启动实例

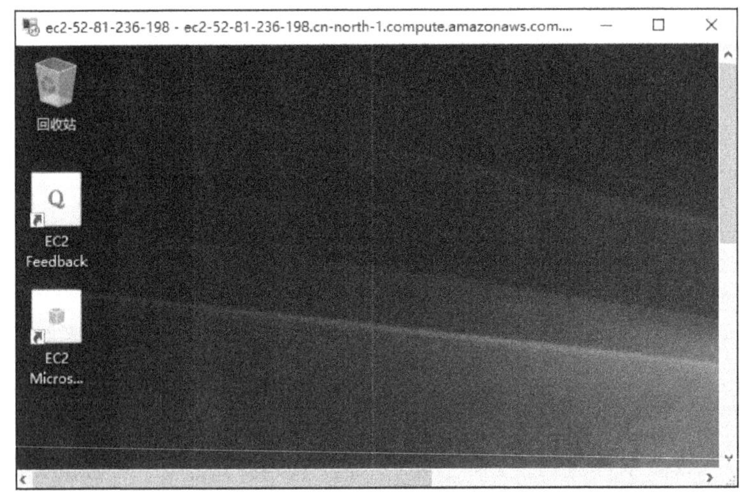

图 2-34　连接到实例

5）启动“计算机管理”工具。在计算机桌面中，单击“开始”按钮，选择“Windows 管理工具”→“计算机管理”选项，打开实例 Win2019server 的“计算机管理”窗口，如图 2-35 所示。

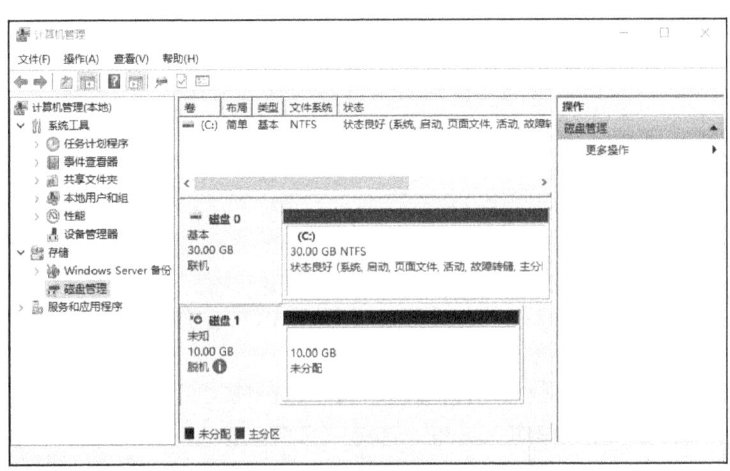

图 2-35　“计算机管理”窗口

6）将磁盘联机。在图 2-35 中的左侧窗格中选择“计算机管理（本地）”→“存储”→“磁盘管理”选项，可以看到容量为 10GB 的脱机磁盘。右击该磁盘，选择“联机”命令，则磁盘的状态变为“没有初始化”。

7）初始化磁盘。如图 2-36 所示，右击磁盘，选择“初始化磁盘”命令，在打开的图 2-37 所示的“初始化磁盘”对话框中选择“GPT（GUID 分区表）”单选按钮，单击“确定”按钮。

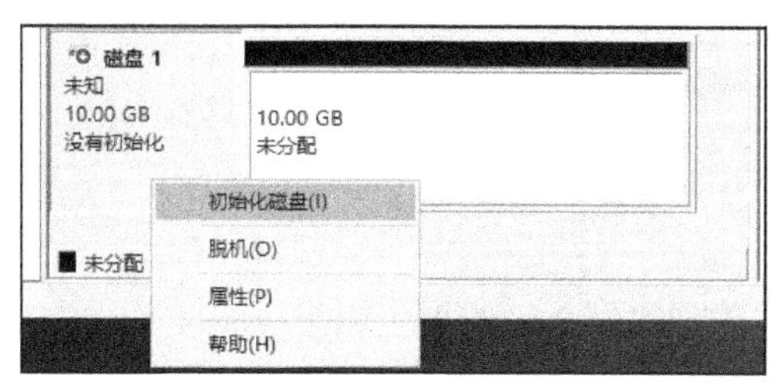

图 2-36　选择“初始化磁盘”命令

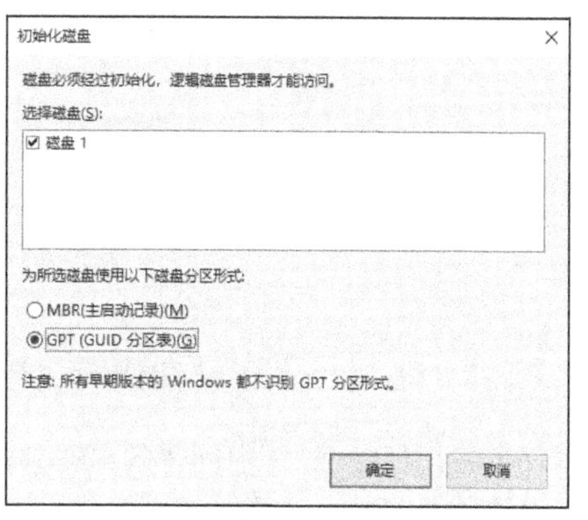

图 2-37　“初始化磁盘”对话框

8）新建卷。如图 2-38 所示，右击未分配的磁盘空间，选择“新建简单卷”命令，在弹出的界面中单击“下一步”按钮。

9）指定新建卷的大小。如图 2-39 所示，这里使用全部容量，单击“下一步”按钮。

10）分配驱动器号。将驱动器号设置为 D，单击“下一步”按钮。

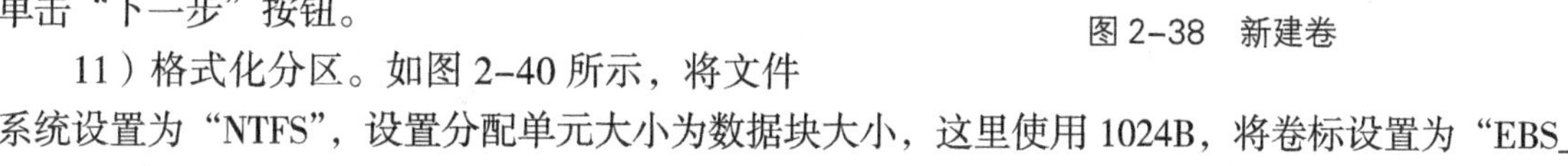

图 2-38　新建卷

11）格式化分区。如图 2-40 所示，将文件系统设置为“NTFS”，设置分配单元大小为数据块大小，这里使用 1024B，将卷标设置为“EBS_WIN”，单击“下一步”按钮，再单击“完成”按钮。

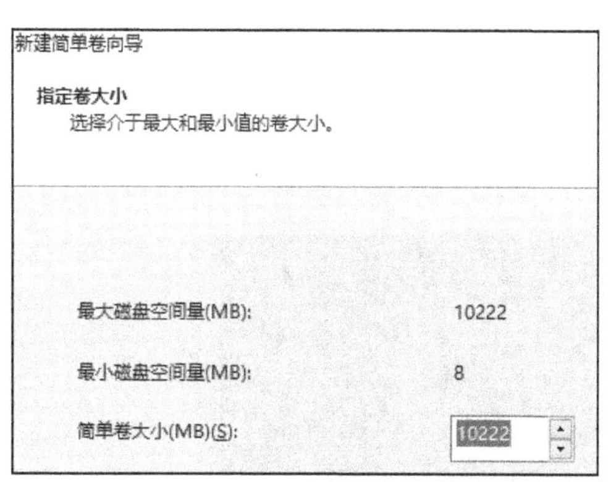

图 2-39　指定卷的大小

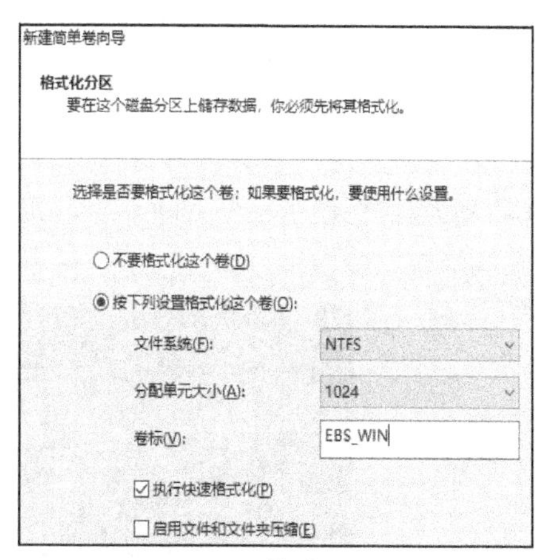

图 2-40　格式化分区

12）测试磁盘。在 Win2019server 实例上，打开资源管理器。如图 2-41 所示，可以看到卷 EBS_WIN 已经被挂载到实例中，驱动器号为 D，卷名为 EBS_WIN。请自行测试能否在 D 盘上正常读 / 写数据。

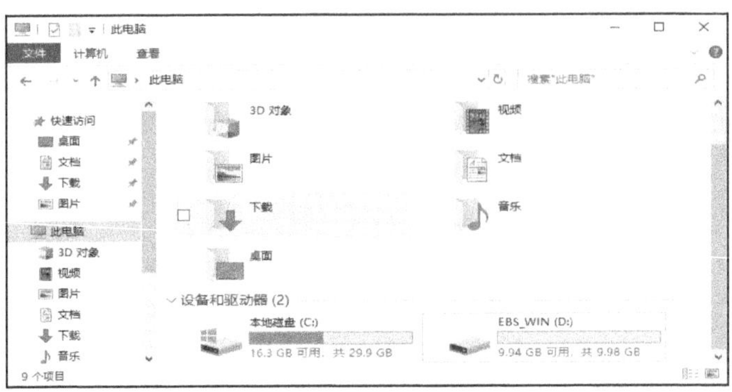

图 2–41　卷已经被正常挂载

任务 2.2.4　在 Linux EC2 实例挂载卷

本任务将把任务 2.2.2 中创建的 EBS_Linux 挂载到项目 2.1 创建的实例 Amazon Linux 中，格式化为 ext3 文件系统，步骤如下：

1）连接卷。如图 2–31 所示，在卷列表中选中“EBS_Linux”，选择“操作”→“连接卷”命令，在“实例”选项中选择“Amazon Linux”实例，单击“附加”按钮。

2）登录 Linux。参见任务 2.1.3 中的步骤，在 Windows 客户端上使用 PuTTY 软件连接到实例 Amazon Linux，以 ec2–user 用户登录 Linux，输入“df –h”命令，查看实例 Linux 上的磁盘空间使用情况，如图 2–42 所示。

```
ec2-user@ip-172-31-31-118:~
[ec2-user@ip-172-31-31-118 ~]$ df -h
Filesystem      Size  Used Avail Use% Mounted on
devtmpfs        474M     0  474M   0% /dev
tmpfs           492M     0  492M   0% /dev/shm
tmpfs           492M  404K  492M   1% /run
tmpfs           492M     0  492M   0% /sys/fs/cgroup
/dev/xvda1      8.0G  1.3G  6.8G  17% /
tmpfs            99M     0   99M   0% /run/user/1000
[ec2-user@ip-172-31-31-118 ~]$
```

图 2–42　在 Linux 上查看磁盘空间使用情况

3）将新卷格式化为 ext3 文件系统。如图 2–43 所示，输入命令“sudo mkfs –t ext3 /dev/sdf”。

```
ec2-user@ip-172-31-31-118:~
[ec2-user@ip-172-31-31-118 ~]$ sudo mkfs  -t ext3 /dev/sdf
mke2fs 1.42.9 (28-Dec-2013)
Filesystem label=
OS type: Linux
Block size=4096 (log=2)
Fragment size=4096 (log=2)
Stride=0 blocks, Stripe width=0 blocks
983040 inodes, 3932160 blocks
196608 blocks (5.00%) reserved for the super user
First data block=0
Maximum filesystem blocks=4026531840
120 block groups
32768 blocks per group, 32768 fragments per group
8192 inodes per group
Superblock backups stored on blocks:
        32768, 98304, 163840, 229376, 294912, 819200, 884736, 1605632, 2654208

Allocating group tables: done
Writing inode tables: done
Creating journal (32768 blocks): done
Writing superblocks and filesystem accounting information: done

[ec2-user@ip-172-31-31-118 ~]$
```

图 2–43　将新卷格式化为 ext3 文件系统

4）创建目录。创建目录用于挂载新卷，目录路径为 /mnt/ebs，输入命令“sudo mkdir /mnt/ebs”。

5）挂载新卷。输入命令“sudo mount /dev/sdf /mnt/ebs”，把新卷挂载到“/mnt/ebs”目录。

6）如图 2-44 所示，再次用“df-h”命令查看实例存储，图中倒数第 2 行为新加的 15GB 的 EBS_Linux 卷。

```
ec2-user@ip-172-31-31-118:~
[ec2-user@ip-172-31-31-118 ~]$ sudo mkdir /mnt/ebs
[ec2-user@ip-172-31-31-118 ~]$ sudo mount /dev/sdf /mnt/ebs
[ec2-user@ip-172-31-31-118 ~]$ df -h
Filesystem      Size  Used Avail Use% Mounted on
devtmpfs        474M     0  474M   0% /dev
tmpfs           492M     0  492M   0% /dev/shm
tmpfs           492M  404K  492M   1% /run
tmpfs           492M     0  492M   0% /sys/fs/cgroup
/dev/xvda1      8.0G  1.3G  6.8G  17% /
tmpfs            99M     0   99M   0% /run/user/1000
/dev/xvdf        15G   38M   14G   1% /mnt/ebs
[ec2-user@ip-172-31-31-118 ~]$
```

图 2-44　查看安装了 EBS_Linux 卷后的实例存储

7）测试文件读 / 写是否正常。如图 2-45 所示，在“/mnt/ebs”目录中创建并查看文件 f1.txt。

```
ec2-user@ip-172-31-31-118:~
[ec2-user@ip-172-31-31-118 ~]$ sudo sh -c "echo some text has been written>/mnt/ebs/f1.txt"
[ec2-user@ip-172-31-31-118 ~]$ cat /mnt/ebs/f1.txt
some text has been written
[ec2-user@ip-172-31-31-118 ~]$
```

图 2-45　创建并查看文件

8）配置 Linux 启动时挂载此卷。要将 Linux 实例配置为启动时挂载此卷，要在“/etc/fstab”文件中增加一行，如图 2-46 所示。

```
ec2-user@ip-172-31-31-118:~
[ec2-user@ip-172-31-31-118 ~]$ echo "/dev/sdf /mnt/ebs ext3 defaults,noatime 1 2" | sudo tee
 -a /etc/fstab
/dev/sdf /mnt/ebs ext3 defaults,noatime 1 2
[ec2-user@ip-172-31-31-118 ~]$
```

图 2-46　配置 Linux 启动时挂载卷

9）退出 Linux。输入“exit”命令，注销登录。

任务 2.2.5　卷的管理

用户可以在卷的“操作”菜单中进行修改卷类型、增加卷的大小、断开卷、删除卷、创建快照、还原快照等操作。

1. 修改卷

用户可修改卷的类型和大小（只能增加）。例如，要将 EBS_WIN 卷的容量增加到 12GiB，选择要修改的卷，选择“操作”→“Modify Volume”命令，在打开的图 2-47 所示的对话框中输入卷的新大小，单击“Modify”按钮。

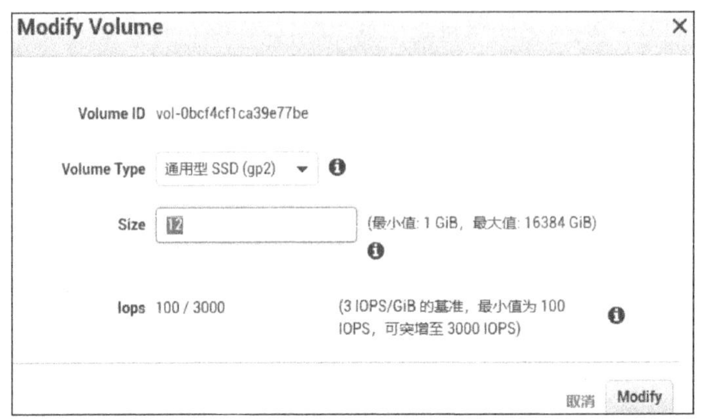

图 2-47 修改卷

2. 断开卷

断开卷时，实例和卷脱离连接，建议在实例停止后进行，以免数据损坏。要将 EBS_WIN 卷与实例 Win2019server 断开，可选择要修改的卷，选择“操作”→“断开卷”命令，单击“是”按钮。EBS_WIN 卷状态由 in-use 变为 available。断开连接的 EBS_WIN 卷上的数据并不会丢失，还可通过连接卷的操作重新连接到其他实例上。

3. 删除卷

删除卷将释放该卷占有的资源，卷从列表中消失，该卷上的数据将无法恢复。只有没被连接到实例的卷才能删除，可选择要删除的卷，选择“操作”→“删除卷”命令，单击“是”按钮。

4. 创建快照

1）创建快照。要对 EBS_Linux 卷创建快照，先选中 EBS_Linux 卷，选择“操作”→“Create Snapshot”命令，弹出图 2-48 所示的对话框。在“Description”文本框中输入快照的描述。单击“添加标签”按钮，在“键”“值”框中分别输入“Name”“EBS_Linux_snapshot”，单击“Create Snapshot”按钮，然后单击“Close”按钮。

图 2-48 创建快照

2）查看快照信息。如图 2-49 所示，单击左侧窗格中的“快照”选项，在右侧窗格中可以看到快照的列表，当快照的“状态”列为“completed”时，表示该快照已创建完成。选择某一快照，在“描述”选项卡可以看到快照的信息。

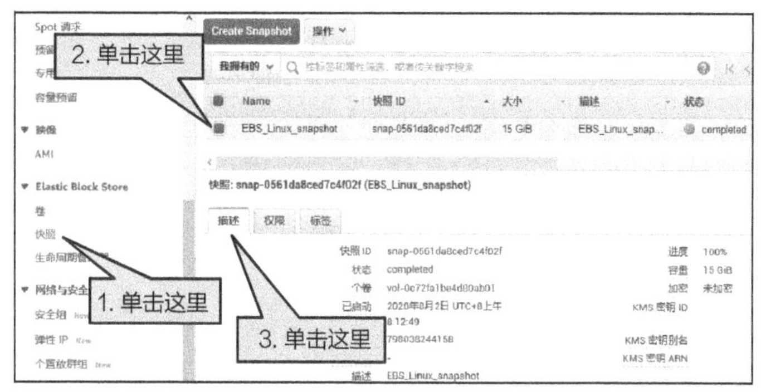

图 2-49　查看快照的信息

5. 还原快照

1）登录到 Amazon Linux 实例，删除实例中 EBS_Linux 卷上的文件 f1.txt。如图 2-50 所示，输入命令“cd /mnt/ebs”，再输入命令“sudo rm f1.txt”，即可删除。

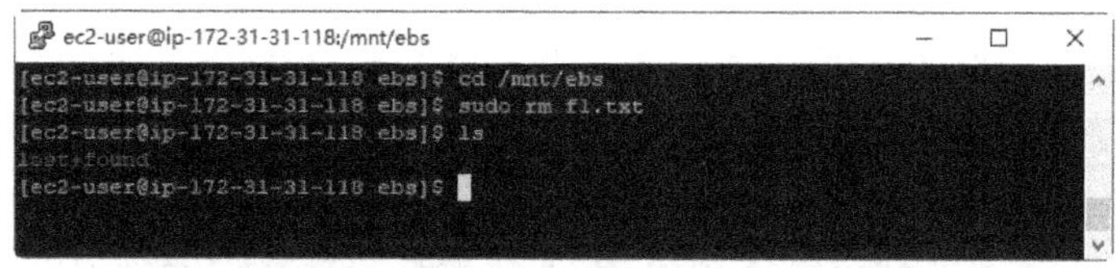

图 2-50　删除实例中 EBS_Linux 卷上的文件 f1.txt

2）用快照 EBS_Linux_snapshot 创建新卷，并将该卷挂载到 Amazon Linux 实例上。在图 2-49 中，选中 EBS_Linux_snapshot 快照，选择“操作”→“Create Volume”命令，在打开的图 2-51 所示的对话框中将该卷名称标签设置为“EBS_Linux_2”，单击“Create Volume”按钮（该按钮图中未显示），再单击“Close”按钮（该按钮图中未显示）。

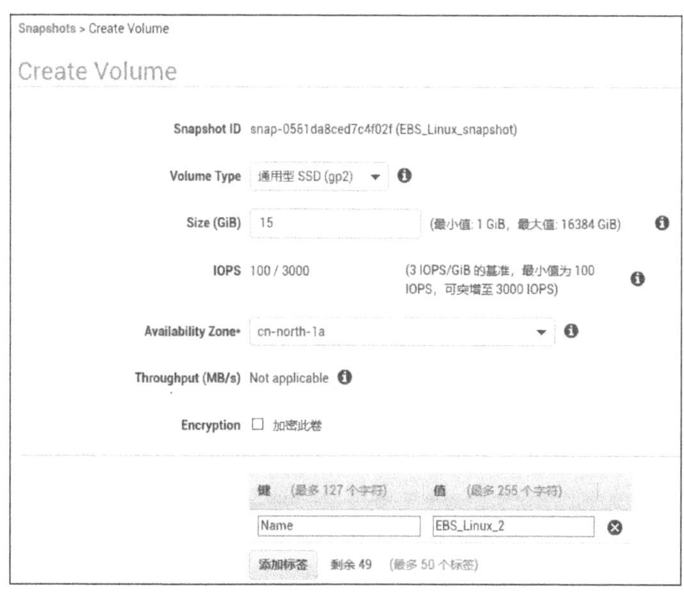

图 2-51　用快照 EBS_Linux_snapshot 创建新卷

3）将 EBS_Linux_2 连接到实例 Amazon Linux 上。在卷列表中选中“EBS_Linux_2”，选择“操作”→“连接卷”命令。如图 2-52 所示，此时 EBS_Linux_2 卷被连接到 Amazon Linux 实例的“/dev/sdg”设备上。

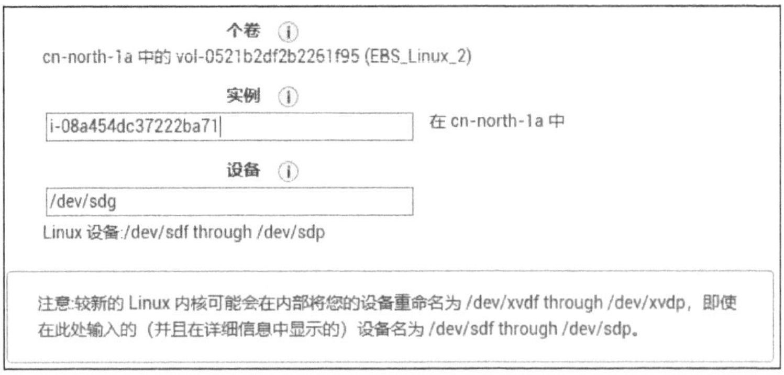

个卷
cn-north-1a 中的 vol-0521b2df2b2261f95 (EBS_Linux_2)
实例
i-08a454dc37222ba71
在 cn-north-1a 中
设备
/dev/sdg
Linux 设备:/dev/sdf through /dev/sdp
注意:较新的 Linux 内核可能会在内部将您的设备重命名为 /dev/xvdf through /dev/xvdp，即使在此处输入的（并且在详细信息中显示的）设备名为 /dev/sdf through /dev/sdp。

图 2-52　连接卷

4）在 Liunx 挂载卷。登录 Amazon Linux 实例，如图 2-53 所示，创建挂载点 /mnt/ebs2，将 EBS_Linux_2 卷挂载到 /mnt/ebs2，并查看效果。可以看到 f1.txt 文件所在卷被还原。

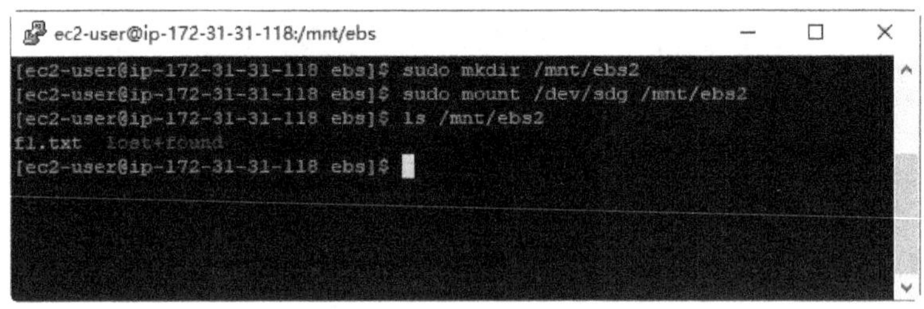

图 2-53　挂载利用快照创建的卷

习题

1. Amazon 系统映像（AMI）包含下列哪些内容？（　　）
   A. 实例（如操作系统、应用程序服务器和应用程序）根卷的模板
   B. 控制可以使用 AMI 启动实例的亚马逊云科技账户的启动许可
   C. 数据块设备映射，指定在实例启动时要附加到实例的卷
   D. 以上全是
2. 在创建新的 Windows EC2 实例时，必须指定以下哪两项？（　　）
   A. Amazon EC2 实例类型
   B. 管理员账户的密码
   C. Amazon EC2 实例 ID
   D. Amazon 系统映像（AMI）
3. 在数据（　　）且（　　）时，推荐使用 Amazon EBS。
   A. 需要对象级存储
   B. 必须快速访问，需要长期持久保存
   C. 需要加密解决方案

D. 需要存储在与 EC2 实例所在可用区不同的可用区中

4. 以下哪两项是 Amazon EBS 的功能？（　　）

A. 存储在 Amazon EBS 上的数据是在可用区中自动复制的

B. Amazon EBS 数据会自动备份至磁带

C. Amazon EBS 卷可以针对附加实例上的工作负载透明加密

D. 当附加的实例停止时，Amazon EBS 卷中的数据便会丢失

5. 操作题：在亚马逊云科技上分别创建一个 Windows、Linux 实例，以及 EBS_1、EBS_2 两个 EBS 存储（存储空间都设置为 5GB），将 EBS_1 挂载到 Windows 实例上，将 EBS_2 挂载到 Linux 实例上。从 Windows 客户端可以登录两个实例，并在两个实例新挂载的卷上创建文件 f1.txt、f2.txt，最后删除两个实例、EBS 存储。

单元 3

网络服务

单元概述

本单元将介绍亚马逊云科技的核心服务 VPC（Virtual Private Cloud），即亚马逊虚拟私有云。Amazon VPC 为 EC2 等提供网络服务。Amazon VPC 在亚马逊云科技云中预置出一个逻辑隔离的网络，用户可以在自己定义的虚拟网络中启动亚马逊云科技资源。用户可以完全掌控自己的虚拟网络环境，包括选择自己的 IP 地址范围、创建子网以及配置路由表和网络网关。用户可以在公司数据中心和 VPC 之间创建虚拟专用网络（VPN）连接，将亚马逊云科技云用作公司数据中心的扩展。可以轻松自定义 Amazon VPC 的网络配置，例如，可以为可访问 Internet 的 Web 服务器创建公有子网，而将数据库或应用程序服务器等后端系统放在不能访问 Internet 的私有子网中；也可以利用安全组和网络访问控制列表等多种安全层，对各个子网中 Amazon EC2 实例的访问进行控制。

学习目标

通过学习本单元，读者应掌握以下知识点和技能点。

知识点：

- 什么是 VPC
- VPC 的 CIDR
- Internet 网关
- 路由表
- 什么是弹性 IP（EIP，Elastic IP）
- 什么是安全组
- 什么是 NACL（Network Access Control List）
- 网络地址转换（Network Address Translation，NAT）

技能点：

- 创建 VPC
- 配置路由表
- EC2 实例连接到 VPC
- 弹性 IP 的申请和使用
- 配置 NAT
- 创建对等连接

使用 Amazon VPC

项目描述

企业的 IT 系统管理员在学习了亚马逊云科技云实例与存储的基础上，还要进一步掌握亚马逊云科技的网络服务（VPC），把原有的 IT 系统迁移到云。本项目分两个阶段：第一个阶段，建立一个具有公有子网和私有子网的 VPC；第二个阶段，在任务 3.1.2 的 VPC 中增加私有子网，配置 NAT，实现私有子网访问 Internet。在这个过程中要配置路由，使网络互联互通，并要建立防护措施来保证网络安全。

任务 3.1.1 知识预备与方案设计

1. Amazon VPC

Amazon 虚拟私有云（Virtual Private Cloud，VPC）是通过亚马逊云科技账号登录亚马逊云科技云来定义的虚拟专用网络。默认情况下，VPC 与其他网络隔离，但也可以将它连接到 Internet 或其他 VPC。用户能在 VPC 上创建实例，分配网络地址范围，划分子网，配置路由，设置安全组和网络访问控制列表。它通过 TCP/IP 访问，其中的概念和结构也与真实网络相同。一个 VPC 不能跨区域，但可以跨 AZ（可用区）；VPC 的同一个子网不能跨 AZ，但是可以在不同的 AZ 中创建不同的子网。

2. VPC 的 CIDR

CIDR（Classless Inter-Domain Routing，无类别域间路由）使用 VLSM（Variable Length Subnet Mask，可变长子网掩码）根据用户需要来分配 IP 地址，而不是按传统的有类网络范围规则（A 类、B 类、C 类等）来划分地址空间。VPC 需要一个连续的 IP 地址空间，而这个地址空间采用 CIDR 和 VLSM 技术。CIDR 的表示方法为斜杠法。例如，CIDR 10.0.0.0/16 包括从 10.0.0.0~10.0.255.255 的所有地址。CIDR 的 /16 部分是前缀长度，也就是网络地址。在 IPv4 中，VPC 的 CIDR 的前缀长度范围可以是 /16（65536 个可用主机地址）~/28（16 个可用主机地址）。需要注意的两点：一是 CIDR 在 VPC 创建时确定，一旦确定就无法改变，所以需要仔细考虑地址需求；二是 VPC 之间连接时，应确保两个 VPC 拥有不同的地址段。

3. 子网

子网类似于传统网络中的 VLAN，每个子网都有自己的 CIDR，且必须是 VPC CIDR 的子集。亚马逊云科技子网保留网段的前 4 个 IP 地址和最后一个 IP 地址，例如，子网 10.0.1.0/24 将保留 10.0.1.0、10.0.1.1、10.0.1.2、10.0.1.3 和 10.0.1.255。子网分为公有子网和私有子网，公有子网通过网关连接到 Internet，私有子网与 Internet 隔离开来。子网通过网络访问控制列表来保护安全。子网地址一旦确定就不能更改，子网不能跨 AZ，同一个 VPC 中的子网地址不能重叠。

4. Internet 网关

Internet 网关（Internet Gateway，IGW）是一种水平扩展的、冗余的、高可用的 VPC 组件，它将用户的 VPC 连到 Internet 上。IWG 有两个功能：一是为 VPC 路由表提供通往 Internet 上的目标地址；二是为 VPC 中公有子网上实例的 IPv4 地址提供网络地址转换（NAT）。如果一个子网的路由表中有一条到 Internet 网关的记录，那么该子网就是公有子网。

5. 路由表

VPC 中隐含了路由器，所以不需要配置路由接口，只需要维护路由表即可。路由表包含一组路由规则。每条路由信息都包含目的网络和目标地址。路由表决定了 VPC 连接到哪里。VPC 的每个子网都要关联一个路由表，没有路由表关联的子网将使用隐式路由表。路由表包括主路由表和客户路由表等。主路由表随着 VPC 的建立而自动创建，并关联 VPC 中的每个子网，它包含一个用于在 VPC 内部通信的本地路由，它可以被编辑，但不能被删除。客户路由表由用户建立，可以编辑和删除。如果用户是用 Console 创建的具有 Internet 网关的 VPC，那么系统会自动建立一个客户路由表，并添加一条到 Internet 网关的路由。一个路由表可以连接到多个子网，如果没有明确指明子网连接到哪个路由表，那么它连接到主路由表。

6. 安全组

安全组是实例的虚拟防火墙，基于协议、端口号和 IP 地址过滤进出实例的流量。安全组在实例层面，不在子网层面，因此子网上的实例可以被分配不同的安全组。如果用 EC2 API 或命令行来启动一个实例，且没有指定一个安全组，那么实例会被自动分配一个默认安全组。如果用控制台启动一个实例，那么可以新建一个安全组。对于安全组，可以制定入站规则和出站规则来控制出入实例的流量。这些规则类似于 NACL。

安全组的基本规则如下：

1）只能制定允许规则，不能制定拒绝规则。

2）入站规则和出站规则可以分别制定。

3）规则基于协议和端口号来过滤信息。

4）安全组是有状态的。即如果从一个实例发出一个请求数据包，那么对于这个请求的响应数据包就可以进入，而不管安全组的入站规则是否允许进入；允许进入的数据包的响应包也允许出站，不必管安全组的出站规则。

5）新创建的安全组是没有入站规则的，也就是不允许任何信息流入，直到在安全组中创建入站规则。

6）默认情况下，安全组包含出站规则，即允许所有信息流出。

7）连接到同一个安全组的实例不能彼此通信，除非建立规则。

8）安全组是被关联到网络接口上的，启动实例时可以制定或改变关联到网络接口上的安全组。

9）安全组的名字在所在的 VPC 中必须是唯一的。

10）一个安全组只能应用在所在的 VPC 中。

每个 VPC 都有一个默认安全组，它与 VPC 共生，默认安全组不能被删除，可以被编辑。使用 API 或者命令行创建一个实例，又没有对实例指定安全组，实例将关联默认的安全组。如果使用 console 创建实例，则可以为该实例创建新的安全组，该安全组以“launch-wizard-xx”开头代替默认安全组关联到实例上。安全组的入站规则和出站规则见表 3-1 和表 3-2。

表 3-1　安全组的入站规则

类型	协议	端口范围	源	描述
SSH	TCP	22	10.1.1.0/24	—
RDP	TCP	3389	0.0.0.0/0	—

表 3-2　安全组的出站规则

类型	协议	端口范围	目的	描述
所有流量	全部	全部	0.0.0.0/0	—

- 源可以是另一个安全组、一组 IPv4 或 IPv6 的 CIDR 地址块、一个单独的 IPv4（IPv6）地址或前缀列表。
- 端口范围是指目的端口或目的端口范围。
- 任何协议都有标准协议号，规则中要指明协议类型和名称。
- 描述信息可帮助用户识别规则用途，描述的长度不超过 255 个字符，可以使用大小写字母、数字和一些指定的符号。

表 3-1 中的第一条入站规则表示来自 10.1.1.0/24 网络的主机可以访问实例的 22 端口，即可以使用 SSH 服务；第二条入站规则表示来自任何地址的主机还可以访问实例的 3389 端口，即可以使用 RDP 服务。

- 目的可以是另一个安全组、一组 IPv4 或 IPv6 的 CIDR 地址块、一个单独的 IPv4（IPv6）地址或前缀列表。
- 端口范围是指目的端口或端口范围。

表 3-2 中的出站规则允许访问任何目的主机、任何端口、任何协议的数据包通过（生产环境中不推荐此配置）。

7. 网络访问控制列表

网络访问控制列表（Network Access Control List，NACL）负责 VPC 的安全，包含入站和出站规则，以允许或拒绝访问源或目的 IP、协议、端口。每个 VPC 都有一个默认的可以修改但无法删除的 NACL，它与 VPC 共生。

网络访问控制列表遵循如下规则：VPC 自动连接一个默认的 NACL，一般情况下，它允许所有的入站和出站流量；用户可以创建自己的 NACL，默认情况下，用户 NACL 拒绝所有的入站和出站流量；每个 VPC 中的子网都必须连接到一个 NACL，如果没有明确指明就连接到默认 NACL；一个 NACL 可以连接到多个子网，但一个子网在一个时间只能连接一个 NACL，最后连接的 NACL 生效；一个 NACL 包含大量的规则，规则的数量最多可以达到 32766；制定规则的原则是在保证子网安全的情况下使用最少的规则，如果需要增加规则，则建议以 10~100 为单位来进行；NACL 区分入站和出站规则，操作项允许 / 拒绝二选一；NACL 是无状态的，它不跟踪流经它的流量状态。

默认的入站规则如表 3-3 所示。

表 3-3　默认的入站规则

规则编号	协议	端口范围	源	操作
100	所有	所有	0.0.0.0/0	允许
*	所有	所有	0.0.0.0/0	拒绝

按照升序处理规则编号，编号小的先处理，编号大的后处理。100 号规则表示允许来自任何来源的所有传输。* 号规则表示如果一个数据包不匹配任何一条规则，那么将被拒绝。

默认的出站规则如图 3-46 所示。

8. 弹性网络接口

弹性网络接口（Elastic Network Interface，ENI）是 VPC 的逻辑组件，表示虚拟网络接口。每个实例都必须有一个默认的网络接口（主要的 ENI），它被分配一个所在 VPC 网段中的主要私有的 IPv4 地址。可以单独创建 ENI，然后将它附加到实例上，或者将它从实例上分离再将它附加到其他实例上。

9. 弹性 IP

弹性 IP（Elastic IP Address，EIP）是一个静态公有 IPv4 地址。EIP 在最初分配时没有绑定任何实例，可以将它分配给一个实例或网络接口。使用 EIP 的好处是，如果一个实例发生故障，则可以快速地将这个 EIP 重新分配给另一个实例。一个 EIP 在一个时间只能分配给一个实例或网络接口。

10. NAT

NAT（Network Address Translation，网络地址转换）的目的是将私有 IP 转换成公有 IP，帮助私网的主机访问公网。NAT 技术既能解决 IP 地址不足的问题，又能有效地避免来自网络外部的攻击，隐藏并保护网络内部的计算机。

亚马逊云科技通过 NAT 实例和 NAT 网关实现地址转换，称它们为 NAT 设备。NAT 设备允许私有子网的实例访问 Internet，不允许反向访问。它需要放置在公有子网中，配置公有接口。多个实例还可以使用同一个 NAT 设备，共享公有 IP，通过端口地址转换访问 Internet。使用 NAT 设备的路由表要增加一条路由：凡是目的地址是外网的，全部转发到 NAT 设备。

11. 方案设计

本项目拓扑图如图 3-1 所示。在亚马逊云科技的北京区中先创建一个带有单个公有子网的 VPC，命名为 VPC EXER，IPv4 CIDR 10.1.0.0/16。公有子网命名为 PUB SUB，IPv4 CIDR 10.1.1.0/24，AZ 为 cn-north-1a。公有子网中添加 Windows 实例 vpc_exer_win，分配弹性 IP，实现实例 vpc_exer_win 能够登录 Internet。

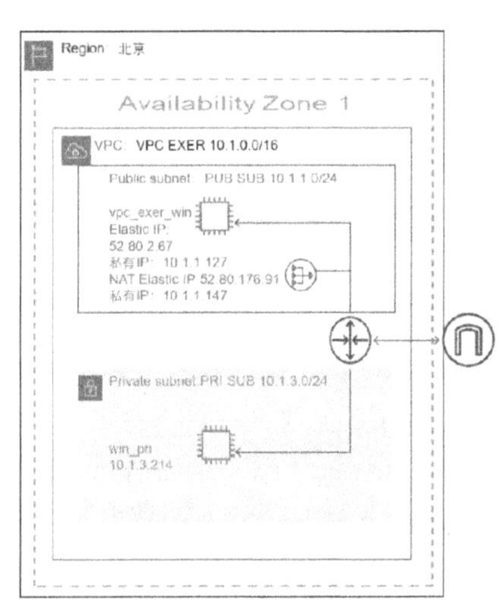

图 3-1　本项目拓扑图

扩充 VPC EXER，添加私有子网。私有子网 IPv4 CIDR 为 10.1.3.0/24，在私有子网中添加实例 win_pri，在公有子网中添加 NAT 网关。最终实现用户通过实例 vpc_exer_win 远程登录 win_pri，在 win_pri 中打开浏览器，并通过 NAT 访问 Internet。

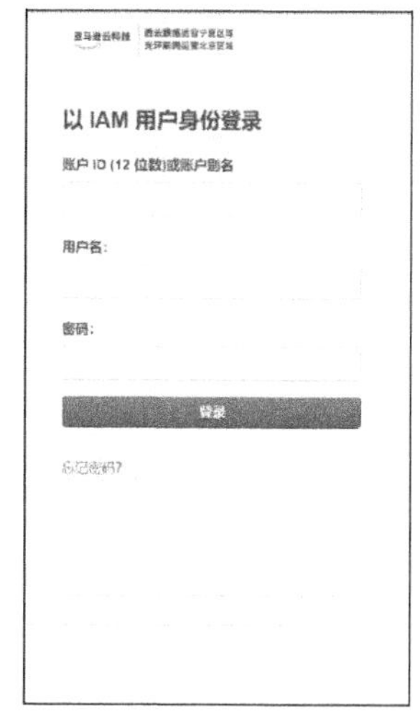

图 3-2　用户登录界面

任务 3.1.2　创建 VPC

本任务将登录亚马逊云科技管理控制台，在中国（北京）区域（cn-north-1）中创建一个名为 VPC EXER 的 VPC，IPv4 CIDR 为 10.1.0.0/16。在 VPC EXER 中创建一个名为 PUB SUB 的公有子网，IPv4 CIDR 为 10.1.1.0/24，AZ 为 cn-north-1a。

1. 创建 VPC

1）登录控制台。如图 3-2 所示，建议使用火狐或者谷歌浏览器，在 https：//console.amazonaws.cn 页面中输入用户自己的账户 ID、用户名、密码，单击“登录”按钮。

2）使用 VPC 服务。如图 3-3 所示，选择“北京（cn-north-1）”区域，则实例将在北京的数据中心上运行。在图 3-3 所示界面中的“Find Services”文本框中输入“VPC”，然后在下拉列表中选中“VPC”，进入 VPC 控制面板。

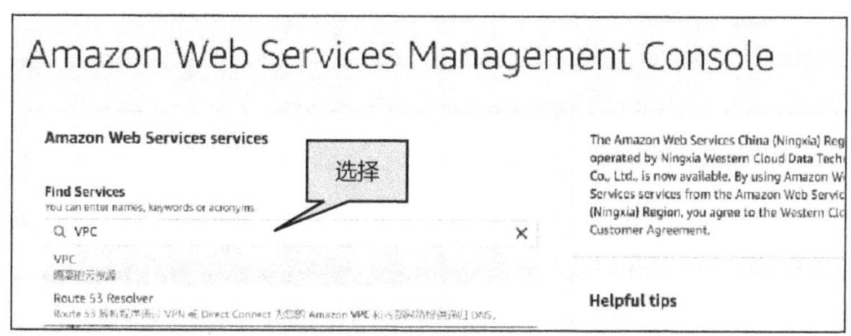

图 3-3　选择 VPC 服务

3）在 VPC 控制面板中单击“启动 VPC 向导”按钮，如图 3-4 所示。

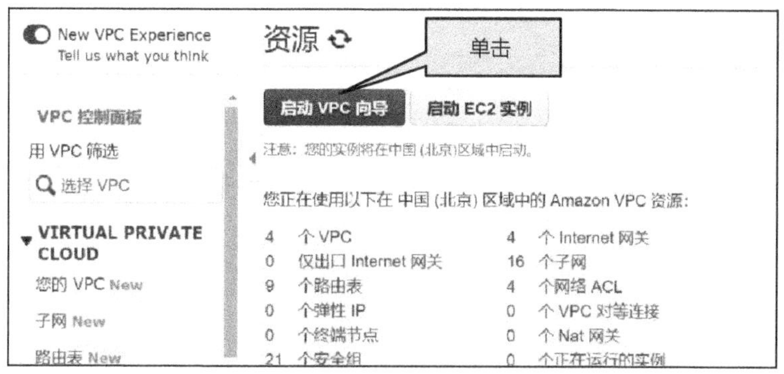

图 3-4　单击“启动 VPC 向导”按钮

4）选择“带单个公有子网的 VPC”选项，如图 3-5 所示，单击“选择”按钮。

5）设置 VPC 的 CIDR 及名称等。按图 3-6 所示的内容设置 VPC 信息，之后单击屏幕右下角的“创建 VPC”按钮（图中未显示）。

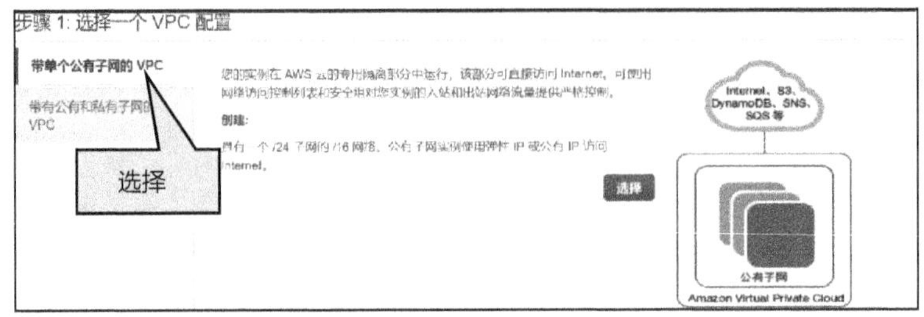

图 3–5　创建带单个公有子网的 VPC

步骤 2：带单个公有子网的 VPC

IPv4 CIDR 块:* 10.1.0.0/16 (65531 个可用 IP 地址)

IPv6 CIDR 块: ◉无 IPv6 CIDR 块 ○Amazon 提供的 IPv6 CIDR 块

VPC 名称: VPC EXER

公有子网的 IPv4 CIDR:* 10.1.1.0/24 (251 个可用 IP 地址)

可用区:* cn-north-1a

子网名称: PUB SUB

AWS 创建 VPC 以后，您可以添加更多子网。

服务终端节点

添加终端节点

启用 DNS 主机名:* ◉是 ○否

硬件租赁:* 默认

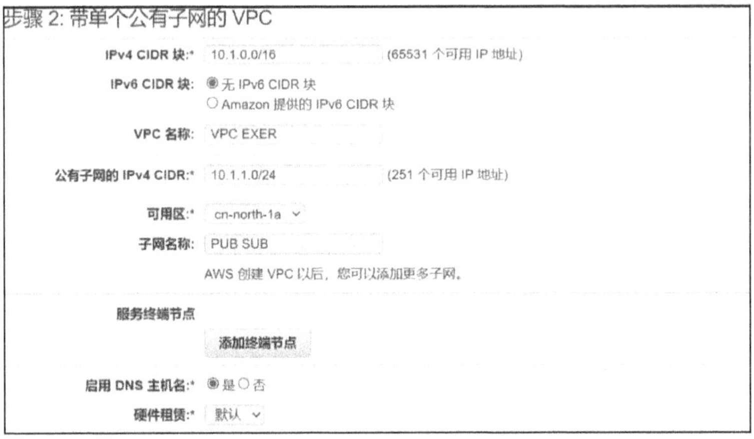

图 3–6　设置 VPC 信息

2. 查看 VPC 的 Name 和 VPC ID

在 VPC 控制面板中单击“您的 VPC”选项，在打开界面的“Name”列表中选择“VPC EXER”，可以看到此 VPC 的详细信息，VPC ID 为 vpc–07bb1e4146d0fb111，如图 3–7 所示。

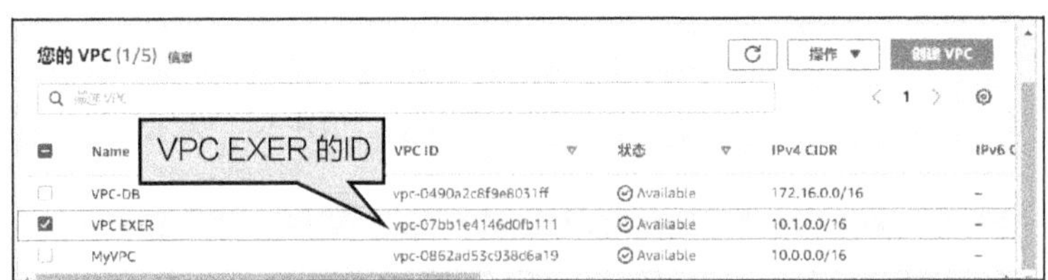

图 3–7　查看 VPC 信息

3. 查看子网信息

在 VPC 控制面板中单击“子网”选项，在打开界面的“Name”列表中选择“PUB SUB”，则会显示该子网的详细信息，PUB SUB 的 ID 为 subnet–08de9145bef03530f，如图 3–8 所示。

图 3–8　查看子网信息

任务 3.1.3　配置路由表

在创建 VPC 时会自动创建主路由表，又称为默认路由表。图 3-9 中，“主”列中显示为“是”的路由表即主路由表，它与 VPC 相连。客户路由表为“主”列显示为“否”的路由表。

1）检索路由表。在 VPC 控制面板中单击“路由表”选项，在打开界面的“筛选路由表”搜索框中按照 vpc-07bb1e4146d0fb111 条件输入，查找到两个路由表。如图 3-9 所示，可以看到，主路由表 ID 为 rtb-03fb44f715125ca72，隐式关联 VPC；客户路由表 ID 为 rtb-0c4f0cef5a267cea2，显式关联子网 PUB SUB。

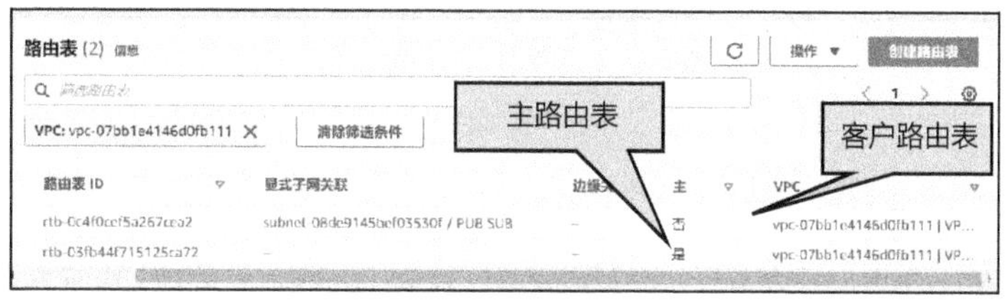

图 3-9　检索路由表

2）查看客户路由表。单击客户路由表 ID，可以看到“路由”中有两条记录，如图 3-10 所示：10.1.0.0/16 是本地路由，0.0.0.0/0 是子网通往 Internet 的路由。igw-037b65a99ec21e3af 即为 Internet 网关。

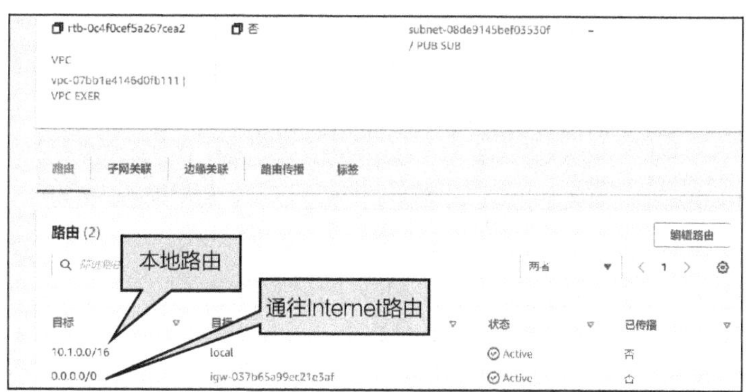

图 3-10　查看客户路由表

3）查看主路由表。单击路由表中“主”列中显示为“是”的路由表 ID，该“路由”中只有 10.1.0.0/16 本地路由，如图 3-11 所示。

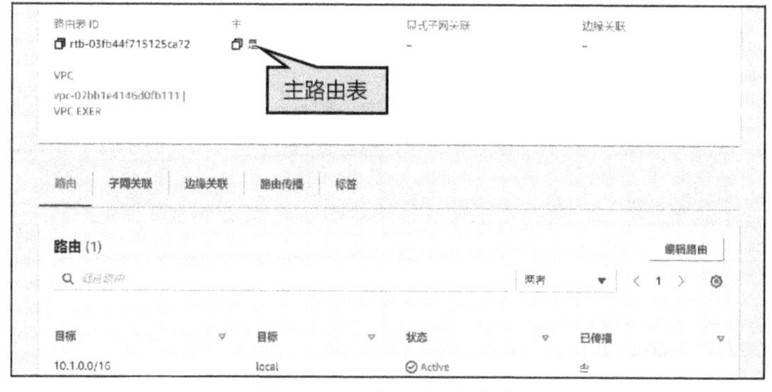

图 3-11　查看主路由表

4）查看 Internet 网关。如图 3-12 所示，在 VPC 控制面板中单击“互联网网关”选项，在搜索框中按照 vpc-07bb1e4146d0fb111 搜索，可找到互联网网关 ID 为 igw-037b65a99ec21e3af。

图 3-12　查看 Internet 网关

任务 3.1.4　EC2 实例连接到 VPC

在 PUB SUB 的公有子网中创建一个 Microsoft Windows Server 2019 Base（简体中文）EC2 实例，将该实例命名为 vpc_exer_win，vCPU 为 1，内存为 1GB，类型为通用型系列，使用 EBS 存储。

1）启动 EC2 实例。在 VPC 控制面板中单击“启动 EC2 实例”按钮，如图 3-13 所示。

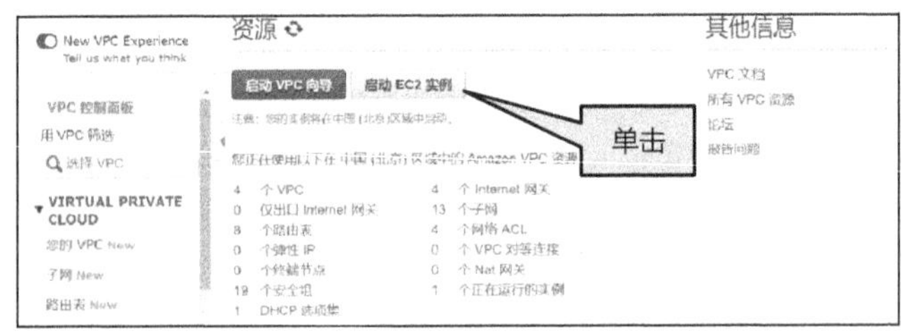

图 3-13　启动 EC2 实例

2）选择一个 Amazon 系统映像（AMI），如图 2-4 所示。

3）选择实例类型，如图 2-5 所示。

4）配置实例详细信息。如图 3-14 所示，“网络”选择“vpc-07bb1e4146d0fb111|VPC EXER”，“子网”选择“subnet-08de9145bef03530f|PUB SUB|cn-north-1a”，其他使用默认值，单击“下一步：添加存储”按钮。

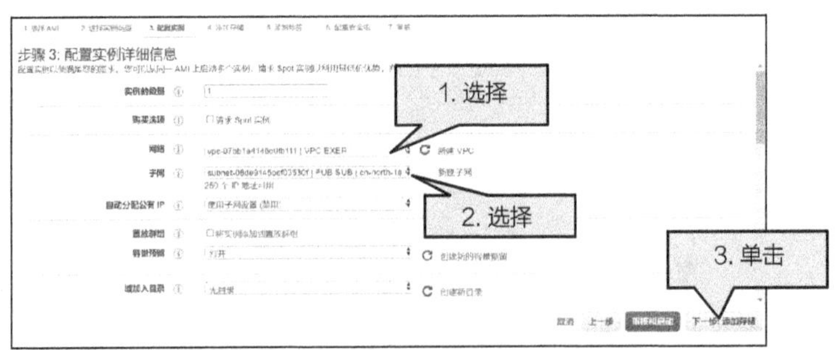

图 3-14　配置实例详细信息

5）添加实例存储。如图 3-15 所示，存储大小使用默认值，单击“下一步：添加标签”按钮（该按钮图中未显示）。

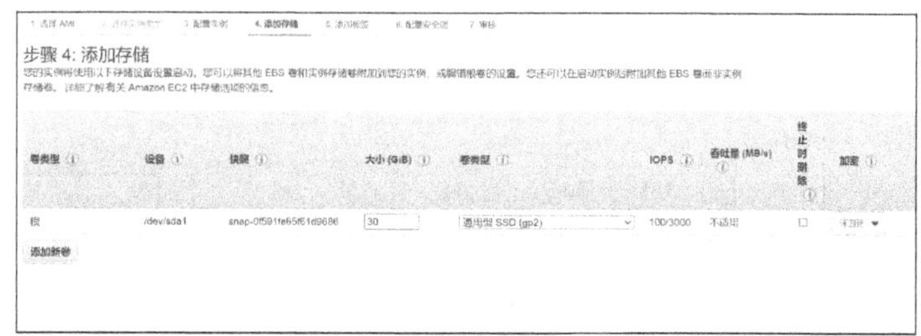

图 3-15 添加实例存储

6）添加实例标签。如图 3-16 所示，添加标签，单击“下一步：配置安全组”按钮（该按钮图中未显示）。

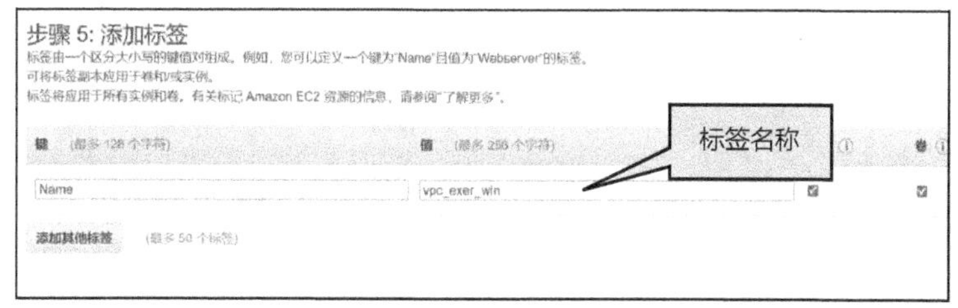

图 3-16 添加实例标签

7）配置安全组。选择“创建一个新的安全组”单选按钮，输入安全组名称。安全组是实例的防火墙，该实例在公有子网上，需要 RDP（远程登录）访问。RDP 是应用层协议，传输层使用 TCP，端口号为 3389，允许来自任何地址的访问配置如图 3-17 所示，单击“审核和启动”按钮（该按钮图中未显示）。

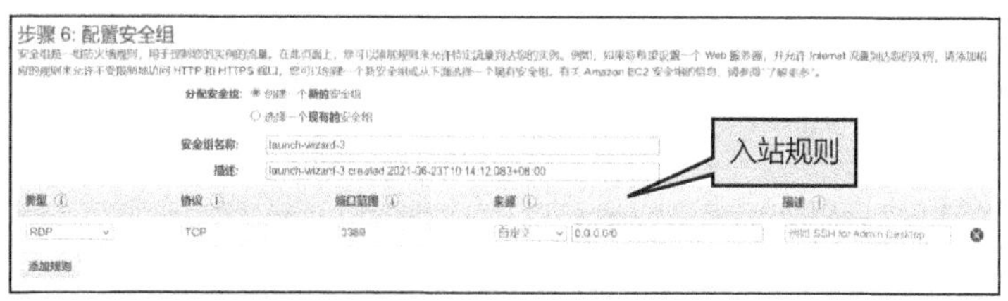

图 3-17 配置安全组

如果以后要修改安全组规则，那么可以首先在 VPC 导航中选择安全组，然后选中要修改的安全组名称。

8）核查实例启动。如图 3-18 所示，在这里可以对前面的操作重新编辑，单击“启动”按钮（该按钮在图中未显示）。

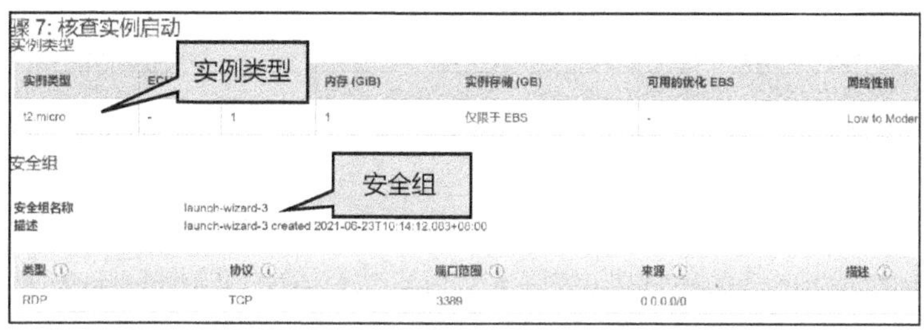

图 3-18 核查实例启动

9）为实例 vpc_exer_win 创建新密钥对。如图 3-19 所示，首先单击“下载密钥对”按钮，然后单击“启动新实例”按钮。

10）查看实例 vpc_exer_win。如图 3-20 所示，在搜索框中输入“VPC ID: vpc-07bb1e4146d0fb111”，找到实例 vpc_exer_win，然后单击该实例 ID “i-08ca901bbfb5425f7”。

11）查看实例 vpc_exer_win 详细信息。如图 3-21 所示，检查子网 ID、VPC ID，记录私有 IPv4 地址“10.1.1.127”。

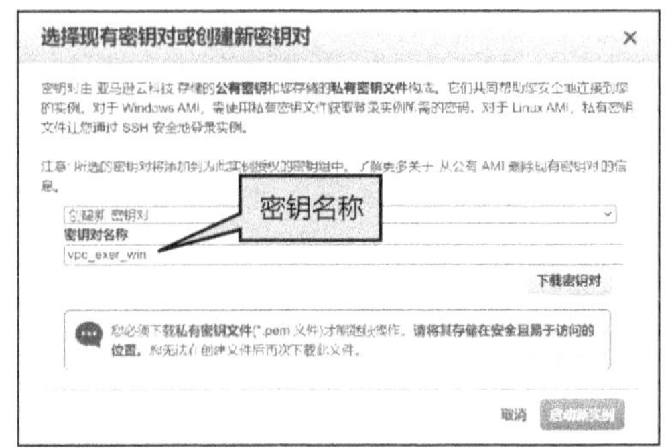

图 3-19　创建新密钥对

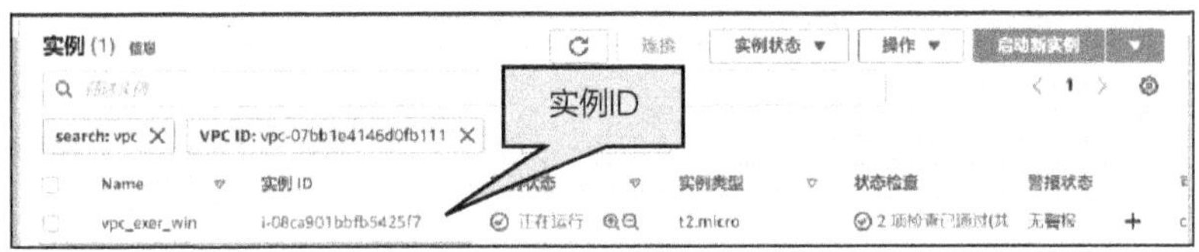

图 3-20　查看实例 vpc_exer_win

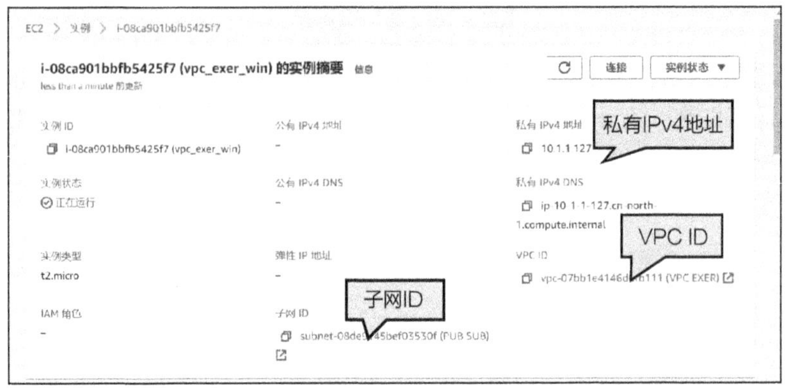

图 3-21　查看实例 vpc_exer_win 详细信息

任务 3.1.5　弹性 IP 的申请和使用

实例 vpc_exer_win 所在的子网 PUB SUB 虽然是公有子网，但是实例也需要一个固定的公有地址以便被 Internet 的用户访问。

1）打开 VPC 控制面板，单击左侧导航中的“弹性 IP”选项，然后单击“分配弹性 IP 地址”按钮，如图 3-22 所示。

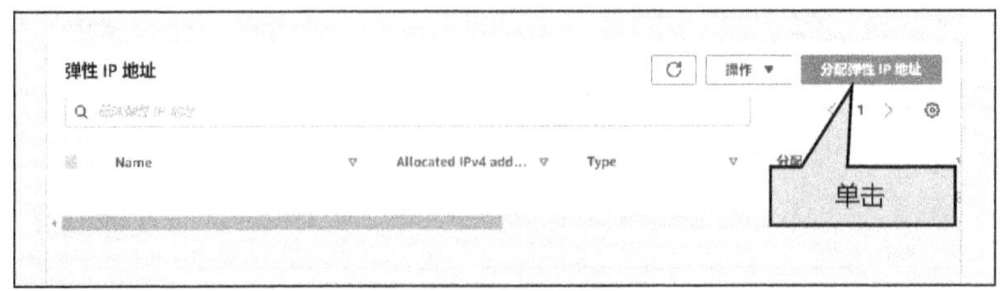

图 3-22　打开弹性 IP 地址

2）单击“添加标签”按钮（该按钮在图中未显示），在打开的界面中按图 3-23 所示的内容进行设置，单击“分配”按钮（该按钮在图中未显示）。

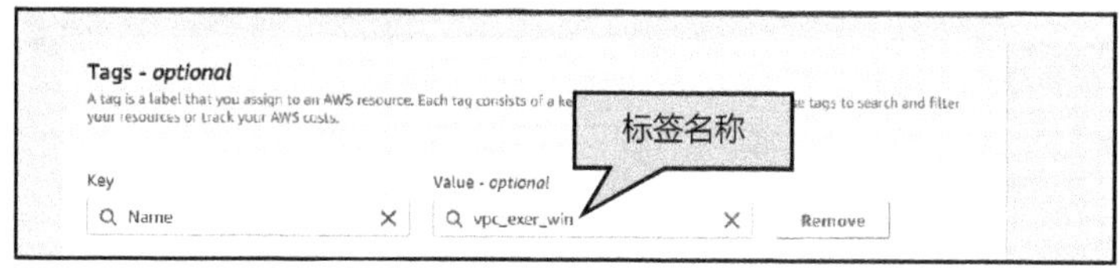

图 3-23　添加标签

3）分配结果。如图 3-24 所示，实例 vpc_exer_win 被分配的公有 IP 为 52.80.2.67，单击“52.80.2.67” IP。

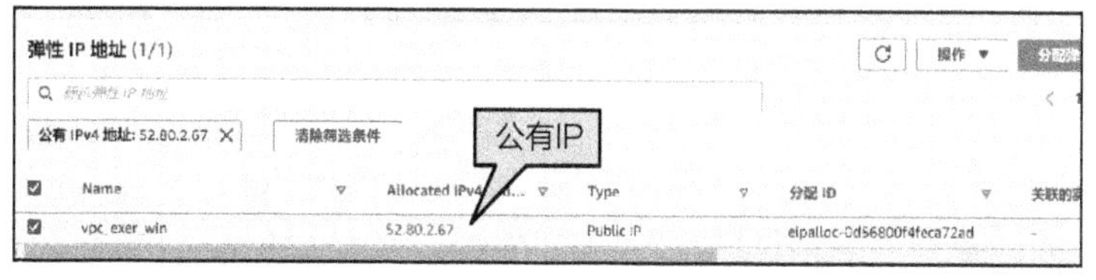

图 3-24　分配结果

4）关联弹性 IP 地址。如图 3-25 所示，单击“关联弹性 IP 地址”按钮。

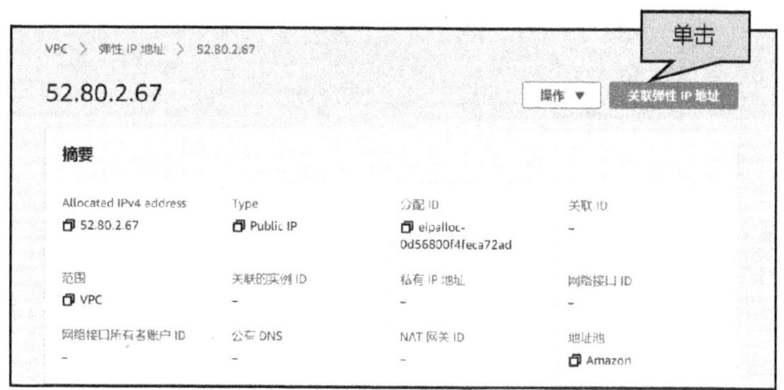

图 3-25　关联弹性 IP 地址

5）选择关联实例。按图 3-26 所示的内容进行设置，单击右下角的“关联”按钮（该按钮在图中未显示）。实例的 ID 和私有 IP 如图 3-21 所示。

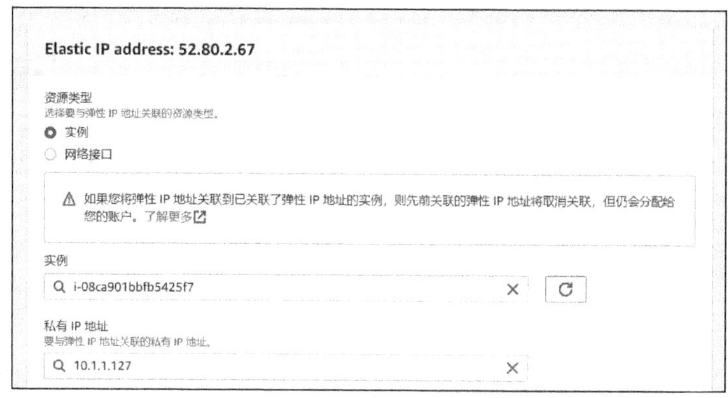

图 3-26　选择关联实例

6）在 EC2 服务中查看实例 vpc_exer_win 详细信息，如图 3–27 所示。

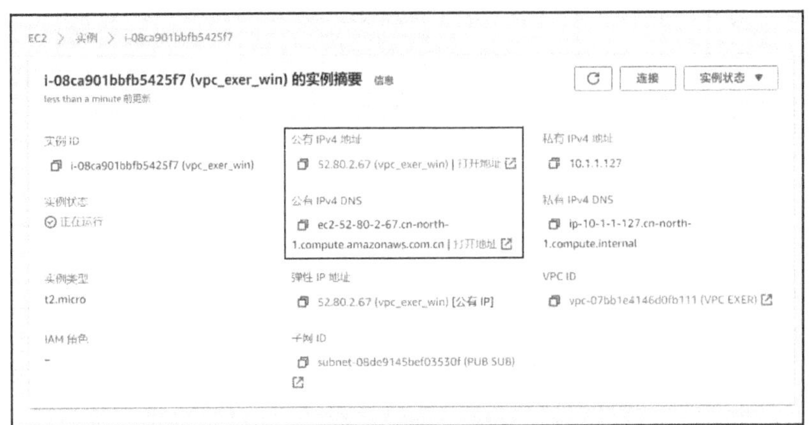

图 3–27　查看实例 vpc_exer_win 详细信息

7）远程连接到实例 vpc_exer_win，如图 3–28 所示。注意桌面右上角的信息。

图 3–28　远程登录实例 vpc_exer_win

任务 3.1.6　配置 NAT

本任务将扩充 VPC EXER，添加私有子网（Private Subnet）10.1.3.0/24，并在私有子网中创建实例 win_pri、添加 NAT 网关，实现用户通过实例 vpc_exer_win 远程登录 win_pri，在 win_pri 中打开浏览器，通过 NAT 访问 Internet。

1. 在 VPC EXER 中添加私有子网 10.1.3.0/24

1）在 VPC 控制台左侧导航栏中单击“子网”选项，在打开的图 3–29 所示的界面中单击“创建子网”按钮。

图 3–29　单击“创建子网”按钮

2）按照图 3–30、图 3–31 所示的内容进行设置，新子网和原来的子网都放置在同一个 AZ 内，即 cn-north-1a，单击右下角的“创建子网”按钮（该按钮在图中未显示）。

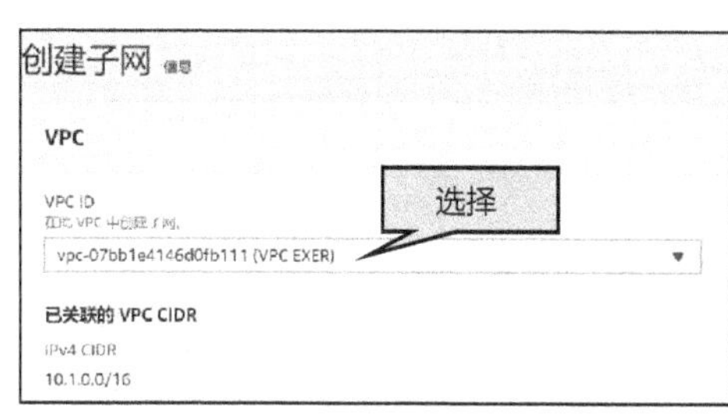

图 3-30　选择子网所在的 VPC

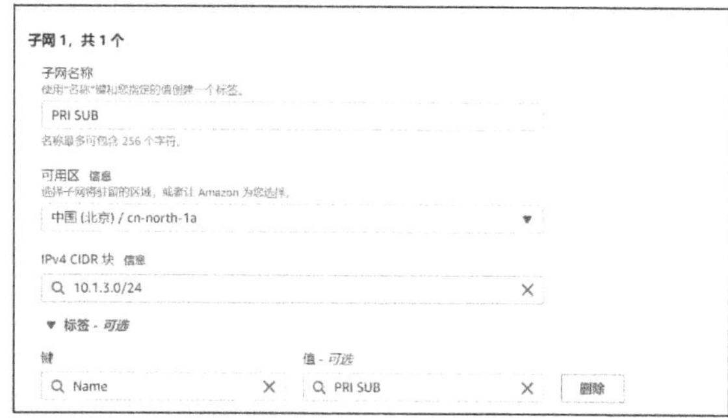

图 3-31　输入子网的相关信息

3）按照 VPC ID 搜索，可以看到公有子网 PUB SUB 和私有子网 PRI SUB，如图 3-32 所示。

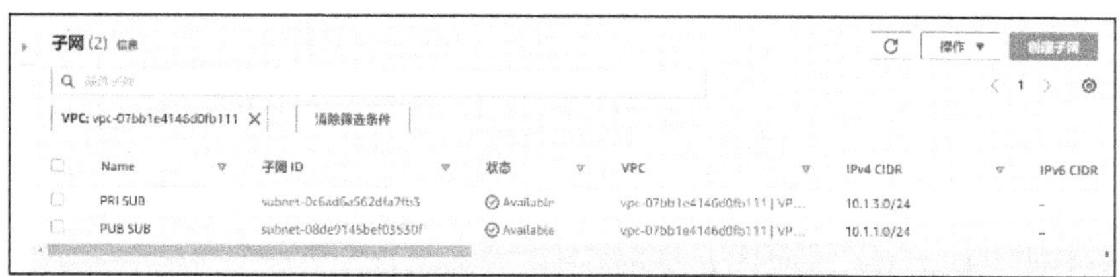

图 3-32　查看子网

2. 在私有子网中添加实例 win pri

实例 win pri 与实例 vpc_exer_win 的配置选项相同，创建实例的操作步骤可参考前面的内容，但需要注意下面 3 个步骤。

1）如图 3-33 所示，在“步骤 3：配置实例详细信息”中，“网络”选择 vpc-07bb1e4146d0fb111|VPC EXER，“子网”选择 subnet-0c6ad6a562dfa7fb3|PRI SUB|cn-north-1a。

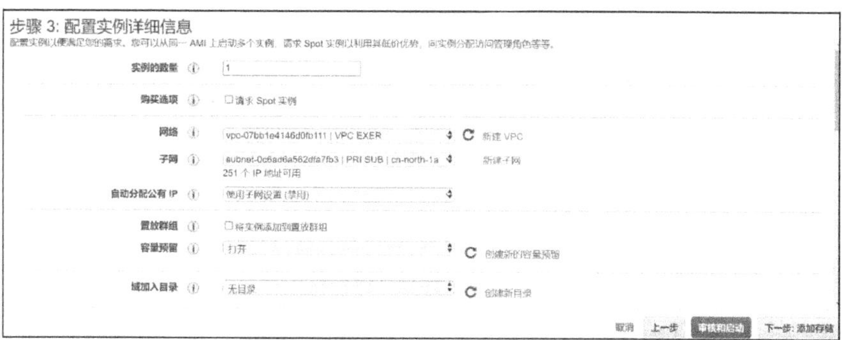

图 3-33　配置实例 win pri 详细信息

2）如图 3-34 所示，在“步骤 5：添加标签”中设置实例名称为 win pri。

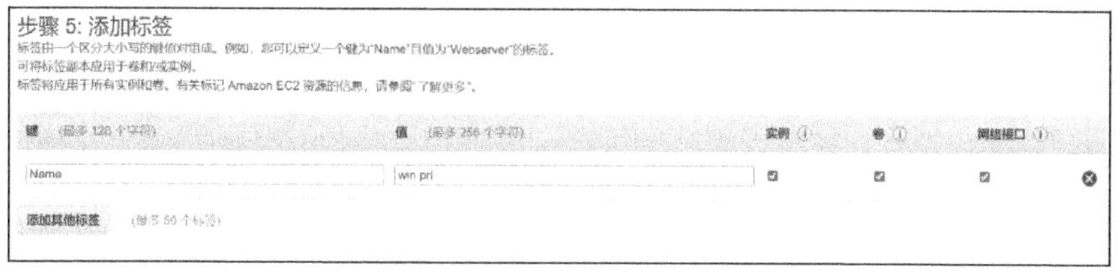

图 3-34　添加实例标签

3）如图 3–35 所示，为实例 win pri 创建新密钥对并下载。

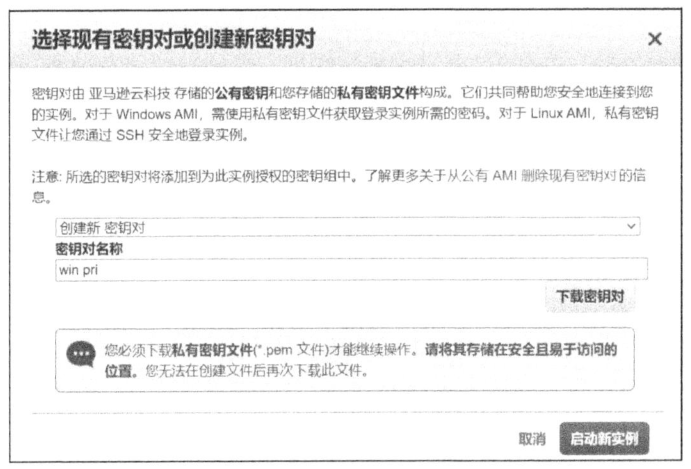

图 3–35　创建并下载新密钥对

4）查看实例详细信息。如图 3–36 所示，在 EC2 控制面板中按照 VPC ID 搜索到新实例 win pri，查看详细信息，记录下私有地址 10.1.3.214。

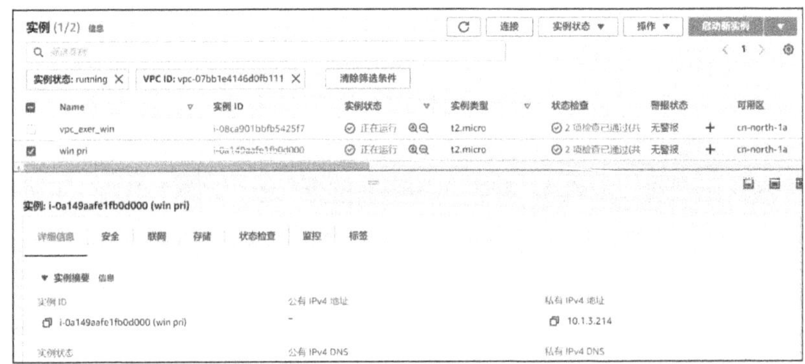

图 3–36　查看实例 win pri 详细信息

3. 创建 NAT 网关并设置

1）创建 NAT 网关。如图 3–37 所示，单击 VPC 控制面板左侧导航栏中的“NAT 网关”选项，单击“创建 NAT 网关”按钮。

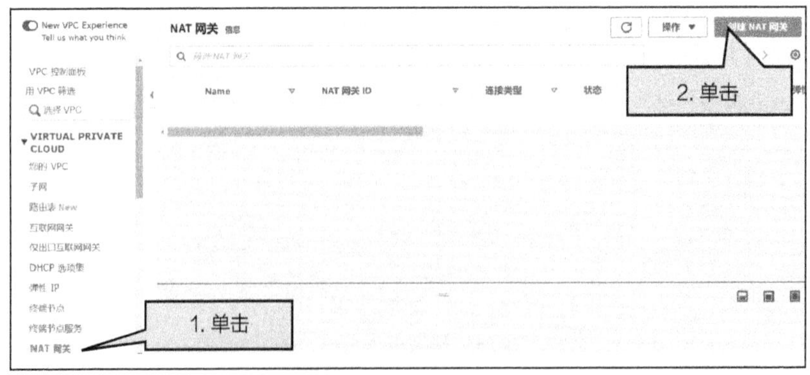

图 3–37　单击“创建 NAT 网关”按钮

2）设置 NAT。如果要通过 NAT 网关访问 Internet，则需要将 NAT 网关放在公有子网上，并分配一个公有 IP（通过单击“分配弹性 IP”按钮获得），设置如图 3-38 所示。然后单击页面右下角的“创建 NAT 网关”按钮（该按钮在图中未显示）。

图 3-38　NAT 网关设置

3）NAT 网关详细信息如图 3-39 所示，记录该 NAT ID：nat-08cea39960a39d337。

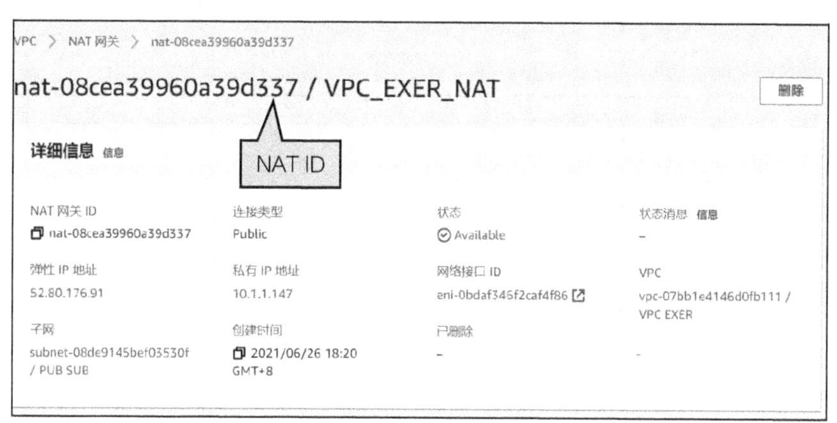

图 3-39　NAT 网关详细信息

4. 路由设置

私有子网 PRI SUB 是 VPC EXER 新创建的子网，默认与主路由表关联，主路由表只有一条本地路由，如图 3-40 所示。要让 PRI SUB 上的实例通过 NAT 网关访问 Internet，需要在主路由表中增加一条路由，即凡是目的地址是公有地址的数据包都转给 NAT 网关，NAT 网关地址将私

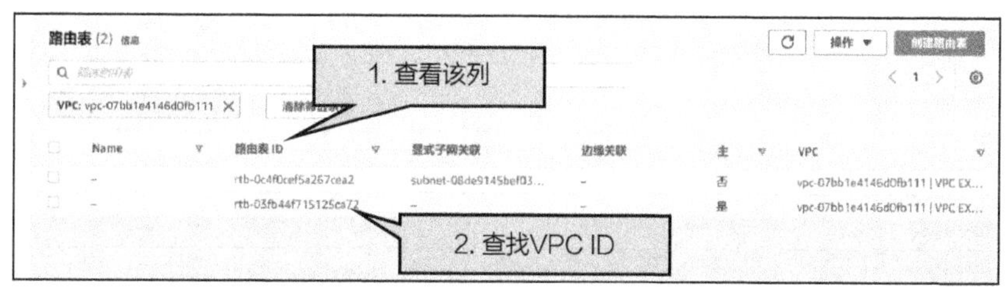

图 3-40　筛选出 VPC EXER 的路由表

有地址转换为公有地址来访问 Internet。设置如下：

1）如图 3-40 所示，单击 VPC 控制面板左侧的“路由表”选项，依 VPC ID 筛选出 VPC EXER 的路由表。

2）创建路由规则。选择主路由表，单击它的路由表 ID，单击“编辑路由”按钮，如图 3-41 所示。

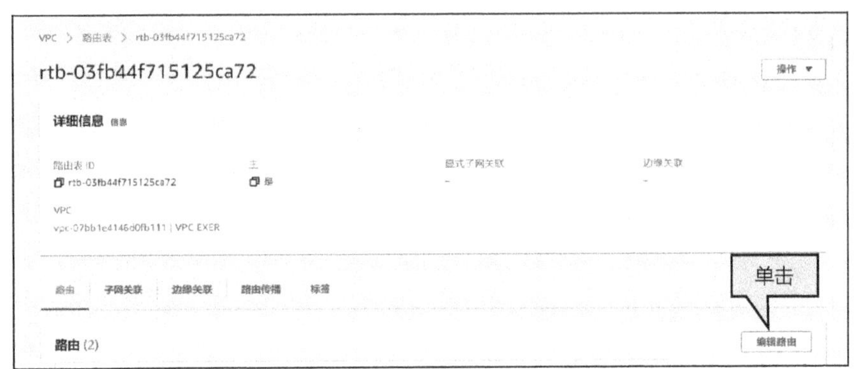

图 3-41　编辑主路由表

3）如图 3-42 所示，单击“添加路由”按钮，在第一个目标框中选择“0.0.0.0/0”，在第二个目标框中按照“NAT 网关”选择 nat-08cea39960a39d337（VPC_EXER_NAT），单击“保存更改”按钮。

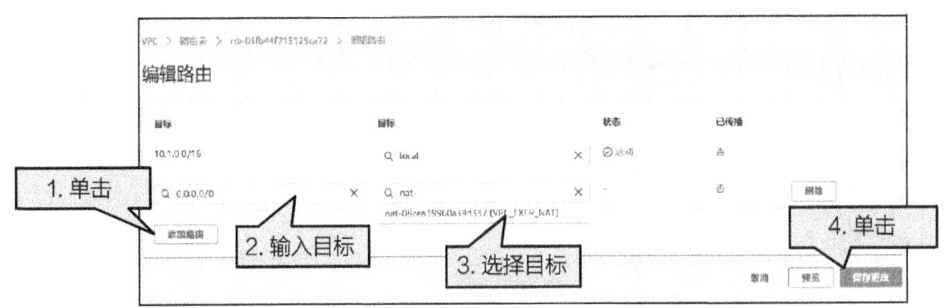

图 3-42　添加 NAT 路由

4）更新后的主路由表如图 3-43 所示。

图 3-43　更新后的主路由表

5. 使用网络访问控制列表保护子网

1）查看 VPC EXER 的网络 ACL。如图 3-44 所示，打开 VPC 控制面板左侧导航栏“安全性”里的网络 ACL，按照 VPC ID 筛选网络 ACL。每个 VPC 都有一个默认网络 ACL，它随 VPC 的创建而自动建立，无法删除，用户可以根据需要编辑规则。

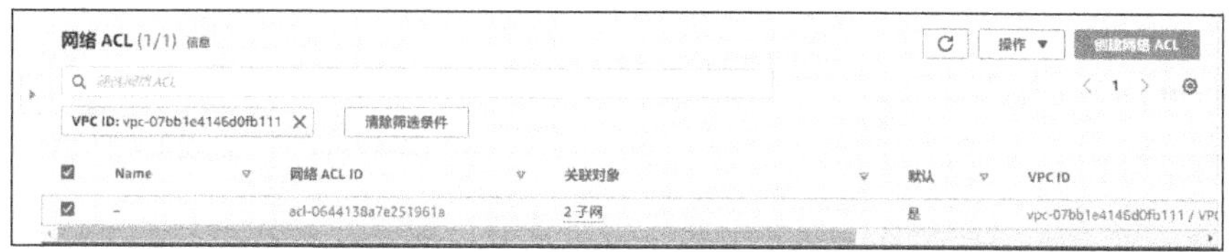

图 3-44　查看 VPC EXER 的网络 ACL

2）查看入站规则。默认的入站规则全部允许，如图 3-45 所示。

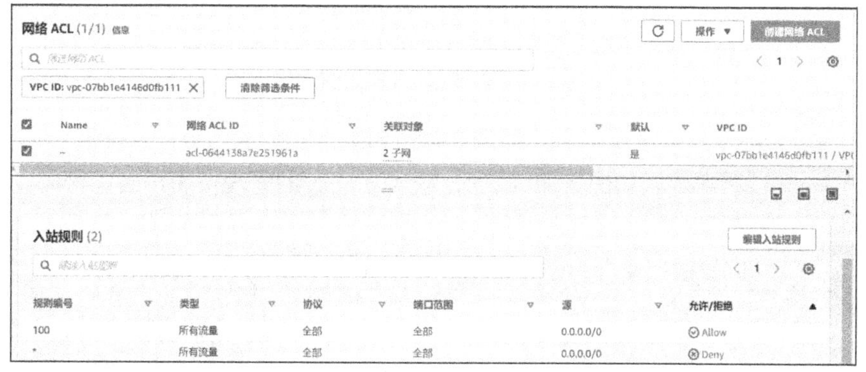

图 3-45　查看 VPC EXER 的网络 ACL 入站规则

3）查看出站规则。默认的出站规则全部允许，如图 3-46 所示。

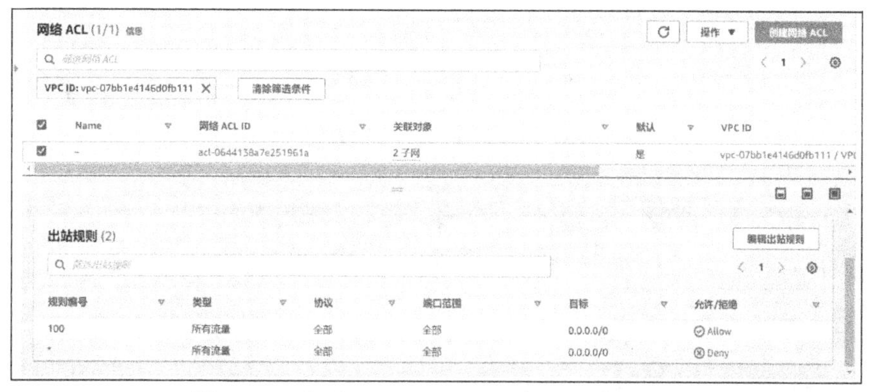

图 3-46　查看 VPC EXER 的网络 ACL 出站规则

4）查看子网关联。VPC EXER 默认的网络 ACL 关联公有子网 PUB SUB 和私有子网 PRI SUB。

6. 私有子网实例 win pri 通过 NAT 网关访问 Internet

1）通过远程桌面连接公有子网实例 vpc_exer_win。

2）解密 win pri 管理员密码。在 EC2 控制面板中单击 win pri 实例 ID，打开的界面如图 3-47

所示，从中可查看 win pri 实例摘要，然后单击“连接”按钮，后续操作同前，记下解密后的密码。

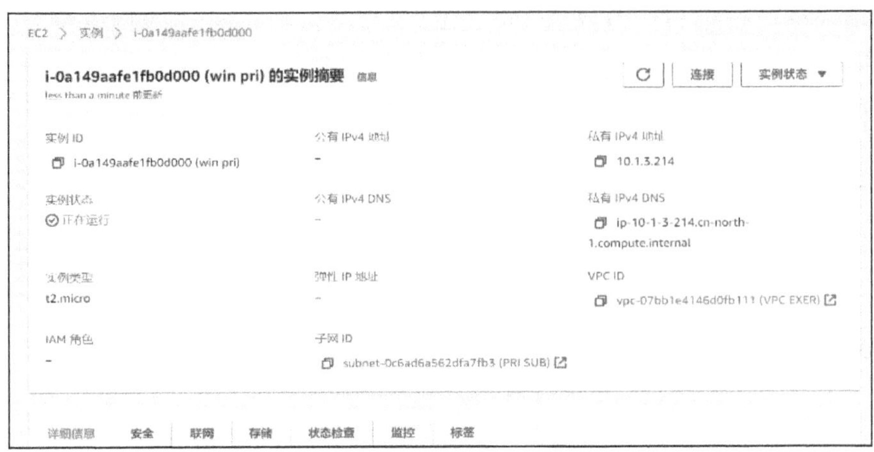

图 3–47　查看 win pri 实例摘要

3）通过 vpc_exer_win 连接 win pri。如图 3–48 所示，打开 vpc_exer_win 的“远程桌面连接”程序，输入 win pri 子网地址。如图 3–49 所示，输入 win pri 的管理员用户名和密码。

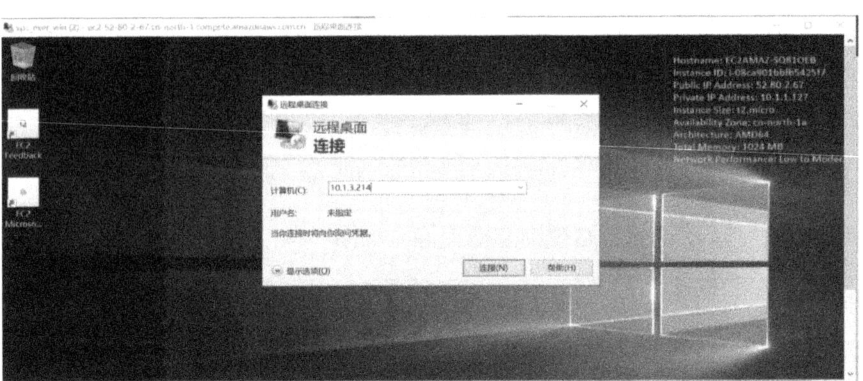

图 3–48　在 vpc_exer_win 中远程登录 win pri

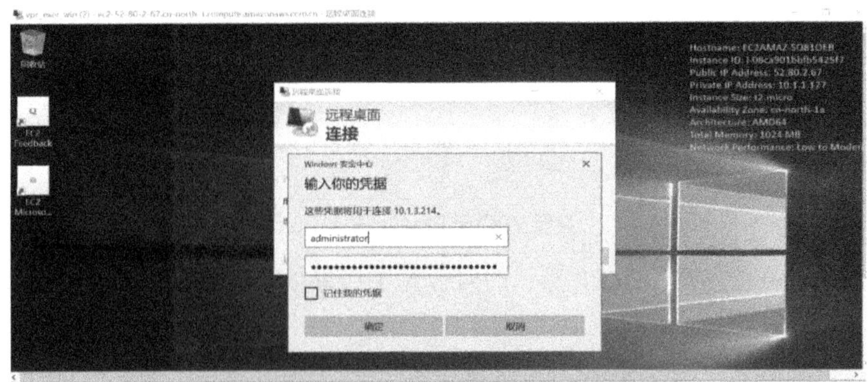

图 3–49　输入 win pri 的管理员用户名和密码

4）联通 win pri。

5）在 win pri 实例上，通过 NAT 访问 Internet。如图 3–50 所示，打开浏览器，输入“http:

//www.baidu.com”，当前机是私有子网主机，www.baidu.com 是 Internet 上的 Web 服务器。

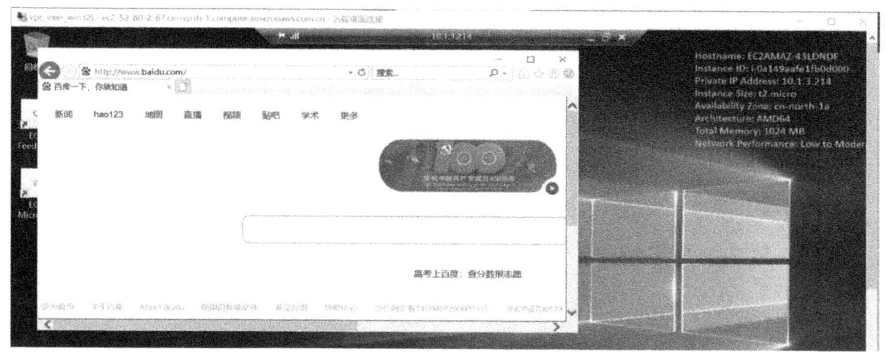

图 3-50　win pri 用浏览器访问 Internet

项目 3.2　对等连接

项目描述

随着企业业务的升级和发展，有必要增加新的 VPC。不同的 VPC 之间有必要进行通信，这里将使用对等连接（VPC Peering）技术实现不同 VPC 之间的互联互通。本项目在项目 3.1 的基础上，使用原有账户在北京区创建一个带单独公有子网的 VPC，使用对等连接与原来的 VPC 进行连接，实现互访。

任务 3.2.1　知识预备与方案设计

1. 对等连接概述

VPC 对等连接（VPC Peering）是将两个 VPC 连接起来。对等连接之间的通信是私有网络间的通信。不同 VPC 中的实例通信就像在同一个网络中彼此访问。一个 VPC 可以和同一个账户创建的另一个 VPC 建立对等连接，也可以和不同账户、不同区域的 VPC 完成对等连接。

对等连接既不是网关连接，也不是 VPN 连接，不依赖物理硬件。网络中的数据在亚马逊云科技全球网络中加密传输，不经过互联网，避免了 DDoS 攻击，保障了数据安全。

2. 方案设计

在亚马逊云科技北京区（cn-north-1）创建一个带公有子网的虚拟私有云 VPC EXER_2，CIDR 的地址块为 10.2.0.0/16；公有子网的名称为 VPC EXER_2 PUB，CIDR 的地址块为 10.2.1.0/24；在 EXER2_PUB 创建实例 vpc_exer2_win，该实例通过自动分配方式获取公有 IP；配置路由表，完成 VPC EXER 与 VPC EXER_2 联通，实例 vpc_exer2_win 与 vpc_exer_win 能够彼此访问。对等网拓扑图如图 3-51 所示。

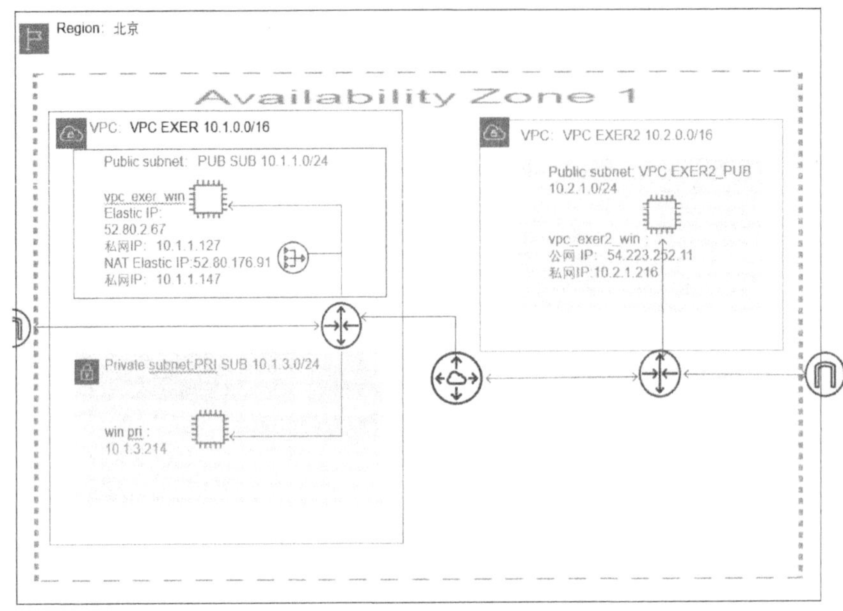

图 3-51 对等网拓扑图

任务 3.2.2 创建对等连接

根据项目要求，VPC EXER 与 VPC EXER_2 是同一账户在同一地区的虚拟私有云。实现对等连接的步骤如下：

1. 创建 VPC

使用原有账户登录亚马逊云科技，选择北京区，创建 VPC EXER_2，CIDR 的地址块为 10.2.0.0/16。步骤同前（省略），结果如下。VPC ID：vpc-0311cabd268452746；IPv4 CIDR：10.2.0.0/16。公有子网的名字：VPC EXER_2 PUB；子网 ID：subnet-012e85c473b22173f，IPv4 CIDR：10.2.1.0/24。VPC EXER_2 的信息和 VPC EXER_2 PUB 的子网信息如图 3-52、图 3-53 所示。

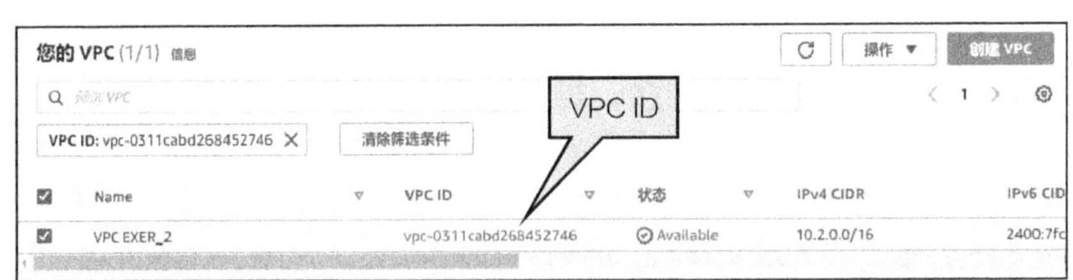

图 3-52 VPC EXER_2 的信息

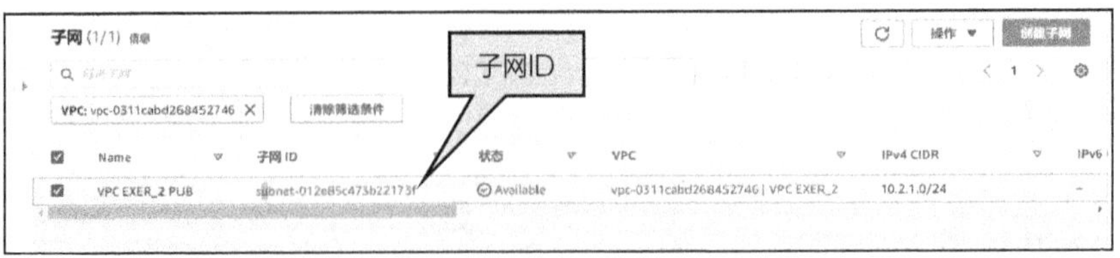

图 3-53 VPC EXER_2 PUB 的子网信息

2. 创建实例

实例的类型与属性与 vpc_exer_win 相同，步骤省略，创建结果和摘要信息如图 3-54、图 3-55 所示。实例的 Name：vpc_exer_2_win；实例 ID：i-024cc47ba67b0c9a6；公有 IP：54.223.252.11；私有 IP：10.2.1.216。

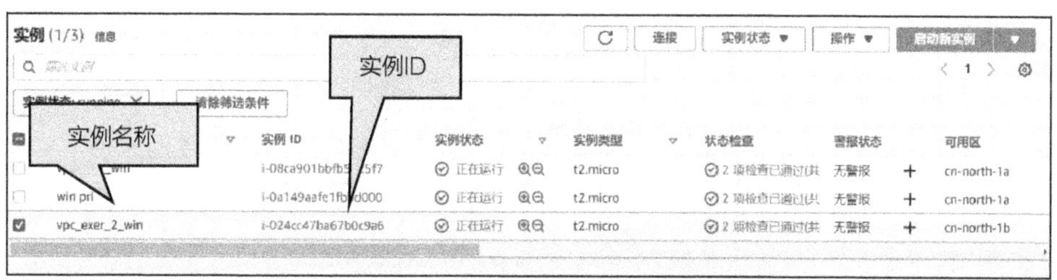

图 3-54　vpc_exer_2_win 创建结果

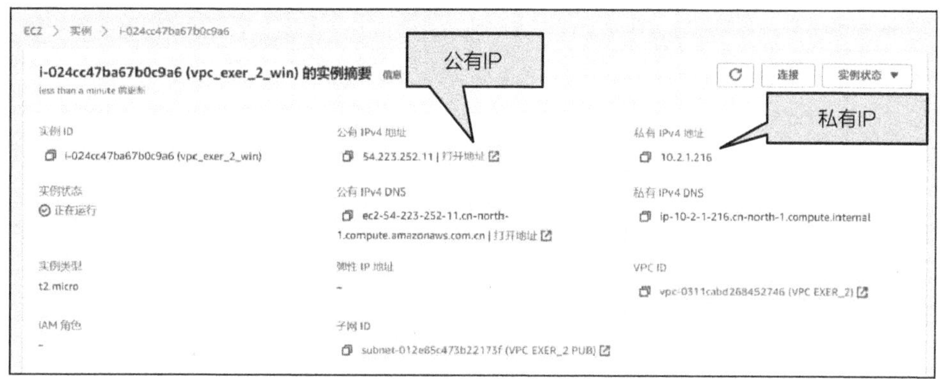

图 3-55　vpc_exer_2_win 摘要信息

3. 创建对等连接

1）在 VPC 控制面板左侧导航栏单击“对等连接”选项，单击“创建对等连接”按钮，如图 3-56 所示。

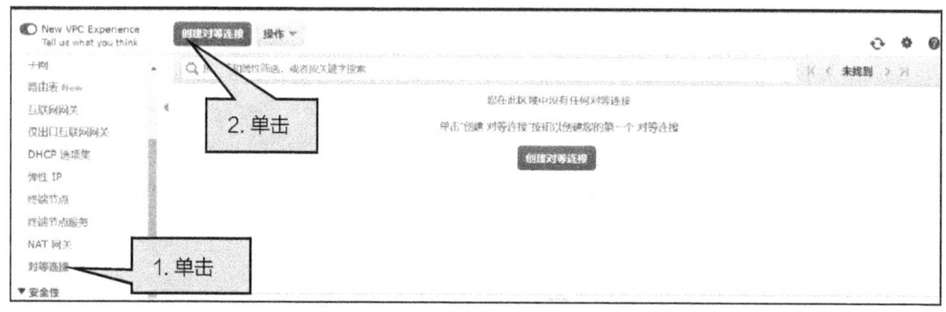

图 3-56　创建对等连接

2）按照图 3-57 所示完成配置。需要为对等连接命名，对等连接地位平等，所以发起方可以是两个 VPC 中的任何一个，接收方就是另一个。单击右下角的“创建对等连接”按钮，在下一页面单击“接受”按钮。

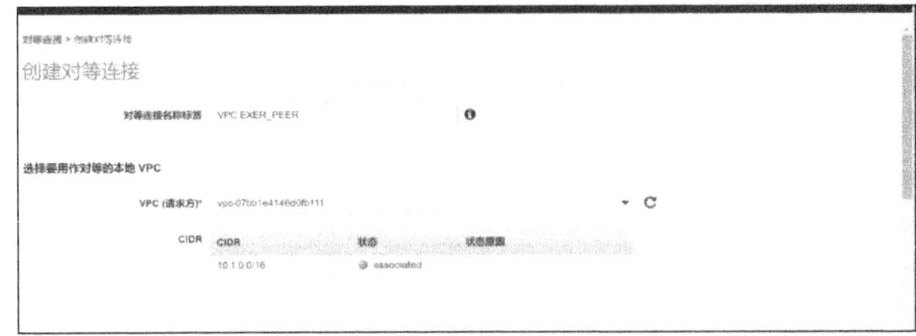

a）对等连接详细信息（1）

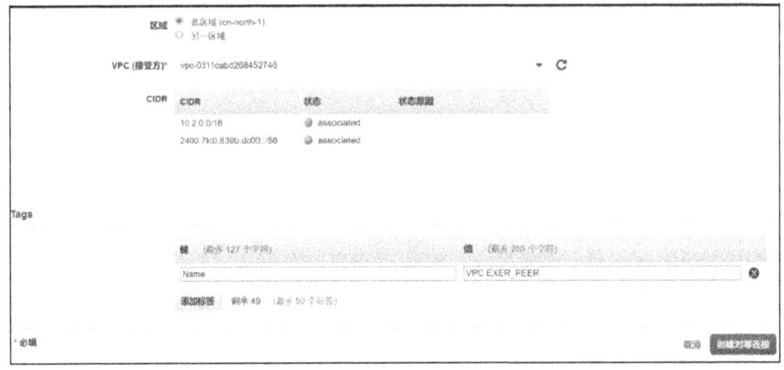

b）对等连接详细信息（2）

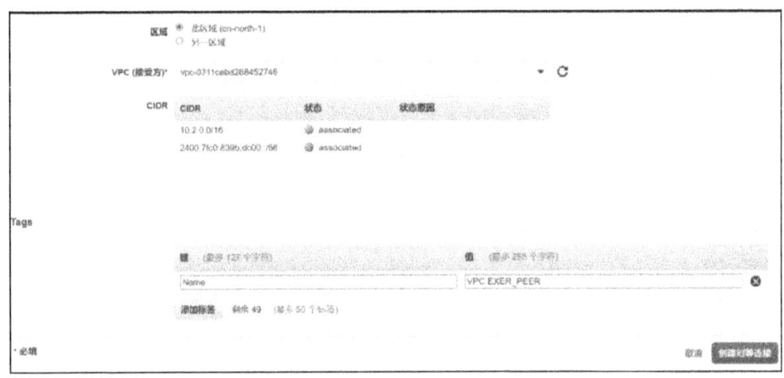

c）对等连接详细信息（3）

图 3-57　对等连接详细信息

3）创建结果。在 VPC 控制面板左侧导航栏单击“对等连接”选项，可以看到该连接已建立，处于活动状态，如图 3-58 所示。对等连接编号为 pcx-001821808f86aace6。创建过程较久，需要耐心等待。

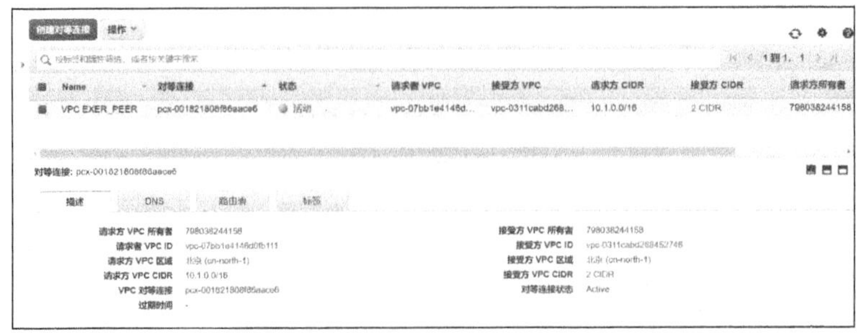

图 3-58　查看对等连接

4. 修改路由表

1）打开 VPC EXER 的客户路由表，添加到 VPC EXER_2 的路由。在第一个目标框中选择 VPC EXER_2 所在网段 10.2.0.0/16，在第二个目标框中选择上一步记录下的对等连接 ID “pcx-001821808f86aace6”，单击“保存更改”按钮，如图 3-59、图 3-60 所示。

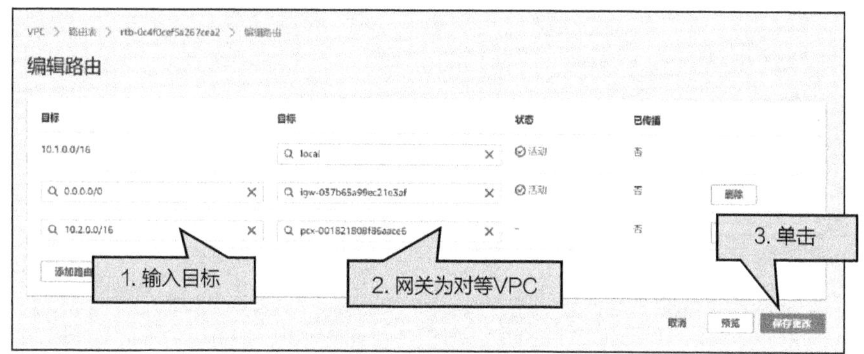

图 3-59　修改路由表

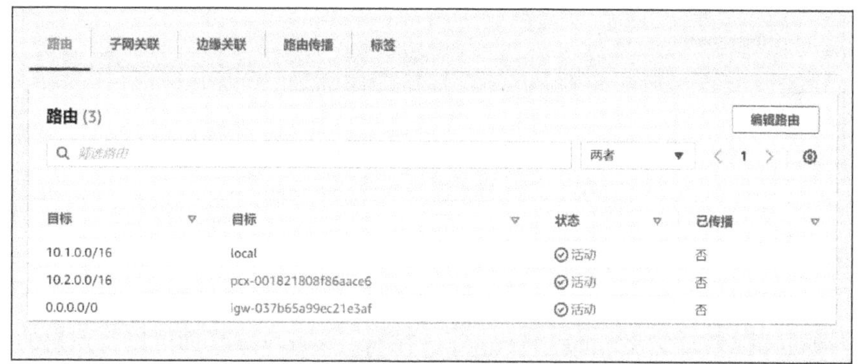

图 3-60　查看更新后的路由信息

2）同样，打开 VPC EXER_2 的客户路由表，添加到 VPC EXER 的路由，单击“保存更改”按钮，如图 3-61、图 3-62 所示。

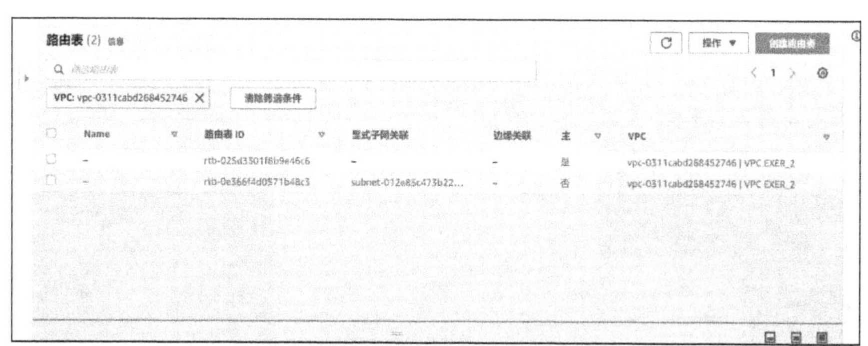

图 3-61　查看 VPC EXER_2 的客户路由表

3）查看对等连接创建结果。如图 3-63 所示，单击“路由表”标签，可以看到对等连接关联了两个 VPC 的客户路由表。

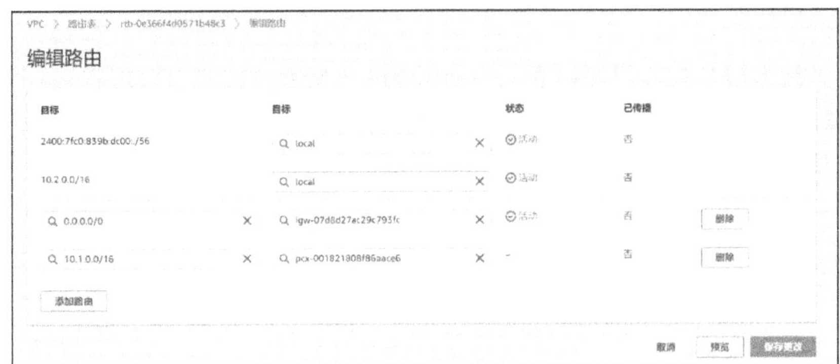

图 3-62 添加到 VPC EXER 的路由

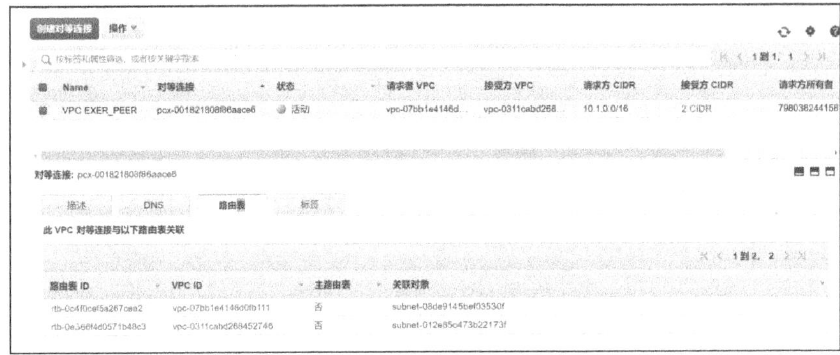

图 3-63 查看对等连接创建结果

5. 测试两个 VPC 的实例联通性

以下是 vpc_exer_win 访问 vpc_exer2_win 的步骤：

1）用户通过远程桌面登录到 vpc_exer_win，在 vpc_exer_win 桌面可以看到它的公有地址为 52.80.2.67，私有地址为 10.1.1.127。

2）从 vpc_exer_win 远程桌面登录 vpc_exer2_win。打开 vpc_exer_win 远程桌面，输入 vpc_exer2_win 的私有地址 10.2.1.216，单击“连接”按钮，输入 vpc_exer2_win 管理员的用户名、密码，如图 3-64 所示。

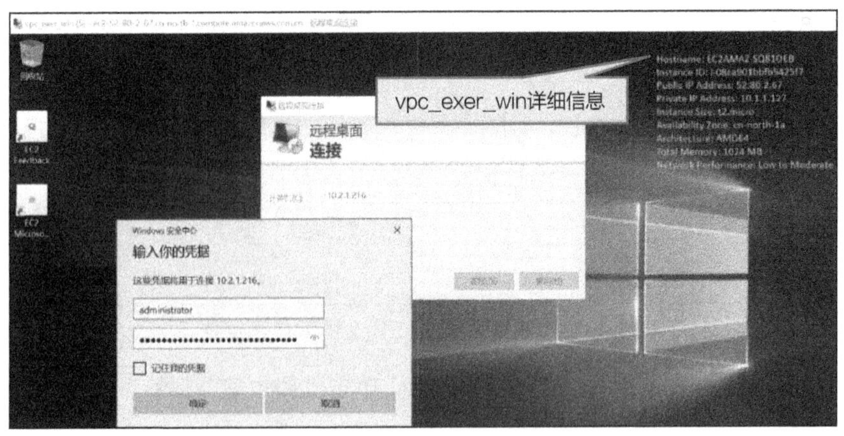

图 3-64 用户从 vpc_exer_win 远程桌面登录 vpc_exer2_win

3）成功登录 vpc_exer2_win，如图 3-65 所示。注意，vpc_exer2_win 桌面的公有地址为 54.223.252.11，私有地址为 10.2.1.216。

图 3-65　登录成功

习题

1. VPC CIDR 块允许的 IPv4 前缀长度范围是什么？（　　）

A. /16~/28　　B. /16~/32

C. /16~/30　　D. /16~/20

2. 子网与 AZ 之间的关系是什么？（　　）

A. 一个子网可以存在于多个 AZ　　B. AZ 可以有多个子网

C.AZ 里只能有一个子网　　D. 子网的 CIDR 来自于 AZ

3. 用户在 VPC 中创建了新路由表，但不做任何配置，然后在同一 VPC 中创建了新子网。新子网将与哪个路由表关联？（　　）

A. 主路由表　　B. 新路由表　　C. 默认路由表　　D. 以上都不是

4. 关于 NACL，哪个是正确的？（　　）

A. NACL 是有状态的　　B. 可以关联实例

C. 只能与一个子网关联　　D. 可以关联 VPC

5. 为什么 NAT 设备要与使用它的实例位于不同子网中？（　　）

A. 两者必须使用不同的网关　　B. 两者必须使用不同的 NACL

C. 两者必须使用不同的安全组　　D. NAT 设备需要一个公有接口和一个私有接口

6. 操作题：创建一个 VPC，由两个公有子网、两个私有子网构成；创建 NAT 网关，两个子网可通过 NAT 网关访问 Internet。在两个公有子网上各启动一个 Windows 实例，并为两个实例申请弹性 IP 地址。

7. 操作题：创建两个 VPC，使用对等连接实现两个 VPC 各子网的互通。

单元 4 身份和访问管理

单元概述

本单元将介绍亚马逊云科技的身份和访问控制服务——IAM（Identity and Access Management）。IAM 是一种 Web 服务，可以帮助用户安全地控制对亚马逊云科技资源的访问。用户可以使用 IAM 控制对某个用户进行身份验证（登录）和授权（具有权限）以使用资源。

学习目标

通过学习本单元，读者应掌握以下知识点和技能点。

知识点：

- 账户（Account）和用户（User）的区别
- 什么是身份验证、授权
- 用户的访问密码 ID 和私有访问密钥
- 什么是 MFA（Multi-Factor Authentication，多重身份验证）
- 什么是策略、内联策略、权限边界
- 策略的 JSON 文档结构
- 什么是角色
- 角色的两个典型应用场景

技能点：

- 创建管理员、用户管理员组
- 使用策略授权
- 使用 IAM 角色委托跨 Amazon 账户的访问权限
- 使用角色向 EC2 实例提供访问权限

项目 4.1　创建用户和组

项目描述

如果企业已经在亚马逊云科技国际（即全球）中注册了账户（Account），就会有第一个用户——Amazon 账户根用户（Amazon Account Root User）。亚马逊云科技的日常管理、用户在亚马逊云科技使用资源，并不建议使用根用户登录，因此需要使用亚马逊云科技的 IAM（Identity and Access Management，身份验证和访问控制）服务来创建新的用户、组、角色等，并创建策略对用户、组、角色进行授权。但是，在亚马逊云科技中国的北京和宁夏区域，没有根用户的概念，所有用户都是 IAM 用户，包括创建 Amazon 账户的用户。本项目将创建必要的用户、组，并使用策略授权。

任务 4.1.1　知识预备与方案设计

IAM 是亚马逊云科技的一种服务，可以使用 IAM 控制对哪个用户进行身份验证（登录）和授权（具有权限）以使用资源。首次创建 Amazon 账户时，使用的是一个对账户中所有 Amazon 服务和资源有完全访问权限的身份。由于该用户拥有最高权限，因此强烈建议不要使用根用户执行日常任务，而仅使用该用户来创建其他 IAM 用户。务必保管好该用户的密码。

1. 账户、用户

账户（Account）、用户（User）在中文中的含义相似，但是在亚马逊云科技中的含义完全不一样。在亚马逊云科技中，账户（Account）是一个 12 位数字的 ID（如 798038244158），主要的作用是计费和付款。初次在亚马逊云科技进行注册时会生成一个账户。而用户（User）是在账户（Account）下创建的，一个账户（Account）下可以有多个用户（User），通常会为组织中的不同员工创建不同的用户，而不是这些员工共享一个用户。不同的用户用不同的密码登录亚马逊云科技、访问 Amazon 资源。如图 4-1 所示，用户登录时，需要同时输入账户 ID、用户名和密码。

图 4-1　账户（Account）和用户（User）

2. 身份

身份（IAM Identity）是亚马逊云科技中用于标识和分组的 IAM 资源对象。可以将策略附加到 IAM 身份，身份包括用户、组和角色。

3. 身份验证

委托人（Principal）是请求对 Amazon 资源执行操作的人员或应用程序，这些人员或者应用程序必须使用其凭证先进行身份验证（登录）。作为 IAM 用户，要从控制台中进行身份验证，需要首先提供账户 ID 或别名，然后提供用户名和密码。IAM 用户要从 API 或 Amazon CLI 中进行身份验证，需要提供访问密钥 ID 和私有密钥。

4. 授权

委托人必须获得授权（允许）才能完成对 Amazon 资源执行的操作。授权使用策略（Policy）来确定委托人所使用的用户、组、角色的权限，大多数策略都作为 JSON 文档存储在 Amazon 中。如果一个权限策略包含拒绝的操作，那么 Amazon 将拒绝整个请求，这称为显式拒绝。由于请求是默认被拒绝的，因此只有在适用的权限策略允许请求的每个部分时，Amazon 才会授权请求。

5. 策略的 JSON 文档结构

大多数策略在 Amazon 中被存储为 JSON 文档。如图 4-2 所示，策略的 JSON 文档包含以下元素：

- 文档顶部的可选策略范围信息。
- 一个或多个单独语句。

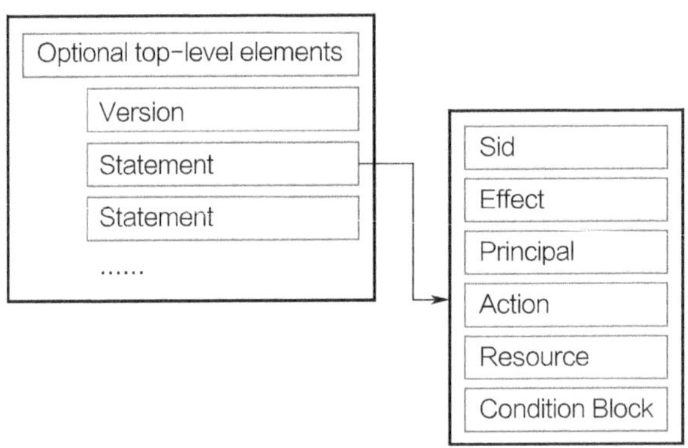

图 4-2　策略的 JSON 文档结构

每个语句都包含有关单个权限的信息。如果一个策略包含多个语句，则 Amazon 会在评估它们时跨这些语句应用逻辑“或”。如果有多个策略应用于请求，则 Amazon 会在评估它们时跨这些策略应用逻辑“或”。

语句中的信息均包含在一系列的元素内。

- Version：指定要使用的策略语言版本。目前使用的是 2012-10-17 版本。
- Statement：将该主要策略元素作为以下元素的容器。可以在一个策略中包含多个语句。
- Sid（可选）：包括可选的语句 ID，以区分不同的语句。
- Effect：使用 Allow 或 Deny 指示策略是允许访问还是拒绝访问。
- Principal（仅在某些情况下需要）：如果创建基于资源的策略，则必须指示要允许或拒绝访问的账户、用户、角色或联合身份用户。如果要创建 IAM 权限策略以附加到用户或角色，则不能包含该元素。委托人为该用户或角色。
- Action：包括策略允许或拒绝的操作列表。
- Resource（仅在某些情况下需要）：如果创建 IAM 权限策略，则必须指定操作适用的资源列表。如果创建基于资源的策略，则该元素是可选的。如果不包含该元素，则该操作适用的资源是策略附加到的资源。

- Condition Block（可选）：指定策略在哪些情况下授予权限。

以下的策略示例允许 EBS 卷所有者将卷附加或分离到指定的 EC2 实例。该实例在 Condition 元素中使用 ARN 指定。此策略仅授予从 Amazon API 或 Amazon CLI 完成此操作所需的权限。要使用此策略，请将“instance-id”替换为 EC2 实例的 ID。

```
{
    "Version": "2012-10-17",
    "Statement": [
        {
            "Effect": "Allow",
            "Action": [
                "ec2: AttachVolume",
                "ec2: DetachVolume"
            ],
            "Resource": [
                "arn: aws-cn: ec2: *: *: volume/*",
                "arn: aws-cn: ec2: *: *: instance/*"
            ],
            "Condition": {
                "ArnEquals": {"ec2: SourceInstanceARN":
"arn: aws-cn: ec2: *: *: instance/instance-id"}
            }
        }
    ]
}
```

6. 方案设计

为了管理方便，本项目创建管理员组 Administrators，该组中有两个管理员用户 admin1、admin2。为安全起见，两个管理员采用基于时间的动态密码登录控制台。对管理员组 Administrators 进行授权，附加 AdministratorAccess 策略，以便管理员执行管理任务。创建额外的用户 EC2_admin，该用户仅能管理 EC2 实例。

任务 4.1.2　创建管理员用户、管理员组

本任务将创建管理员组 Administrators，该组绑定 AdministratorAccess 策略，并创建两个管理员用户 admin1、admin2，加入 Administrators 管理员组。为安全起见，两个管理员用户采用多重验证（Multi-Factor Authentication，MFA）。MFA 增强了安全性，它要求用户在访问 Amazon 网站或服务时除了提供常规登录凭证之外，还要提供额外的唯一身份验证。本例使用虚拟 MFA 设备进行额外的身份验证。虚拟 MFA 设备是一种在手机或其他设备上运行并模拟物理设备的软件应用程序。该设备将基于进行了时间同步的一次性密码算法生成 6 位数字代码。在登录时，用户必须在另一个网页上输入来自该设备的有效代码。

1）以根用户登录亚马逊云科技管理控制台，单击“服务”→“安全 & 身份”→“IAM”

选项，打开 IAM 控制面板。在控制面板左侧，单击“管理访问”→“用户组”→“创建组”选项。

2）如图 4-3 所示，在打开的界面中输入用户组名“Administrators”；可以在“附加权限策略 - 可选”选项区选择已有的策略附加到该组，这些策略有的是系统自带的，有的是用户自己创建的。本例中，可以在文本框中输入筛选条件“AdministratorAccess”并按 <Enter> 键，以过滤列表中的策略。“AdministratorAccess”是系统自带的策略，该策略允许用户或组执行亚马逊云科技的全部管理任务，权限已经非常大。最后单击“创建组”按钮（该按钮图中未显示）。

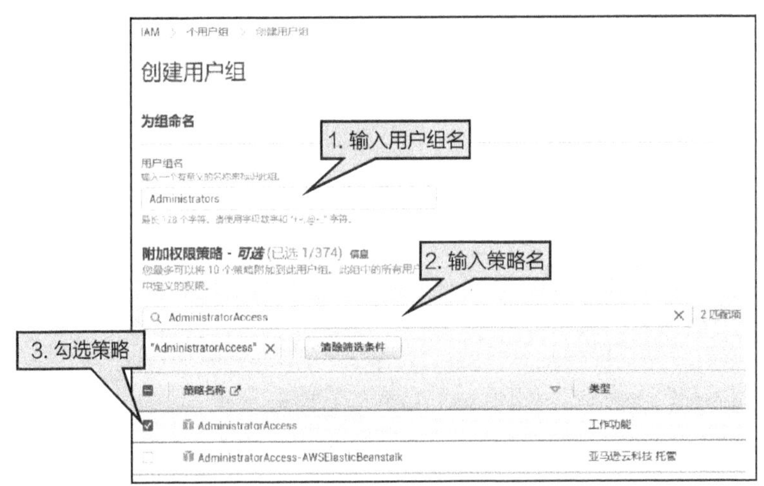

图 4-3　创建组

3）在控制面板左侧，单击“管理访问”→“用户”→“添加用户”选项，打开的界面如图 4-4 所示，从中输入用户名。访问类型包括编程访问和管理控制台访问。编程访问是指使用 Python、Java 等语言编程或者使用命令行（CLI）登录亚马逊云科技，需要使用访问密钥 ID 和私有访问密钥；管理控制台访问是指通过 https：//signin.amazonaws.cn 控制台进行登录，需要输入图 4-1 所示的信息。控制台密码可以自定义设置或者自动生成。可以选择用户下次登录时是否修改密码。设置完成后单击“下一步：权限”按钮（该按钮图中未显示）。

设置用户详细信息

您可以一次添加多个具有相同访问类型和权限的用户。了解更多

用户名* admin1

添加其他用户

选择 亚马逊云科技 访问类型

选择这些用户将如何访问 亚马逊云科技。在最后一步中提供访问密钥和自动生成的密码。了解更多

访问类型* ✓ 编程访问
为 亚马逊云科技 API、CLI、SDK 和其他开发工具启用 访问密钥 ID 和 私有访问密钥。

✓ 亚马逊云科技 管理控制台访问
启用 密码 、使得用户可以登录到 亚马逊云科技 管理控制台。

控制台密码* 自动生成的密码
● 自定义密码
••••••••••••
显示密码

需要重置密码 用户必须在下次登录时创建新密码

图 4-4　设置用户的详细信息

4）如图 4-5 所示，选择“将用户添加到组”选项，并选择上一步骤创建的“Administrators”组，则该用户将继承该组的权限，即“AdministratorAccess”策略。当然，可以选择“从现有用户复制权限”或者“直接附加现有策略”选项来对用户的权限进行设置。设置完成后，依次单击“下一步：标签”按钮，“下一步：审核”按钮、“下一步：创建用户”按钮。

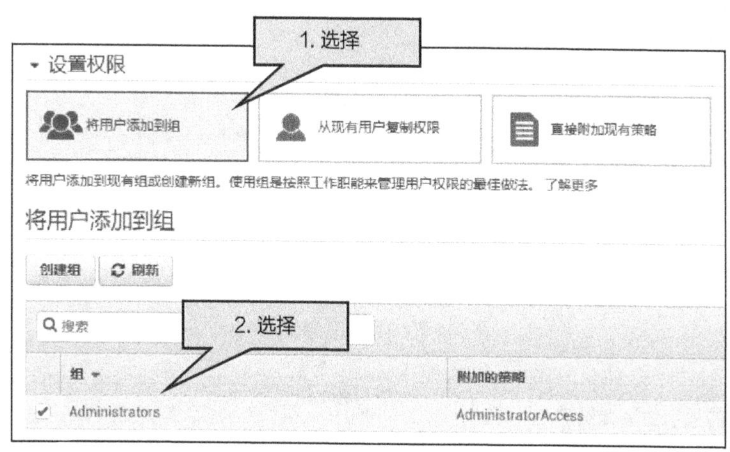

图 4-5　设置用户权限

如图 4-6 所示，成功创建用户 admin1，系统同时生成了访问密码 ID 和私有访问密钥。访问密码 ID 和私有访问密钥是编程访问或者 CLI 访问亚马逊云科技时需要的基本信息，需要妥善保管。单击“下载 .csv”按钮下载文件，设置完成后单击“关闭”按钮（该按钮图中未显示）。

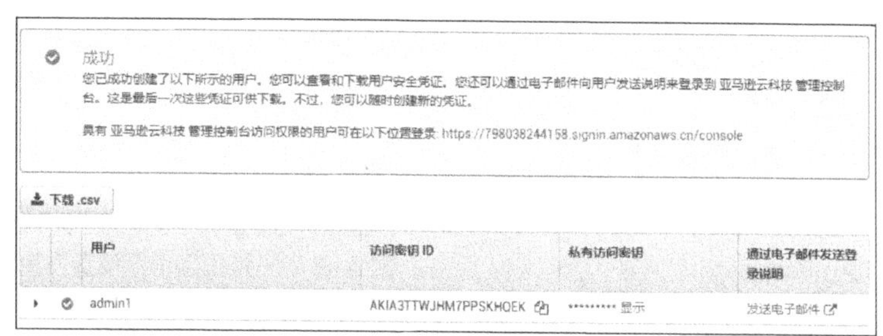

图 4-6　成功创建用户

5）重新进入 IAM 控制面板。单击“管理访问”→“用户”选项，可以在窗口的右侧看到已有的用户列表。单击“admin1”用户，打开的界面如图 4-7 所示。选择“安全证书”选项卡，单击“控制台密码”所在行的“管理”链接，可以禁用、启用用户或者重新设置用户的密码。

6）在 Android 或者 IOS 手机上的 APP 商店查找“Authenticator”APP 并安装，安装后启动该 APP。如图 4-8 所示，选择“扫描 QR 码”选项，并同意 APP 使用摄像头。

7）在图 4-7 中，单击“已分配 MFA 设备”所在行的“管理”链接，打开的对话框如图 4-9 所示，出现 QR 码。在手机上的“Authenticator”APP 中扫描该码。如图 4-10 所示，将自动在“Authenticator”中添加亚马逊云科技用户。在 APP 中单击该用户，可以看到一次性密码代码，该代码每 30s 更新一次。将手机 APP 上连续的两个代码输入图 4-9 中的“认证代码 1”和“认证代码 2”文本框，并在有效期内及时单击“激活虚拟 MFA”按钮。

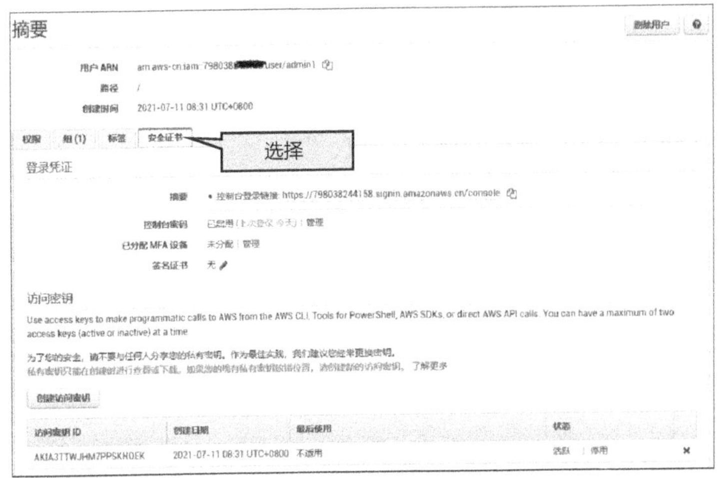

图 4–7　用户信息摘要

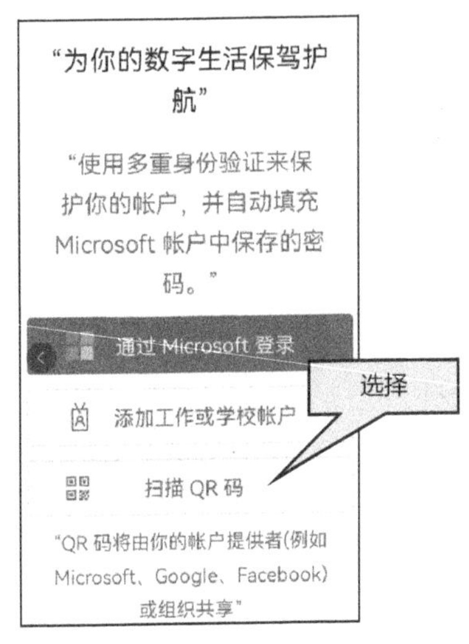

图 4–8　启动“Authenticator”APP

图 4–9　“管理 MFA 设备”对话框

8）成功激活用户的 MFA 功能后，该用户登录时，还需要输入该账户每 30s 更新一次的密码代码，大大提高了安全性，如图 4–10、图 4–11 所示。

图 4–10　一次性密码代码

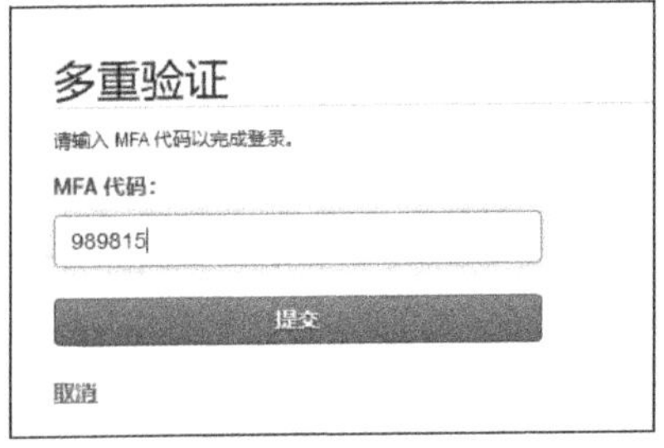

图 4–11　多重验证

9）参见以上步骤，创建 admin2 用户。

10）从控制台中注销根用户，使用刚创建的 admin1、admin2 用户进行登录测试。

任务 4.1.3　使用策略授权

本任务将创建额外的用户 EC2_admin，该用户仅能管理 EC2 实例。

1）参见任务 4.1.2，创建用户 EC2_admin，注意：不要把 EC2_admin 加入 Administrators 组中。

2）以用户 EC2_admin 登录亚马逊云科技控制台，由于 EC2_admin 当前没有任何权限，因此单击“服务”→“EC2”→“实例”选项，将无法看到 EC2 实例。

3）以管理员登录亚马逊云科技控制台，在 IAM 控制面板中单击“访问管理”→“策略”→“创建策略”选项，打开的界面如图 4-12 所示。可以使用可视化编辑器创建策略，也可以使用 JSON 编辑器编辑策略。图 4-12 中采用可视化编辑，展开服务列表。可以输入过滤条件过滤列表数量，找到 EC2 服务并选中。

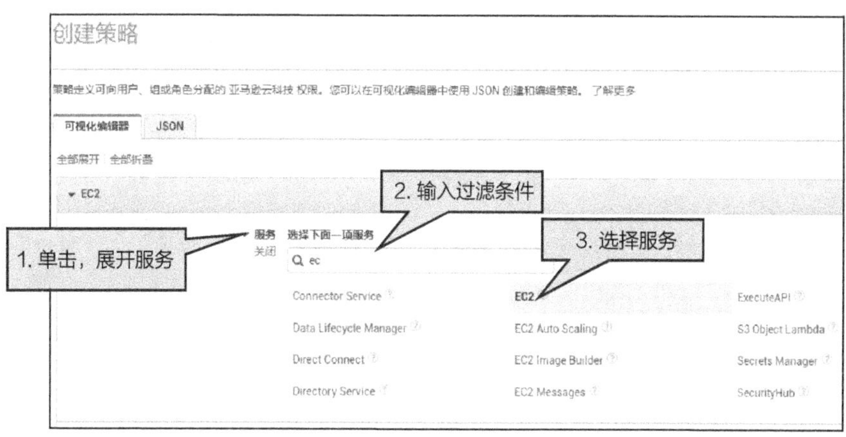

图 4-12　创建策略

4）如图 4-13 所示，选中 EC2 服务后，选择对该服务可以进行的操作。不同的服务有不同的操作。本例选中“所有 EC2 操作（ec2:*）”复选框。

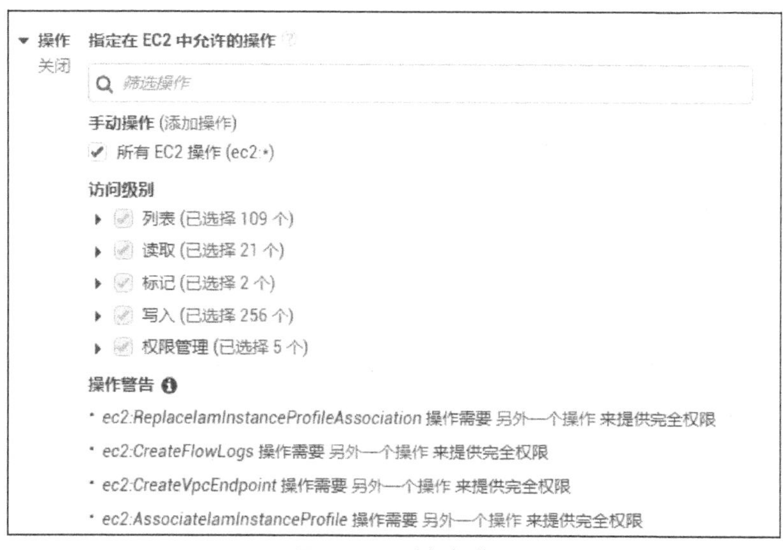

图 4-13　选择操作

5）如图 4-14 所示，可以选择对 EC2 中的哪些资源进行操作。同样，不同的服务有不同的资源。本例选中“所有资源”单选按钮。

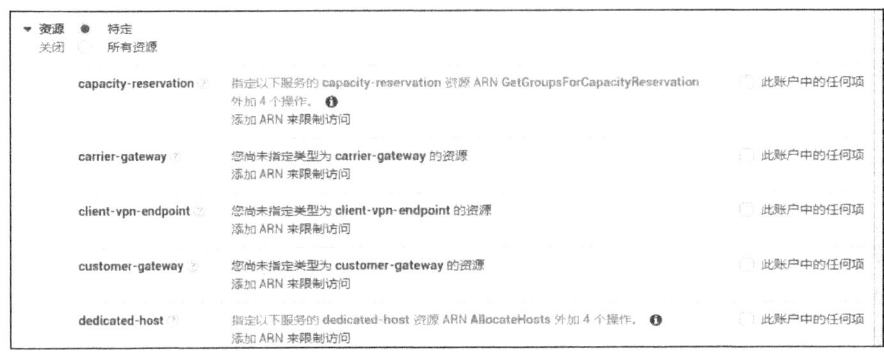

图 4-14　选择资源

6）如图 4-15 所示，单击“请求条件”选项弹出新的区域，可以添加策略生效的条件，如 IP 地址等。本例不添加任何条件。

7）如图 4-16 所示，选择“JSON”选项卡，可以看到使用可视化编辑器生成的策略的 JSON 文本。单击“下一步：标签”按钮，之后单击“下一步：审核”按钮。

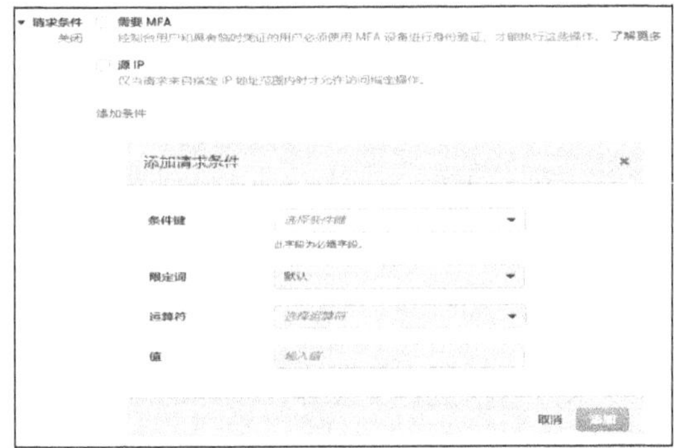

图 4-15　添加条件

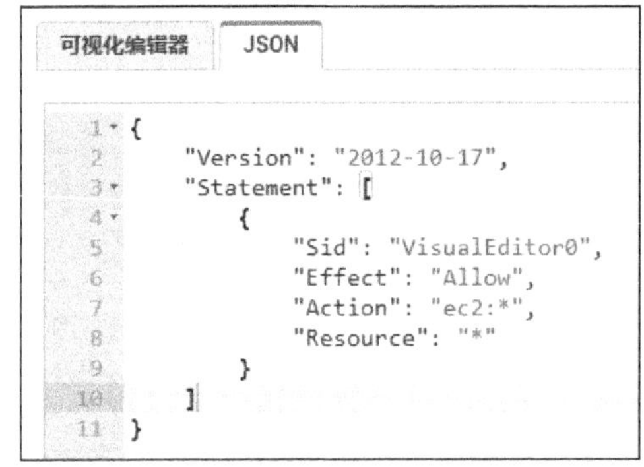

图 4-16　用 JSON 编辑器编辑策略

8）如图 4-17 所示，输入策略名称、描述，单击“创建策略”按钮（该按钮图中未显示）。

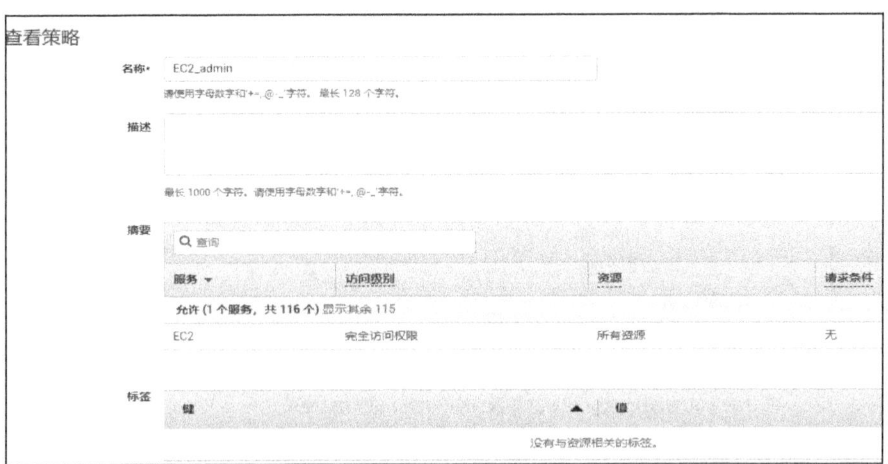

图 4-17　创建策略

9）在 IAM 控制面板中单击“访问管理”→“用户”选项，显示用户列表，单击“EC2_admin”用户。如图 4-18 所示，在“权限”选项卡中单击“添加权限”按钮，可以设置用户的权限。如果单击“添加内联策略”选项，则可以创建内联策略。内联策略是嵌入 IAM 身份（用户、组或角色）中的策略，也就是说，内联策略是身份的固有部分。如果单击“设置边界”按钮，则可以设置用户的最大权限。仅允许用户执行权限边界所允许的操作，即使用户可能从组继承很大的权限，但是如果权限边界较小，用户的权限边界也不能超越这个边界。

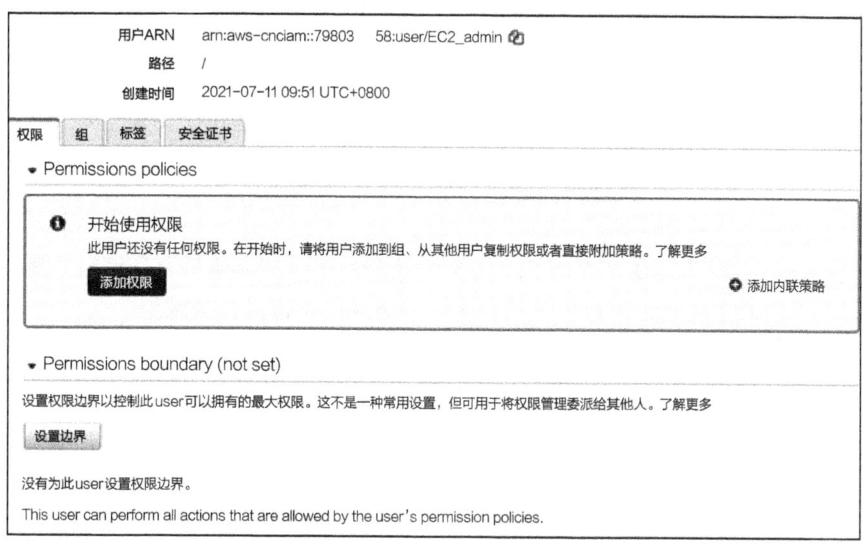

图 4-18 设置用户的权限

10）如图 4-19 所示，选择“直接附加现有策略”选项，并输入筛选条件，找到并选中以上步骤创建好的“EC2_admin”策略，单击“添加权限”按钮（该按钮图中未显示）。

图 4-19 附加现有策略

11）重新以 EC2_admin 用户登录亚马逊云科技控制台，由于 EC2_admin 已经附加了“EC2_admin”策略，因此单击“服务”→“EC2”→“实例”选项，将可以看到 EC2 实例，注意选择合适的区域（北京 / 宁夏）。验证一下，该用户无法进行 IAM 管理。

项目 4.2 使用角色

项目描述

企业注册了两个账户（Account），其中一个账户（ID：798038244158）用于生产，另一个账户（ID：159833723257）用于开发测试。在生产账户中，创建了一个存储桶（关于存储桶的详细知识，参见单元 6），管理员想通过在生产账户创建的 IAM 角色来实现：

1）开发测试账户的用户能临时切换为生产账户中的角色，对生产账户中的存储桶进行临时性访问。

2）生产账户中的 EC2 实例上的应用程序可以使用角色访问存储桶，而不是在应用程序中使用固定用户的凭证来访问存储桶。

任务 4.2.1 知识预备与方案设计

本任务将介绍角色的相关知识，以及角色的两个典型应用场景。

1. 角色（Role）

IAM 中的角色与 IAM 用户都是 IAM 的身份，两者有一些相似之处。角色和用户都具有确定其在 Amazon 中可执行和不可执行的操作的权限策略。但是，角色旨在让需要它的任何人临时代入，而不是唯一地与某个人员关联。此外，角色没有关联的标准长期安全凭证（访问密钥 ID 和私有访问密钥）。相反，当用户代入角色时，它会为用户提供角色会话的临时安全凭证（即临时的访问密钥 ID 和私有访问密钥）。角色可由以下用户使用：

- 与该角色在相同 Amazon 账户中的 IAM 用户。
- 位于与该角色不同的 Amazon 账户中的 IAM 用户。
- 由 Amazon 提供的 Web 服务，如 Amazon EC2。
- 由与 SAML 2.0 或 OpenID Connect 兼容的外部身份提供商（IdP）服务或定制的身份代理进行身份验证的外部用户。

2. 使用角色的典型场景一：在另一个 Amazon 账户中向 IAM 用户提供访问权限

一个组织可以拥有多个 Amazon 账户以将开发测试环境与生产环境隔离。开发测试账户中的用户有时可能需要访问生产账户中的资源。例如，在促进从开发环境到生产环境的更新时，可能需要进行跨账户访问。尽管可以为在两个账户中工作的用户创建单独的身份（和密码），多个账户的凭证管理还是会为身份管理带来难题。在图 4-20 中，一些开发测试人员需要对生产账户进行临时的访问。

跨账户访问资源的步骤如下：

1）在生产账户中，管理员使用 IAM 在该账户中创建 UpdateApp 角色。在角色中，管理员定义信任策略，该策略将开发测试账户指定为可信任的实体，这意味着开发测试账户中的授权用户可以使用 UpdateApp 角色。管理员还为角色定义权限策略，该策略指定对名为 productionapp-210711 的 Amazon S3 存储桶的读取和写入权限。

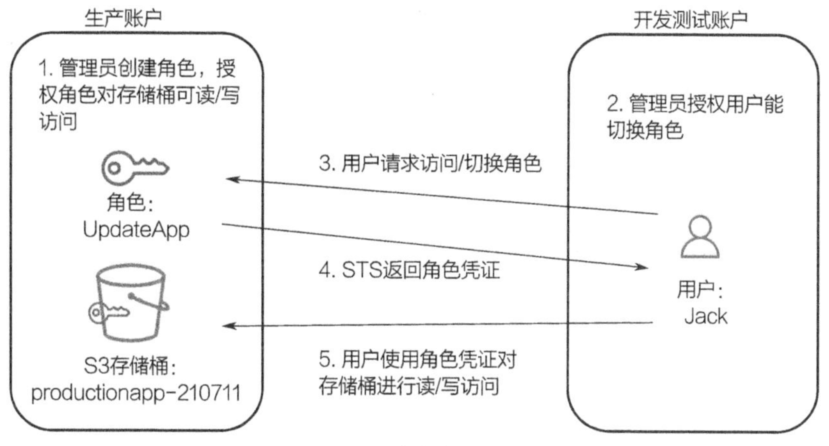

图 4-20　跨账户访问资源

2）在开发测试账户中，管理员向用户 Jack 授予切换为 UpdateApp 角色的权限。其他用户无权切换为该角色，因此无法访问生产账户中的 S3 存储桶。

3）用户请求切换为角色。

- Amazon 控制台：用户选择导航栏上的账户名并选择切换角色。用户指定账户 ID（或别名）和角色名称。此时并不需要用户显式执行 AssumeRole 操作，AssumeRole 操作会自动执行。
- Amazon API/Amazon CLI：开发测试账户中开发人员组的用户调用 AssumeRole 函数以获取 UpdateApp 角色的凭证。用户将 UpdateApp 角色的 ARN 指定为调用的一部分。

4）Amazon STS 返回临时凭证。

- Amazon 控制台：Amazon STS 使用角色的信任策略来验证请求，以确保请求来自受信任实体（即开发测试账户）。验证完成后，Amazon STS 向 Amazon 控制台返回临时安全凭证。
- API/CLI：Amazon STS 根据角色的信任策略来验证请求，以确保请求来自受信任实体（即开发测试账户）。验证完成后，Amazon STS 向应用程序返回临时安全凭证。

5）临时凭证允许访问 Amazon 资源。

- Amazon 控制台：Amazon 控制台在所有后续控制台操作中代表用户使用临时凭证，在本例中用于读取和写入 productionapp-210711 存储桶。该控制台无法访问生产账户中的任何其他资源。用户退出角色时，用户的权限恢复为切换为角色之前所拥有的原始权限。
- API/CLI：应用程序使用临时安全凭证更新 productionapp-210711 存储桶。应用程序只能使用临时安全凭证读取和写入 productionapp-210711 存储桶，无法访问生产账户的任何其他资源。应用程序不必退出角色，只需在后续 API 调用中停止使用临时凭证并使用原始凭证即可。

3. 使用角色的典型场景二：使用 IAM 角色向在 Amazon EC2 实例上运行的应用程序授予权限

在 EC2 实例上运行的应用程序必须将 Amazon 凭证包含在其 Amazon API 请求中。

一种方法是，开发人员将用户的凭证（即访问密钥 ID 和私有访问密钥）直接存储在 EC2 实例中，并允许该实例中的应用程序使用这些凭证。但开发人员随后必须管理凭证，确保能安全地将凭证传递给每个实例，并在需要轮换凭证时更新每个 EC2 实例。这需要进行大量的额外工作。

另一种方法是使用 IAM 角色管理，以便在 EC2 实例上运行的应用程序使用临时凭证。使用角色时，不需要将长期凭证（如用户名、密码或访问密钥）分配给 EC2 实例。角色可提供临时权限供应用程序在调用其他 Amazon 资源时使用。启动 EC2 实例时，可指定要与实例关联的 IAM 角色。然后，实例上运行的应用程序可使用角色提供的临时凭证对 API 请求进行签名。以这种方式使用该角色拥有多种优势。因为角色凭证是临时的，并且会自动轮换，所以不必管理凭证，也不必担心长期安全风险。此外，如果对多个实例使用单个角色，则可以对该角色进行更改，并且此更改会自动传播到所有实例。

在图 4-21 中，一名开发人员在 EC2 实例上运行一个应用程序，该应用程序要求访问名为 photos-210711 的 S3 存储桶。管理员创建 Get-pics 服务角色并将该角色附加到 EC2 实例。该角色包括一个权限策略，该策略授予对指定 S3 存储桶的读 / 写访问权限。它还包括一个信任策略，该策略允许 EC2 实例担任该角色并检索临时凭证。在该实例上运行应用程序时，应用程序可以使用该角色的临时凭证访问 S3 存储桶。管理员不必向开发人员授予访问 S3 存储桶的权限，开发人员完全不必共享或管理凭证。

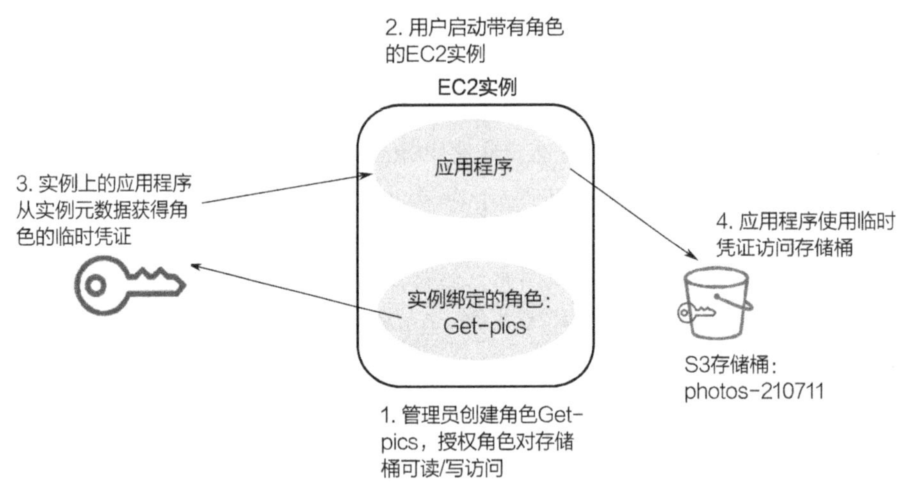

图 4-21　使用 IAM 角色向在 Amazon EC2 实例上运行的应用程序授予权限

其工作原理如下。

1）管理员使用 IAM 创建 Get-pics 角色。在角色的权限策略中，指定对 photos-210711 存储桶有读 / 写权限。

2）开发人员向该实例分配 / 绑定 Get-pics 角色，随后启动 EC2 实例。

3）应用程序在运行时，可以从 Amazon EC2 实例元数据获取临时安全凭证。

4）通过使用检索到的临时凭证，应用程序可以访问 photos-210711 存储桶。根据附加到 Get-pics 角色的策略，应用程序对存储桶有读 / 写权限。实例提供的临时安全凭证会在过期之前自动轮换，因此始终具有有效的凭证集。应用程序只需要确保在当前凭证过期之前从实例元数据获取新的凭证集即可。可以使用 Amazon 开发工具包管理凭证，这样应用程序就不需要包含额外的逻辑来刷新凭证。

4. 方案设计

本任务按照角色的典型场景一、场景二设计方案。

任务 4.2.2　使用 IAM 角色委托跨 Amazon 账户的访问权限

本任务将完成使用 IAM 角色委托跨 Amazon 账户的访问权限，使用的账户如图 4-20 所示。

1）以用于生产的账户（ID：798038244158）的管理员登录亚马逊云科技控制台，创建存储桶 productionapp-210711。单击“服务”→“S3”→“创建存储桶”选项，在打开的界面中输入存储桶的名称，如图 4-22 所示，设置完成后单击“创建存储桶”按钮（该按钮图中未显示）。

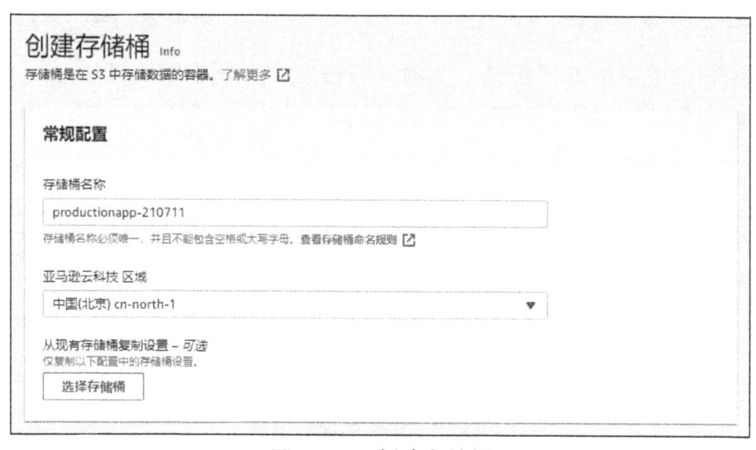

图 4-22　创建存储桶

2）单击“服务”→“IAM”→“角色”→“创建角色”选项，打开图 4-23 所示的界面，选择“其他亚马逊云科技账户”，并在“账户 ID”文本框中输入用于开发测试的账户 ID“159833723257”，单击“下一步：权限”按钮（该按钮图中未显示）。

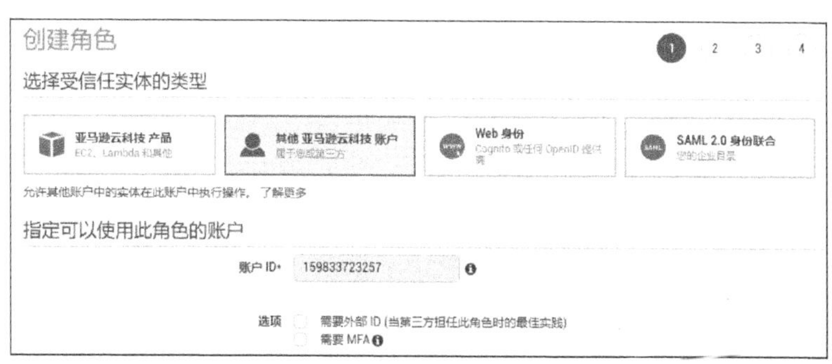

图 4-23　选择受信任实体的类型

3）如图 4-24 所示，单击“创建策略”按钮。如图 4-25 所示，使用 JSON 方式编辑策略。设置完成后单击“下一步：标签”按钮，随后输入策略名称，如“test-read-write-app-bucket”，创建策略。

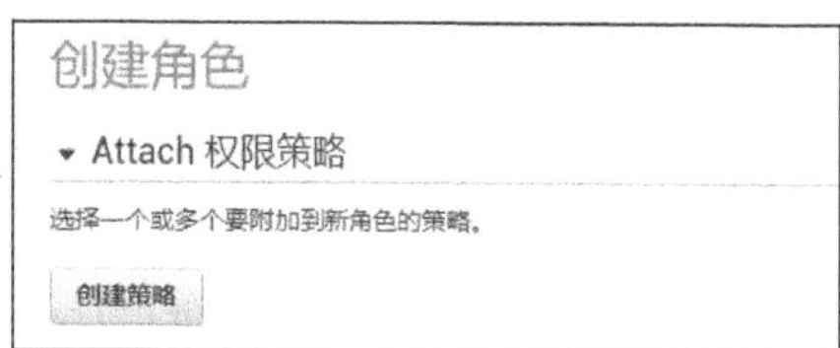

图 4-24　单击“创建策略”按钮

4）如图 4-26 所示，输入角色名称，单击“创建角色”按钮（该按钮图中未显示），完成角色创建。

创建策略

策略定义可向用户、组或角色分配的亚马逊云科技权限。您可以在可视化编辑器中使用 JSON 创建和编辑策略。了解更多

可视化编辑器 JSON

```json
{
  "Version": "2012-10-17",
  "Statement": [
    {
      "Effect": "Allow",
      "Action": "s3:ListAllMyBuckets",
      "Resource": "*"
    },
    {
      "Effect": "Allow",
      "Action": [
        "s3:ListBucket",
        "s3:GetBucketLocation"
      ],
      "Resource": "arn:aws-cn:s3:::productionapp-210711"
    },
    {
      "Effect": "Allow",
      "Action": [
        "s3:GetObject",
        "s3:PutObject",
        "s3:DeleteObject"
      ],
      "Resource": "arn:aws-cn:s3:::productionapp-210711/*"
    }
  ]
}
```

图 4-25　使用 JSON 方式编辑策略

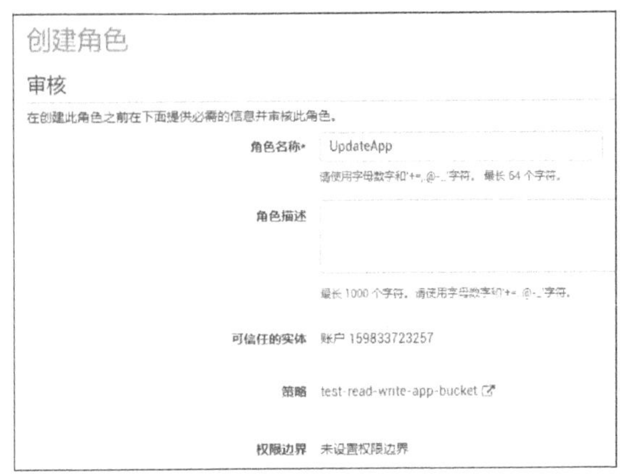

图 4-26　输入角色名称

5）在 IAM 控制面板中单击“角色”选项，在搜索文本框中输入“UpdateApp”，找到刚创建的角色，单击该角色，打开的界面如图 4-27 所示，可以看到角色的 ARN。复制该 ARN。

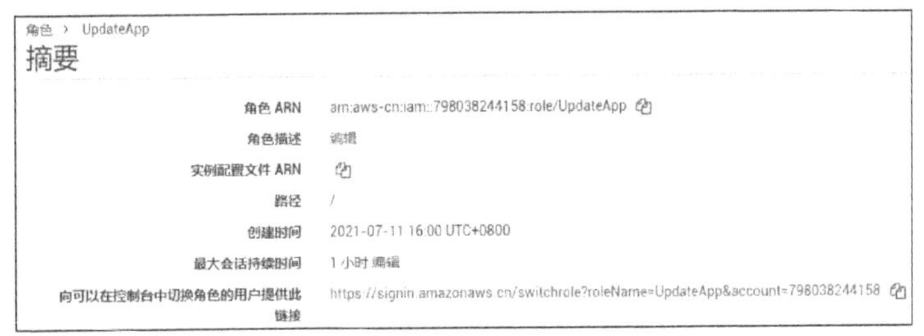

图 4-27　角色的摘要信息

6）以开发测试账户（ID：159833723257）的管理员登录亚马逊云科技控制台，单击“服务”→“IAM”→“访问管理”→“用户”选项，单击“Jack”用户，在“权限”选项卡中单击“添加内联策略”链接。如图 4-28 所示，在“JSON”选项卡中编辑用户的权限，该权限允许用户切换到生成账户（ID：798038244158）的 UpdateApp 角色。随后单击“查看策略”选项，输入策略名称“allow-assume-S3-role-in-production”，单击“创建策略”按钮，完成对“Jack”用户的授权。

可视化编辑器 JSON

```json
{
  "Version": "2012-10-17",
  "Statement": {
    "Effect": "Allow",
    "Action": "sts:AssumeRole",
    "Resource": "arn:aws-cn:iam::798038244158:role/UpdateApp"
  }
}
```

图 4-28　编辑策略

7）以开发测试账户（ID：159833723257）的用户“Jack”登录亚马逊云科技控制台，选择该用户，选择“切换角色”命令，单击“切换角色”按钮，在打开的图 4-29 所示的界面中输入账户“798038244158”和角色“UpdateApp”，单击“切换角色”按钮。在打开界面的右上角可以看到用户的信息变为“UpdateApp@798038244158”。

图 4-29　切换角色

8）测试访问存储桶。单击“服务”→“S3”选项，在存储桶列表中单击“productionapp-210711”，打开的界面如图 4-30 所示，从中可以测试对存储桶的操作。例如，单击“创建文件夹”按钮可以创建文件夹；单击“上传”按钮可上传文件；选中文件或者文件夹后单击“删除”按钮即可删除文件。

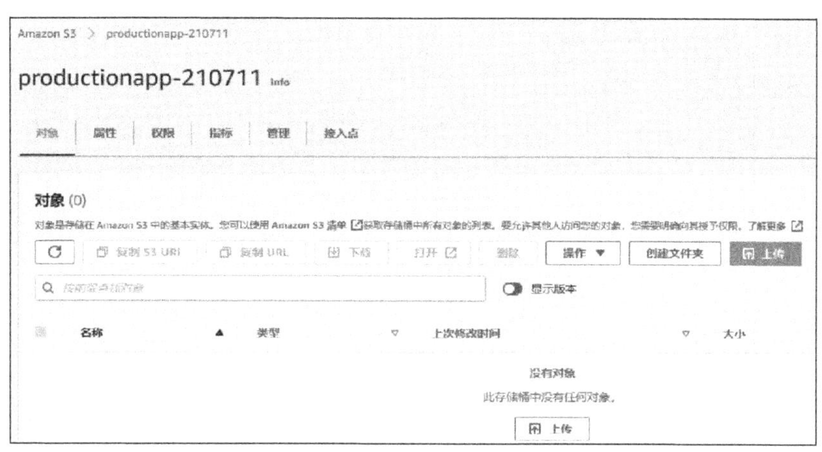

图 4-30　测试对存储桶的操作

9）在亚马逊云科技控制台，单击右上角的角色，选择“返回 Jack”命令，则切换到开发测试账户中的“Jack”用户。

任务 4.2.3　使用角色向 EC2 实例提供访问权限

本任务将完成使用 IAM 角色向 EC2 实例提供访问权限，使用的存储桶、角色如图 4-21 所示。

1）以管理员登录亚马逊云科技控制台，创建存储桶 photos-210711。单击“服务”→“S3”→“创建存储桶”选项，输入存储桶的名称“photos-210711”，单击“创建存储桶”按钮。

2）单击“服务”→“IAM”→“角色”→“创建角色”选项，打开的界面如图 4-31 所示，选择“亚马逊云科技产品”，并在“常见使用案例”中选择“EC2”，单击“下一步：权限”按钮（该按钮图中未显示）。

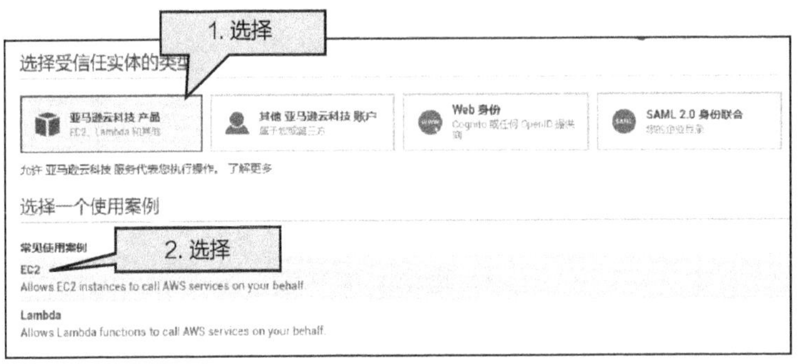

图 4-31　选择受信任实体的类型

3）单击“创建策略”按钮，在打开的图 4-32 所示的界面中，使用 JSON 方式编辑策略，该策略允许对存储桶 photos-210711 进行读 / 写。单击“下一步：标签”按钮，再单击“下一步：审核”按钮，随后输入策略名称，如“Get-pics”，完成策略的创建。

可视化编辑器　JSON

```
{
    "Version": "2012-10-17",
    "Statement": [
        {
            "Sid": "VisualEditor0",
            "Effect": "Allow",
            "Action": [
                "s3:ListStorageLensConfigurations",
                "s3:ListAccessPointsForObjectLambda",
                "s3:GetAccessPoint",
                "s3:PutAccountPublicAccessBlock",
                "s3:GetAccountPublicAccessBlock",
                "s3:ListAllMyBuckets",
                "s3:ListAccessPoints",
                "s3:ListJobs",
                "s3:PutStorageLensConfiguration",
                "s3:CreateJob"
            ],
            "Resource": "*"
        },
        {
            "Sid": "VisualEditor1",
            "Effect": "Allow",
            "Action": "s3:*",
            "Resource": "arn:aws-cn:s3:::photos-210711"
        }
    ]
}
```

图 4-32　编辑策略

4）如图 4-33 所示，输入角色名称“Get-pics”，单击“创建角色”按钮（该按钮图中未显示），完成角色创建。该角色附加“Get-pics”策略。

审核

在创建此角色之前在下面提供必需的信息并审核此角色。

角色名称*	Get-pics 请使用字母数字和'+=,.@-_'字符。最长 64 个字符。
角色描述	Allows EC2 instances to call AWS services on your behalf. 最长 1000 个字符。请使用字母数字和'+=,.@-_'字符。
可信任的实体	亚马逊云科技 服务: ec2.amazonaws.com.cn
策略	Get-pics
权限边界	未设置权限边界

图 4-33　输入要创建角色的名称

5）向启动 EC2 实例的用户（以任务 4.1.3 创建的 EC2_admin 用户为例）授予传递角色的权限。在 IAM 控制面板中单击"用户"选项，在用户列表中单击 EC2_admin 用户，单击该用户所附加的策略"EC2_admin"，单击"编辑策略"按钮。原有的策略对 EC2 实例有全部权限，如下：

```
{
    "Version": "2012-10-17",
    "Statement": [
        {
            "Sid": "VisualEditor0",
            "Effect": "Allow",
            "Action": "ec2: *",
            "Resource": "*"
        }
    ]
}
```

如图 4-34 所示，在"JSON"选项卡中输入新的策略，该策略增加了启动 EC2 实例时传递角色到实例的权限。保存修改的策略。

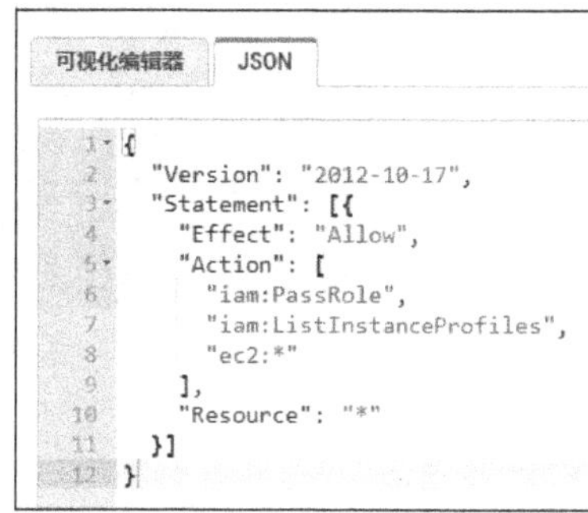

图 4-34　输入新的策略

6）以 EC2_admin 用户重新登录亚马逊云科技控制台。单击"服务"→"EC2"→"实例"选项，在实例列表中选择一个 Linux 实例，启动实例，等待实例启动完毕。如图 4-35 所示，选择实例，选择"操作"→"安全"→"修改 IAM 角色"命令。如图 4-36 所示，在下拉列表中选择前面步骤创建的"Get-pics"角色，单击"保存"按钮（该按钮图中未显示）。

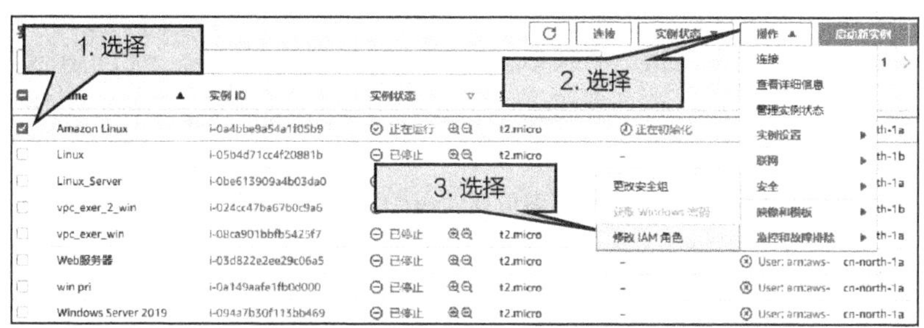

图 4-35　选择"修改 IAM 角色"操作

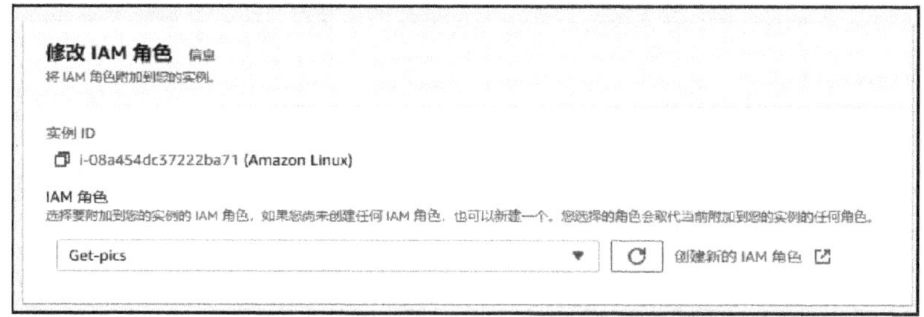

图 4-36　修改 EC2 实例的 IAM 角色

7）使用 PuTTY 或者其他支持 Secure Shell Protocol（SSH）加密网络传输协议的软件连接到 EC2 Linux 实例，如图 4-37 所示，执行“curl http：//169.254.169.254/latest/meta-data/iam/security-credentials/Get-pics”命令，获得临时凭证。命令中的“Get-pics”是该实例所附加的角色的名称。该实例中的应用程序使用这个临时凭证，可以对 photos-210711 存储桶进行读 / 写（本例没有验证）。

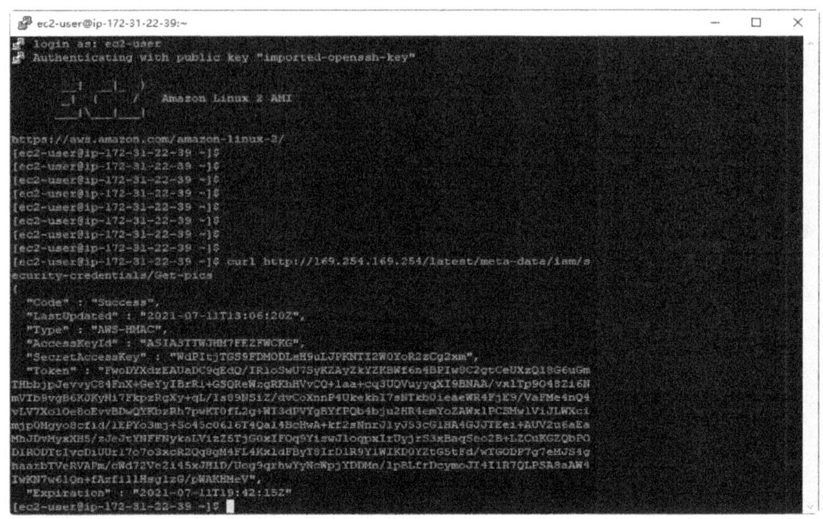

图 4-37　从实例的元数据中获取临时凭证

习题

1. 以下哪两项关于亚马逊云科技账户根用户（Amazon Web Services Account Root User）的描述是正确的？（　　）

   A. 使用根用户可以对亚马逊云科技账户中的所有资源进行完全、无限制的访问

   B. 建议不要使用根用户执行日常任务

   C. 不要删除根用户的访问密钥

   D. 默认时，根用户的权限边界为“AdminUser”

2. 身份（IAM Identity）是亚马逊云科技中用于标识和分组的 IAM 资源对象，身份包括了哪些？（　　）

   A. 用户　　B. 组　　C. 角色　　D. 策略

3. 以下关于身份验证的描述正确的是？（　　）

   A. 需要对请求访问 Amazon 资源的人员或应用程序进行身份验证

   B. 用户从控制台登录，需要提供账户 ID 或别名、用户名和密码

   C. 用户要从 API 或 Amazon CLI 中登录，需要提供访问密钥 ID 和私有密钥

   D. 为提高安全性，身份验证可能需要提供额外的安全信息，如多重身份验证（MFA）

4. 什么是授权？选择两项。（　　）

   A. 授权是允许用户、组或者角色对 Amazon 资源执行操作

   B. 默认时，用户、组或者角色可以对 Amazon 资源执行操作

   C. 授权通过策略（Policy）来实现

D. 授权只能通过控制台完成

5. 策略的 JSON 文档结构包含哪些必选元素？（　　）

A. Version　　B. Statement　　C. Effect　　D. Action　　E. Condition

6. 用户和角色的相同、不同处有哪些？（　　）

A. 角色和用户都具有确定的权限策略

B. 角色没有关联的标准长期安全凭证，角色提供的是临时安全凭证

C. 用户和角色都是 Amazon 用于进行身份验证的 IAM 资源对象

D. 可以把用户加入不同的角色中

7. 角色可由以下哪些用户使用？（　　）

A. 身份代理进行身份验证的外部用户

B. 与该角色在相同亚马逊云科技账户中的 IAM 用户

C. 位于与该角色不同的亚马逊云科技账户中的 IAM 用户

D. 由亚马逊云科技提供的 Web 服务，如 Amazon EC2

8. 操作题：创建管理员组 Administrators，该组中有两个管理员用户 admin1、admin2。为安全起见，两个管理员采用基于时间的动态密码登录控制台。对管理员组 Administrators 进行授权，附加 AdministratorAccess 策略，以便管理员执行管理任务。创建额外的用户 EC2_admin，该用户仅能管理 EC2 实例。

9. 操作题：使用角色，把账户 1（Account 1）上的存储桶授予账户 2（Account 2）上的用户，使其有临时、完全的访问权限，用于测试。

10. 操作题：使用角色，授予某一 EC2 实例对 RDS 服务中的所有资源具有全部的操作权限，并检索角色的临时凭证。

单元 5

数据库服务

单元概述

本单元将介绍亚马逊云科技的两个数据库服务：关系型数据库服务（Amazon Relational Database Service，Amazon RDS）和 NoSQL 数据库服务 Amazon DynamoDB。RDS 让用户能够在亚马逊云科技中轻松地设置、操作和扩展关系型数据库，它可以经济有效地为用户提供一个容量可调的符合行业标准的关系型数据库，并承担常见的数据库管理任务。Amazon DynamoDB 是一个键 / 值和文档型的 NoSQL 数据库，可以在任何规模的环境中提供毫秒级性能，是一个完全托管、多区域、高可用的持久数据库。

学习目标

通过学习本单元，读者应掌握以下知识点和技能点。

知识点：

- 亚马逊云科技的 RDS 有什么优点
- 什么是 RDS 数据库实例
- 数据库实例存储类型
- 数据库实例多可用区部署
- 什么是数据库实例的只读副本
- DynamoDB 中的表、项目、属性
- DynamoDB 中表的主键
- DynamoDB 中表的二级索引
- 关系型数据库和 DynamoDB 的区别

技能点：

- 创建 RDS 的数据库子网组、安全组
- 从 Windows Server 实例、Linux 实例连接 RDS（MySQL）
- 在亚马逊云科技管理控制台管理 RDS 数据库实例
- 使用 DynamoDB（NoSQL 数据库）
- 使用 NoSQL Workbench 创建 DynamoDB 表

项目 5.1　使用关系型数据库服务

项目描述

企业的 IT 架构中缺少不了关系型数据库（Relational Database，RDB），如 MySQL、Microsoft SQL Server 等。企业可以先在亚马逊云科技申请云主机和云存储，然后在云主机上自行安装数据库，并对数据库进行管理和维护，但是这样做并没有发挥云服务的优势。亚马逊云科技提供了关系型数据库服务（Amazon Relational Database Service，Amazon RDS）。RDS 为用户提供了一个容量可调的、遵循行业标准的关系数据库，并承担常见的数据库管理任务，大大降低了成本，还减少了管理的工作量。本项目将创建一个分布在多可用区、具有高可用性的 MySQL 数据库，同时还创建该数据库的只读副本。从 Windows Server 和 Linux 主机上使用 MySQL 客户端连接到数据库进行测试，并创建一个 Web 网站连接数据库。

任务 5.1.1　知识预备与方案设计

RDS 让用户能够在亚马逊云科技中更轻松地设置、操作和扩展关系数据库。目前，RDS 支持 Amazon Aurora（兼容 MySQL 和 PostgreSQL）、MariaDB、MySQL、Microsoft SQL Server、Oracle 或 PostgreSQL 这几种引擎的关系型数据库。

1. 使用 Amazon RDS 服务的优点

RDS 服务是一种托管的服务，RDS 会接管关系型数据库的很多困难或烦琐的管理任务。

1）创建 RDS 数据库实例时，可以指明 CPU、内存、存储和 IOPS 数量，并且可以在使用中根据实际业务量动态进行调整。

2）RDS 可以进行备份管理、软件修补、自动故障检测和恢复。可以在需要时执行自动备份，也可以手动创建备份快照。可以使用这些备份还原数据库。

3）可以通过主实例和同步的辅助实例实现高可用性，还可以使用只读副本扩展读取。

2. 数据库实例

数据库实例是在亚马逊云科技中运行的独立数据库环境，相当于一个传统的数据库。每个数据库实例都有一个数据库实例标识符。该标识符用作 RDS 分配给实例的 DNS 主机名的一部分。数据库的用户使用实例的 DNS 主机名来连接数据库，如 mysql-1.cexgwwmmxdjz.rds.cn-north-1.amazonaws.com.cn，其中 mysql-1 是数据库实例标识符，cexgwwmmxdjz 是账户特定的固定标识符。

3. 数据库实例类型

数据库实例类决定了 RDS 数据库实例的计算和内存容量。RDS 支持 3 种类型的实例类型：

标准型、内存优化型和可突增性能型。标准型兼顾了计算、内存和网络资源，是很多应用程序的理想之选；内存优化型针对内存密集型应用程序进行了优化；可突增性能型提供基准性能水平的实例类，可以突增到完全 CPU（Full CPU）使用率，提供更多的计算容量。

数据库实例类支持的数据库引擎有 Amazon Aurora、MariaDB、MySQL、Microsoft SQL Server、Oracle 或 PostgreSQL。不同的 RDS 数据库引擎支持不同的 RDS 数据库实例类。

4. 数据库实例存储类型

RDS 提供 3 种存储类型：通用型 SSD、预置 IOPS SSD 和磁性介质存储。它们的性能特性和价格不同，用户可以根据数据库工作负载需求定制存储性能和成本。这 3 种存储类型介绍如下：

1）通用型 SSD：提供了适用于各种工作负载的经济、高效的存储。这些卷可以提供毫秒级的延迟，能够突增至 3000 IOPS，并维持一段较长的时间。

2）预置 IOPS SSD：存储符合 I/O 密集型工作负载（尤其是数据库工作负载）的需求，此类工作负载需要低 I/O 延迟和一致的 I/O 吞吐量。

3）磁性介质存储：RDS 还支持磁性存储（机械磁盘）以实现向后兼容。

5. RDS 的高可用性

RDS 使用多可用区部署为数据库实例提供高可用性和故障转移支持。如图 5-1 所示，采用多可用区部署时，RDS 会自动在不同可用区中配置和维护一个同步备用副本。主数据库实例将跨可用区同步复制到备用副本，以提供数据冗余。

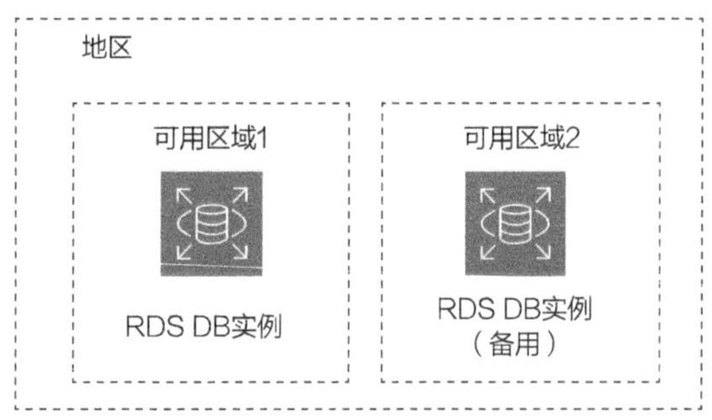

图 5-1　多可用区部署 RDS

使用 RDS 控制台，只需在创建数据库实例时指定多可用区，即可完成多可用区部署。与单可用区部署相比，使用多可用区部署的数据库实例由于执行同步数据复制，因此会增加写入和提交延迟，但提升了整个 RDS 实例的高可用性和可靠性。数据库实例发生计划内或计划外的中断时，RDS 会自动切换到另一个可用区中的备用副本。完成故障转移所用的时间通常为 60~120s。故障转移后，RDS 控制台还需要一段时间才能显示新的可用区，故障转移机制自动更改数据库实例的域名系统（DNS）记录，使其指向备用数据库实例。因此，用户（应用程序）需要重新建立与数据库实例之间的连接。

6. 数据库实例只读副本

可以创建数据库实例的只读副本，对主数据库实例进行的更新将异步复制到只读副本。应用程序可从数据库实例的只读副本读取查询，以减轻主数据库实例上的负载。利用只读副本，可以实现弹性扩展并超越单个数据库实例的容量限制，以处理高读取量的数据库工作负载。可以在与主数据库实例不同的亚马逊云科技的其他区域中创建与数据库引擎相同的只读副本。只读副本还可提升为独立的数据库实例单独使用。

7. 方案设计

如图 5-2 所示，本项目在中国（北京）区域（cn-north-1）创建 VPC，名称为 VPC-DB。该 VPC 分布于两个可用区（cn-north-1a、cn-north-1b）。VPC-DB 有两个公有子网 Public-net-1（172.16.1.0/24）、Public-net-2（172.16.3.0/24），以及两个私有子网 Private-net-1（172.16.2.0/24）、Private-net-2（172.16.4.0/24）。在公有子网 Public-net-1 创建 EC2 实例 Win2019，在公有子网 Public-net-2 创建 EC2 实例 Linux，用于测试连接到 MySQL 数据库。此外，在 Linux 上创建 Web 站点，测试数据库。在私有子网 Private-net-1 创建 MySQL 数据库实例 MySQL-1，为提高该数据库的可用性，采用多可用区部署。在私有子网 Private-net-2 创建 MySQL 数据库实例 MySQL-2，该数据库为 MySQL-1 的只读副本。

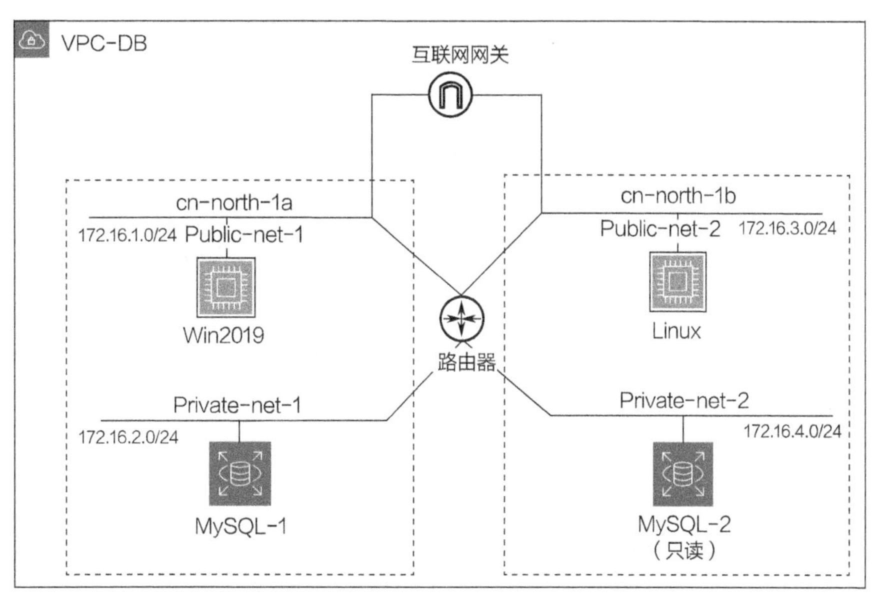

图 5-2　RDS 设计方案

任务 5.1.2　创建高可用数据库实例

本任务将创建分布于两个可用区的高可用数据库实例 MySQL-1。如图 5-2 所示，该实例部署在私有网络，只能被 VPC-DB 内的主机访问，不能被 Internet 上的主机访问。

1. 创建 VPC

创建图 5-2 所示的 VPC-DB。

2. 创建 EC2

创建图 5-2 所示的 Win2019 和 Linux 实例，并且能从管理员计算机登录到 Win2019 和 Linux 实例。Win2019 实例的 AMI 为"Microsoft Windows Server 2019 Base（Chinese Simplified）"，实例类型为 t2.micro，连接在 Public-net-1 网络上，自动分配公有 IP，安全组允许 TCP 端口 3389 的流量通过。Linux 实例的 AMI 为"Amazon Linux 2 AMI（HVM）, SSD Volume Type"，实例类型为 t2.micro，连接在 Public-net-2 网络上，自动分配公有 IP，安全组允许 TCP 端口 22 的流量（即 SSH 流量）通过。

3. 创建安全组

在 VPC-DB 上创建图 5-3 所示的安全组 SecGRP-PermitMySQL，该安全组将允许 172.16.0.0/16 网络（即 VPC-DB）主机访问 MySQL 数据库。

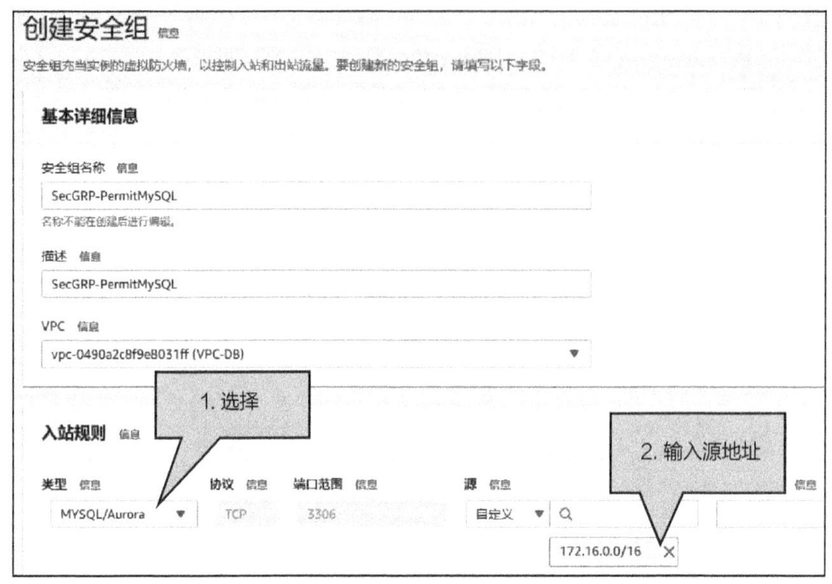

图 5-3　安全组 SecGRP-PermitMySQL

4. 创建数据库子网组

数据库需要连接到 VPC-DB 上的子网，在创建数据库之前需要创建数据库子网组。打开亚马逊云科技控制台，单击“服务”→“数据库”→“Amazon RDS”→“子网组”选项，单击“创建数据库子网组”按钮。如图 5-4 所示，输入子网的详细信息，并且把 VPC-DB 的两个子网 Private-net-1、Private-net-2 添加到子网组，单击“创建”按钮（该按钮图中未显示）。

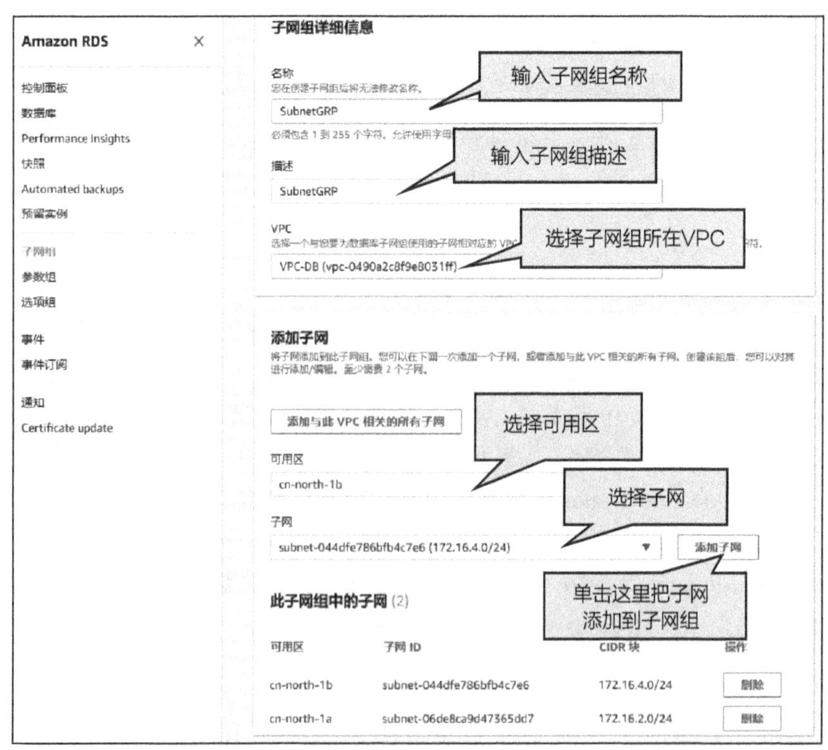

图 5-4　创建子网组并添加子网

5. 创建数据库

1）准备好数据库子网组和安全组后，就可以开始创建数据库了。单击“服务”→“数据库”→“Amazon RDS”→“数据库”选项，单击“创建数据库”按钮。如图 5-5 所示，引擎类型选择“MySQL”，版本使用默认的“MySQL 8.0.20”，模板选择“生产”。

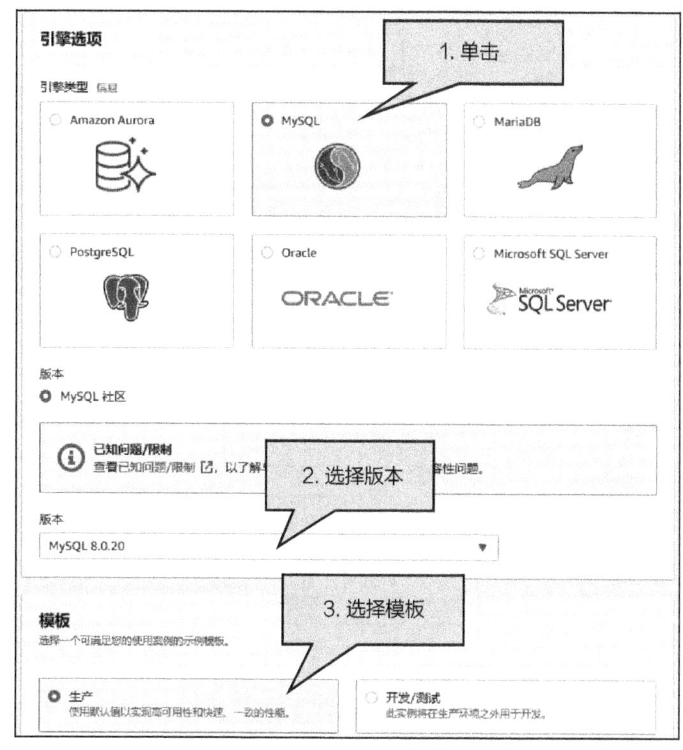

图 5-5　选择数据库引擎选项

2）如图 5-6 所示，输入数据库实例标识符，并输入访问数据库的用户名和密码。标识符用来唯一标识数据库，它是数据库 DNS 名的一部分。

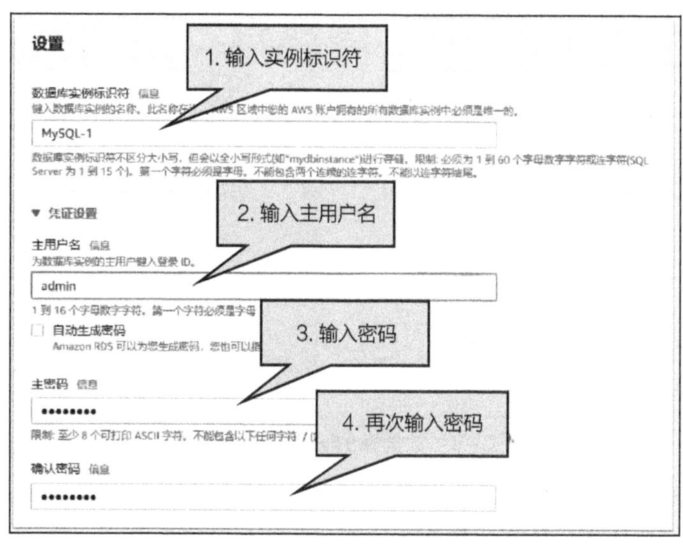

图 5-6　数据库设置

3）如图 5-7 所示，根据自身业务的需要，选择数据库实例类型，并进一步选择数据库实例的大小。

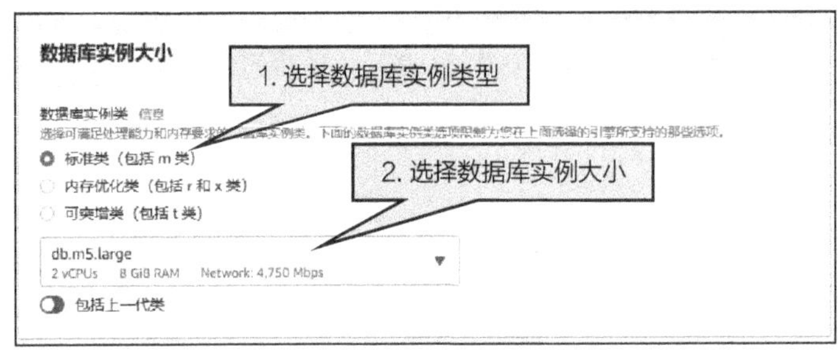

图 5-7 数据库实例大小

4）如图 5-8 所示，根据企业自身业务的特点选择数据库存储类型。建议选择数据库存储空间的自动扩展，这样当亚马逊云科技检测到可用数据库空间不足时，就会自动扩展存储。最大存储阈值为自动扩展空间的上限。

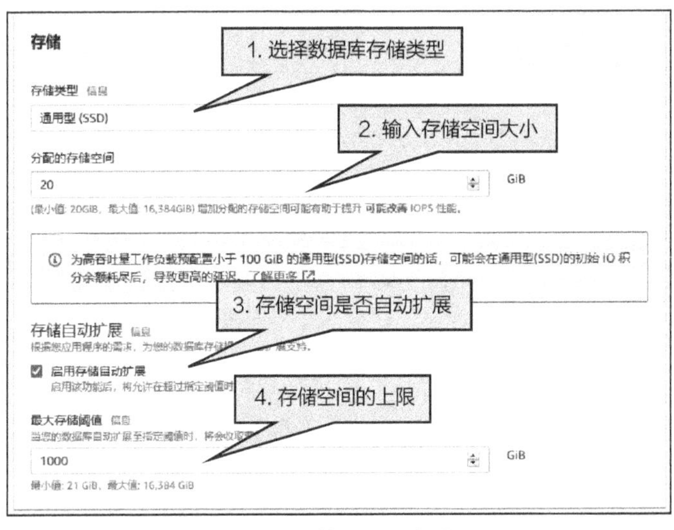

图 5-8 数据库的存储

5）如图 5-9 所示，选择"创建备用实例（建议用于生产用途）"单选按钮，则数据库会在多可用区部署，亚马逊云科技会在不同的可用区创建备用实例提供冗余。前提是数据库子网组中要有在不同可用区上的子网。

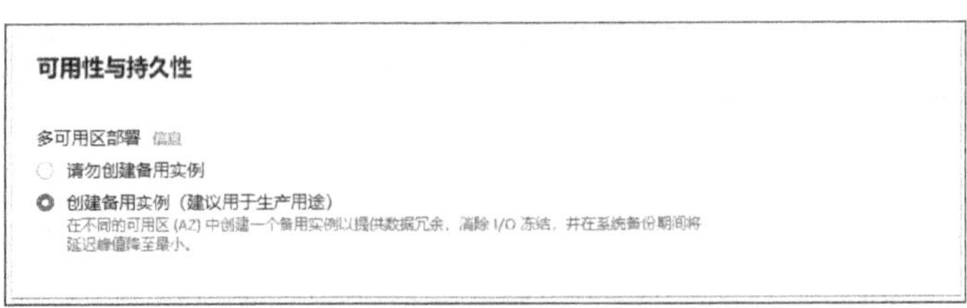

图 5-9 数据库的可用性与持久性

6）如图 5-10 所示，选择数据库所连接的 VPC 和子网组。建议数据库不要公开访问，这时数据库不会被分配公有地址。单击"其他连接配置"选项可以设定 MySQL 的工作端口号，默认为 3306。为安全起见，还要设置数据库所绑定的安全组，安全组应该允许 MySQL 的工作端口号被访问。

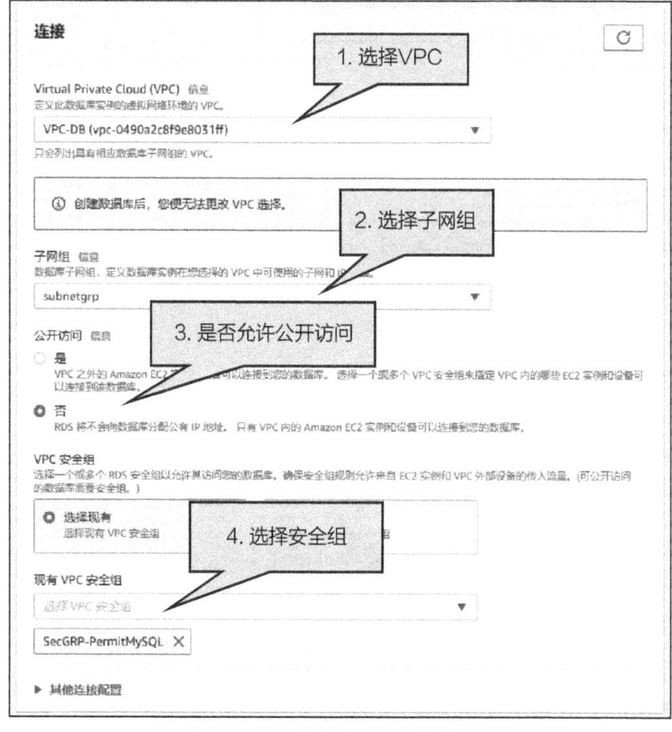

图 5-10　数据库的连接设置

7）如图 5-11 所示，选择数据库身份验证选项，选择“密码身份验证”单选按钮，则使用图 5-6 中的主用户名和密码访问数据库。选择“密码和 IAM 数据库身份验证”单选按钮，则通过 Amazon IAM 用户和角色访问数据库。

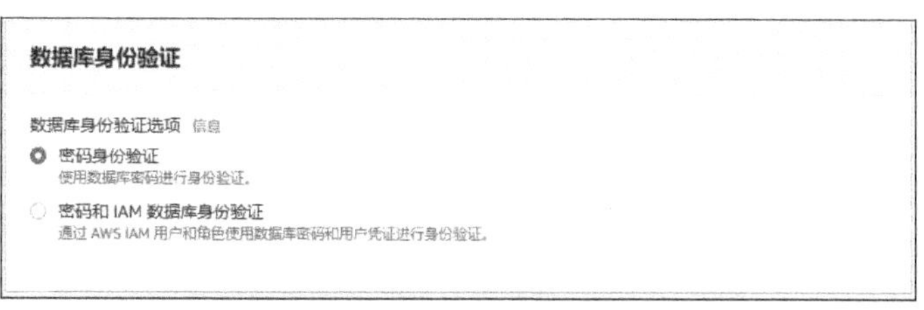

图 5-11　数据库身份验证设置

8）如图 5-12 所示，单击“其他配置”选项，可以进一步设置数据库的配置，包括设置初始数据库名称、数据库参数组和选项组。如果启用自动备份，则亚马逊云科技会按照设定的时间自动备份数据库，以提高数据的安全性。一旦数据损坏，就可以利用备份（快照）恢复数据库。默认数据库备份保留 7 天。应注意，这里的备份时间为 UTC 时间。

9）如图 5-13 所示，默认情况下，数据库可以在维护时段里自动进行次要版本的升级。另外，“启用删除保护”复选框也应被选中，可防止意外删除数据库。如果要删除数据库，则需要先取消选择“启用删除保护”复选框。

10）设置好以上全部的选项，单击“创建数据库”按钮。通常需要等待约 10min，数据库创建完毕。正在创建数据库如图 5-14 所示。

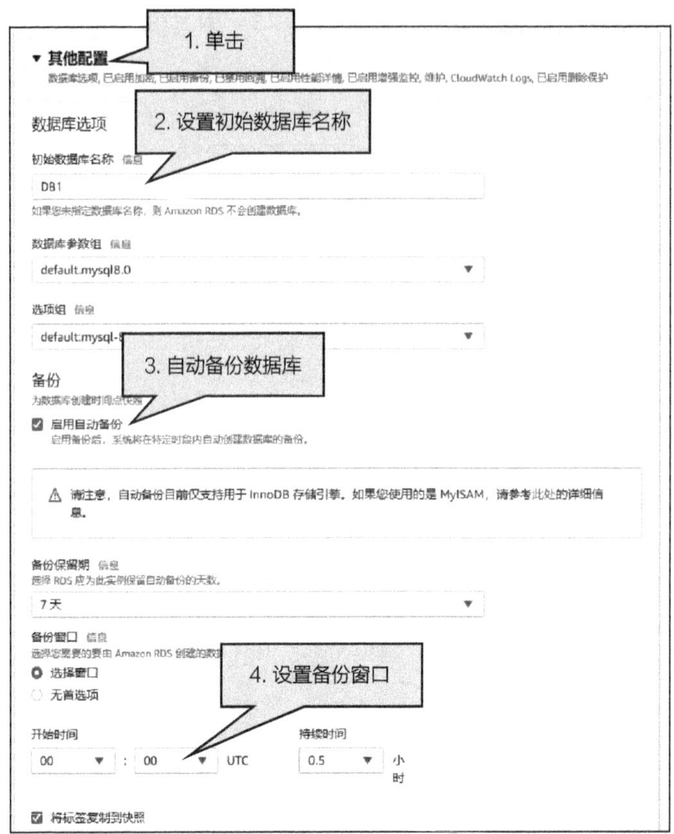

图 5-12　数据库选项及备份设置

图 5-13　数据库的自动升级和删除保护

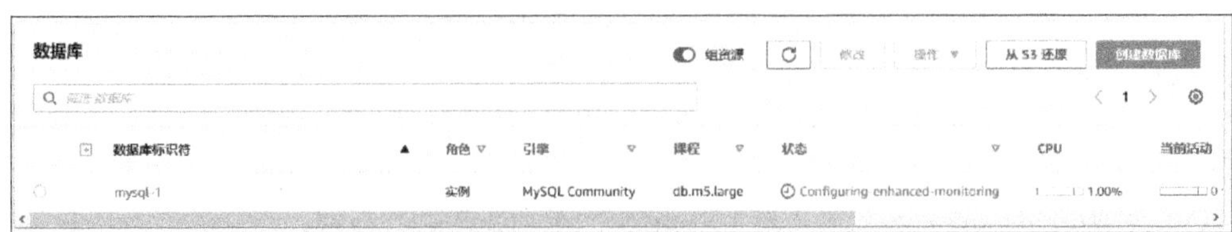

图 5-14　正在创建数据库

11）在图 5-14 中单击数据库标识符“mysql-1”。如图 5-15 所示，单击“连接和安全性”标签，可以看到数据库的终端节点（实际上，就是数据库的 DNS 名），MySQL 客户端使用该终端节点访问数据库。

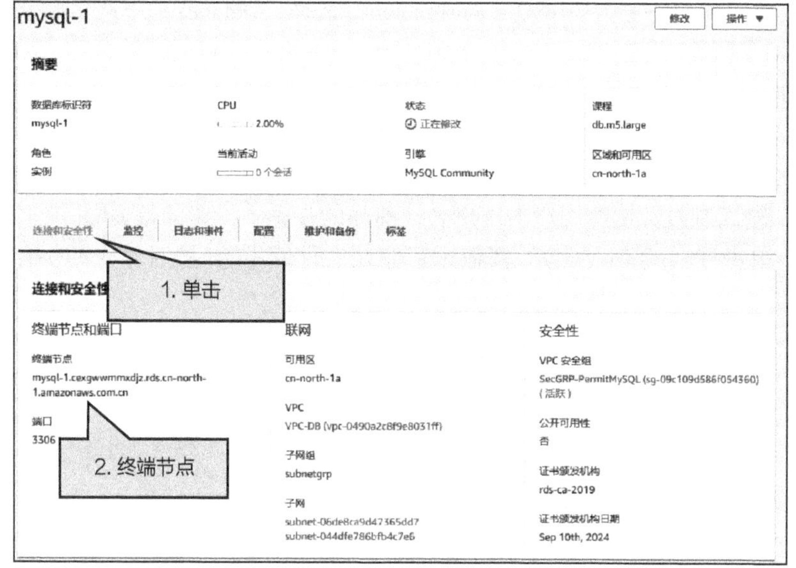

图 5–15　数据库的状态

任务 5.1.3　连接到数据库

本任务将通过 Windows Server 和 Linux 实例，使用 MySQL 客户端连接任务 5.1.2 创建的数据库实例，并且在 Linux 实例上安装 Apache、PHP 软件包构建 Web 站点，该 Web 站点将使用 MySQL-1 数据库。

1. 从 Windows Server 实例连接 MySQL

Windows 系统上的 MySQL 客户端软件很多，最为典型的是 MySQL Workbench。使用 MySQL Workbench 连接 MySQL 的步骤如下：

1）登录图 5-2 中的 Win2019 实例，下载 Microsoft Visual C++ 2019 Redistributable Package 软件包并安装，如图 5-16 所示。

2）从 https：//dev.mysql.com/downloads/workbench 下载 MySQL Workbench 8.0.23 并安装，如图 5-17 所示。

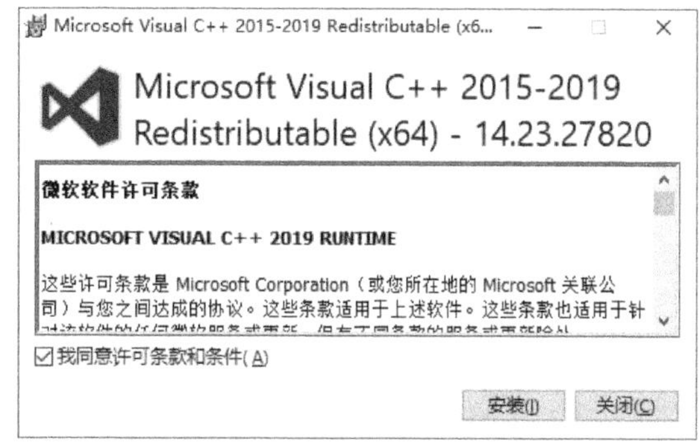

图 5–16　下载并安装 Microsoft Visual C++ 2019 Redistributable Package 软件包

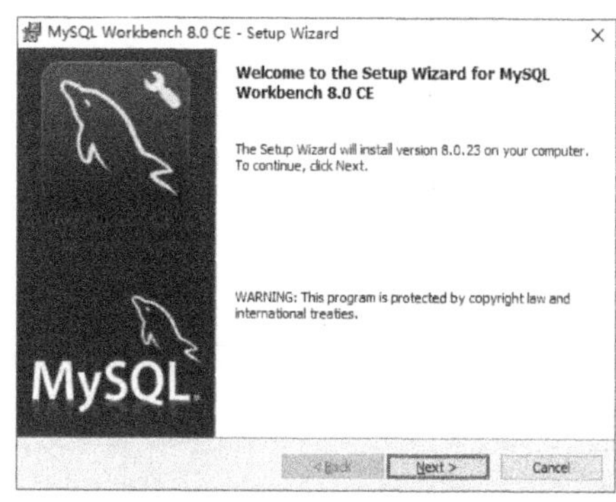

图 5–17　安装 MySQL Workbench 8.0.23

3）在 Win2019 实例中打开 MySQL Workbench，选择“Database”→“Manage Connections”命令。如图 5-18 所示，在“Manage Server Connections”对话框中单击“New”按钮，在“Connection Name”文本框中输入“MySQL-1”，在“Connection”选项卡中输入以下信息：

Hostname：输入数据库实例的终端节点，参见图 5-15 中的信息。

Port：输入数据库实例使用的端口，默认为 3306。

Username：输入有效数据库用户的用户名，前面的步骤中设置的是 admin。

Password：单击“Store in Vault”按钮（存储在文件库中），然后输入并保存 admin 用户的密码。

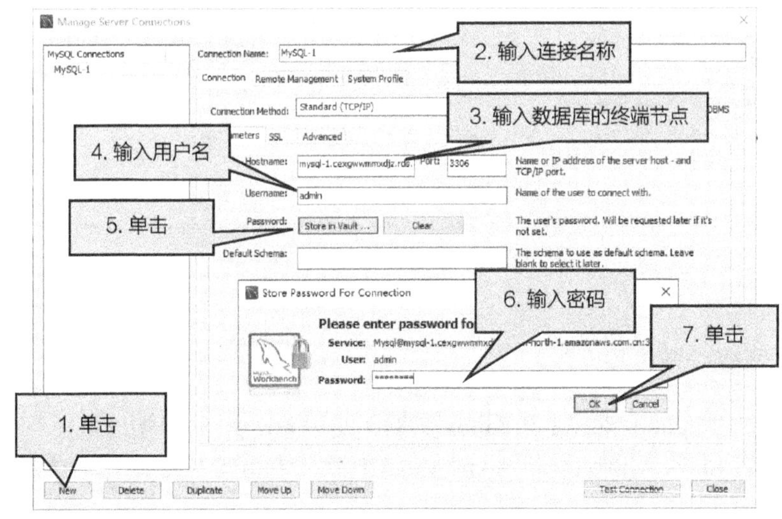

图 5-18　创建新的 MySQL 连接

4）在图 5-18 中单击“Test Connection”按钮，以确认成功连接数据库实例。单击“Close”按钮关闭对话框。

5）选择“Database”→“Connect to Database”命令，在“Stored Connection”列表中选择连接“MySQL-1”，单击“OK”按钮。如图 5-19 所示，单击“Server Status”选项，可以查看数据库的状态，结果表明已经成功连接到任务 5.1.2 创建的数据库实例。

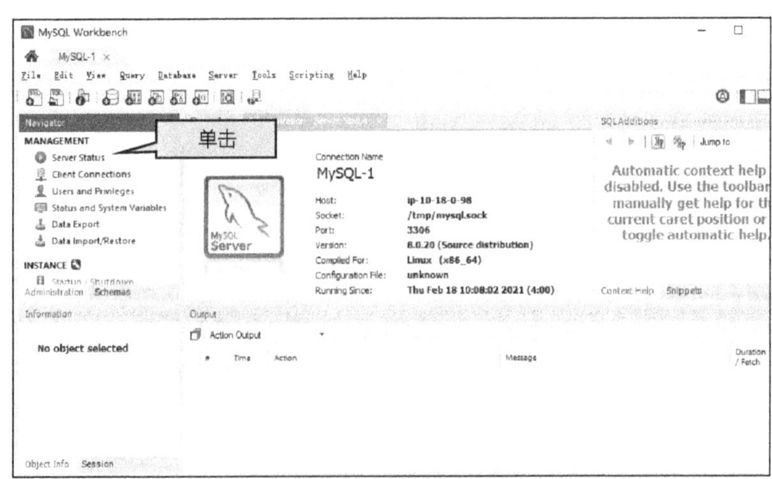

图 5-19　成功连接到数据库

2. 从 Linux 实例连接 MySQL

步骤如下：

1）登录图 5-2 中的 Linux 实例，使用“sudo yum install mysql -y”命令安装 MySQL 客户端。

2）连接目标数据库，命令为“mysql -h mysql-1.xxxxxxxxxxxxx.rds.cn-north-1.amazonaws.com.cn -u admin -p”，其中，“-h”后的参数为数据库的终端节点。

```
Enter password:            // 输入 admin 用户的密码
Welcome to the MariaDB monitor.  Commands end with ; or \g.
Your MySQL connection id is 77
Server version: 8.0.20 Source distribution

Copyright (c) 2000, 2018, Oracle, MariaDB Corporation Ab and others.

Type 'help;' or '\h' for help. Type '\c' to clear the current input statement.

MySQL [(none)]> show databases; // 显示已有数据库，可以看到初始数据库的存在
+--------------------+
| Database           |
+--------------------+
| DB1                |
| information_schema |
| mysql              |
| performance_schema |
| sys                |
+--------------------+
5 rows in set (0.00 sec)
MySQL [(none)]> Ctrl-C -- exit! // 退出
Aborted
[ec2-user@ip-XXX-XXX-XXX-XXX ~]$
```

3. 创建 Web 服务器并连接 MySQL

本任务将为图 5-2 的 Linux 实例安装 Apache+PHP，并使用 MySQL-1 数据库。

1）在 VPC-DB 中添加新的安全组，允许 TCP 8080 端口，并把安全组绑定到 Linux 实例。

2）登录到 Linux 实例，安装带有 PHP 的 Apache Web 服务器。

首先更新 EC2 实例上的软件，获取最新的错误修复和安全更新：

```
sudo yum update -y
```

安装带有 PHP 软件包的 Apache Web 服务器：

```
sudo yum install -y httpd
sudo yum install -y php
sudo yum install -y php-mysqlnd.x86_64
```

3）启动 Web 服务。

由于 Linux 实例上的 Web 站点没有在工业和信息化部进行网站备案，因此 80 端口无法正常访问。修改 Apache 配置文件，把 Listen 端口改为 8080：

```
sudo vi /etc/httpd/conf/httpd.conf
```

把 http.conf 文件中的“Listen 80”改为“Listen 8080”

```
sudo service httpd start
```

在浏览器上打开 http://Linux 实例 IP:8080 格式的链接，应该能够看到 Apache 测试页面。

4）设置 Apache Web 服务器的文件权限。

使用以下命令将 www 组添加到 EC2 实例：

```
sudo groupadd www
```

将 ec2-user 用户添加到 www 组：

```
sudo usermod -a -G www ec2-user
```

注销以刷新用户的权限并包含新的 www 组：

```
exit
```

重新登录并使用 www 命令验证 groups 组是否存在：

```
groups
```

可以看到：

```
ec2-user wheel www
```

将 www 目录的组的所有权及其内容更改到 /var/www 组：

```
sudo chgrp -R www /var/www
```

更改 /var/www 及其子目录的目录权限，以添加组写入权限并设置未来创建的子目录上的组 ID：

```
sudo chmod 2775 /var/www
find /var/www -type d -exec sudo chmod 2775 {} +
```

递归地更改 /var/www 目录及其子目录中文件的权限，以添加组写入权限：

```
find /var/www -type f -exec sudo chmod 0664 {} +
```

5）将 Apache Web 服务器连接到数据库实例。

将内容添加到连接到数据库实例的 Apache Web 服务器，在 /var/www 中创建名为 inc 的新子目录：

```
cd /var/www
sudo mkdir inc
cd inc
```

在 inc 目录中新建文件 dbinfo.inc：

```
sudo vi dbinfo.inc
```

将以下内容添加到 dbinfo.inc 文件。在这里，db_instance_endpoint 是不带端口的数据库实例终端节点（本例为 mysql-1.xxxxxxxxxxxxz.rds.cn-north-1.amazonaws.com.cn），tutorial_users 是数据库实例的主用户（本例为 admin），master password 是数据库实例的主密码，sample 为数据库名

（本例为 DB1）

```
<?php
define('DB_SERVER', 'db_instance_endpoint');
define('DB_USERNAME', 'tutorial_user');
define('DB_PASSWORD', 'master password');
define('DB_DATABASE', 'sample');
?>
```

将目录更改为 /var/www/html：

```
cd /var/www/html
```

在 html 目录中新建文件 SamplePage.php：

```
sudo vi SamplePage.php
```

将以下内容添加到 SamplePage.php 文件（注：该文件在本书配套资源中可以获取）：

```
<?php include "../inc/dbinfo.inc"; ?>
<html>
<body>
<h1>Sample page</h1>
<?php
/* 连接 MySQL 并选择数据库 . */
$connection = mysqli_connect(DB_SERVER, DB_USERNAME, DB_PASSWORD);
if(mysqli_connect_errno())echo "Failed to connect to MySQL: ".mysqli_connect_
error();
$database = mysqli_select_db($connection, DB_DATABASE);
/* 确定 EMPLOYEES 表格存在 */
VerifyEmployeesTable($connection, DB_DATABASE);
/* 如果输入位置已填充，在 EMPLOYEES 表格中新加一行。*/
$employee_name = htmlentities($_POST['NAME']);
$employee_address = htmlentities($_POST['ADDRESS']);
if(strlen($employee_name) || strlen($employee_address)){
  AddEmployee($connection, $employee_name, $employee_address);
}
?>

<!-- Input form -->
<form action="<?PHP echo $_SERVER['SCRIPT_NAME'] ?>" method="POST">
  <table border="0">
    <tr>
      <td>NAME</td>
      <td>ADDRESS</td>
    </tr>
    <tr>
      <td>
        <input type="text" name="NAME" maxlength="45" size="30" />
      </td>
      <td>
```

```
      <input type="text" name="ADDRESS" maxlength="90" size="60" />
    </td>
    <td>
      <input type="submit" value="Add Data" />
    </td>
  </tr>
</table>
</form>

<!-- Display table data. -->
<table border="1" cellpadding="2" cellspacing="2">
  <tr>
    <td>ID</td>
    <td>NAME</td>
    <td>ADDRESS</td>
  </tr>
<?php
$result = mysqli_query($connection, "SELECT * FROM EMPLOYEES");
while($query_data = mysqli_fetch_row($result)) {
  echo "<tr>";
  echo "<td>",$query_data[0], "</td>",
       "<td>",$query_data[1], "</td>",
       "<td>",$query_data[2], "</td>";
  echo "</tr>";
}
?>
</table>

<!-- Clean up. -->
<?php
  mysqli_free_result($result);
  mysqli_close($connection);
?>

</body>
</html>

<?php
/* 在表格中添加一个员工信息 */
function AddEmployee($connection, $name, $address) {
   $n = mysqli_real_escape_string($connection, $name);
   $a = mysqli_real_escape_string($connection, $address);
   $query = "INSERT INTO EMPLOYEES(NAME, ADDRESS) VALUES('$n', '$a');";
   if(!mysqli_query($connection, $query)) echo("<p>Error adding employee data.</
p>");
}

/* 确定表格是否存在，如果不存在，则创建一个。*/
```

```
function VerifyEmployeesTable($connection, $dbName){
  if(!TableExists("EMPLOYEES", $connection, $dbName))
  {
     $query = "CREATE TABLE EMPLOYEES(
         ID int(11)UNSIGNED AUTO_INCREMENT PRIMARY KEY,
         NAME VARCHAR(45),
         ADDRESS VARCHAR(90)
       )";
     if(!mysqli_query($connection, $query))echo("<p>Error creating table.</p>");
  }
}

/* 确认一个表格是否存在。*/
function TableExists($tableName, $connection, $dbName){
  $t = mysqli_real_escape_string($connection, $tableName);
  $d = mysqli_real_escape_string($connection, $dbName);
   $checktable = mysqli_query($connection, "SELECT TABLE_NAME FROM information_
schema.TABLES WHERE TABLE_NAME = '$t' AND TABLE_SCHEMA = '$d'");

  if(mysqli_num_rows($checktable)> 0)return true;
  return false;
}
?>
```

打开浏览器，浏览 http://Linux 实例 IP：8080/SamplePage.php 格式的链接，验证 Web 服务器是否已成功连接到数据库实例。如图 5-20 所示，MySQL-1 的引擎为 8.0.20，默认字符集和 Web 站点要求不一致，将在任务 5.1.4 中通过创建新的参数组来解决这一问题。

Sample page

Failed to connect to MySQL: Server sent charset unknown to the client. Please, report to the developers

Error creating table.

NAME　ADDRESS　Add Data

ID	NAME	ADDRESS

图 5-20　因为字符集原因，Web 网站连接数据库失败

任务 5.1.4　管理数据库实例

数据库实例创建后，可以对数据库进行修改等操作。登录亚马逊云科技管理控制台，在“Amazon RDS”导航窗格中单击“数据库”选项，从中可选中要操作的数据库实例。如图 5-21 所示，可以对数据库进行修改等操作，操作包括停止、重启、删除、创建只读副本、提升、拍摄快照、还原到时间点等。

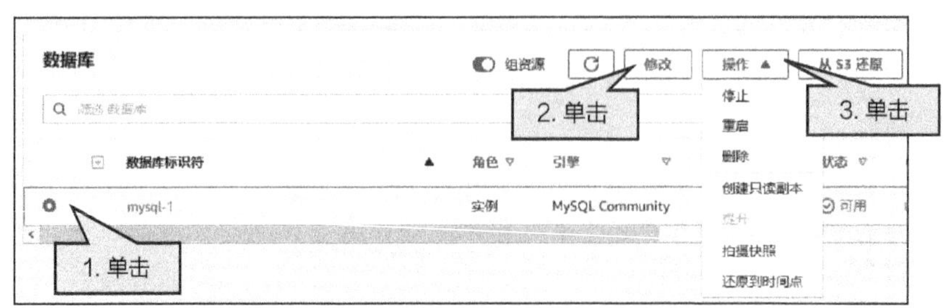

图 5-21 对数据库进行修改或者操作

1. 使用参数组、选项组

可以将数据库实例与参数组、选项组关联起来，从而调整数据库引擎的运行。创建数据库实例时，如果没有指明参数组、选项组，则使用默认的参数组、选项组。默认的参数组、选项组不能被更改。下面介绍创建新参数组的步骤。

1）在“Amazon RDS”导航窗格中单击“参数组”选项，可以看到已经存在的参数组，其中包含了“default.mysql8.0”等默认的参数组。单击“创建参数组”按钮，打开的界面如图 5-22 所示，选择数据库的参数组系列，并输入参数组的标识符和描述，单击“创建”按钮。

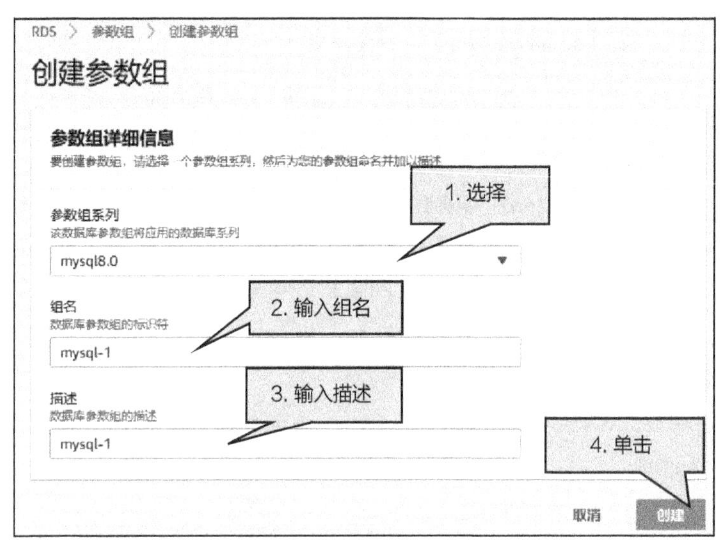

图 5-22 创建新的参数组

2）返回到参数组列表，单击新创建的参数组“mysql-1”，在“参数”列表中找到要编辑的参数，或者在“参数”文本框中直接输入要编辑的参数名，单击“编辑参数”按钮对参数进行编辑，如图 5-23 所示。编辑参数后，单击“保存更改”按钮。按照该方法，设置以下参数：

```
character_set_server = utf8
collation_server = utf8_general_ci
```

3）在“Amazon RDS”导航窗格中单击“数据库”选项，在右侧的“数据库”列表中选择“mysql-1”数据库，单击“修改”按钮，找到“其他配置”选项区，在“数据库参数组”下拉列表中选择新的参数组，如图 5-24 所示。设置完成后单击“继续”→“修改数据库实例”选项，等待一段时间即可修改完毕。

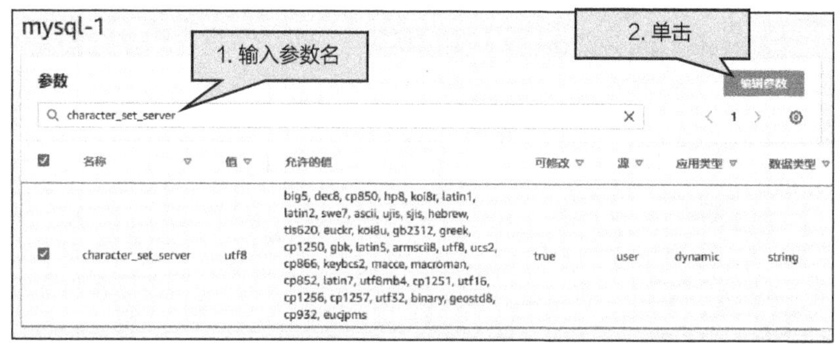

图 5-23　编辑参数

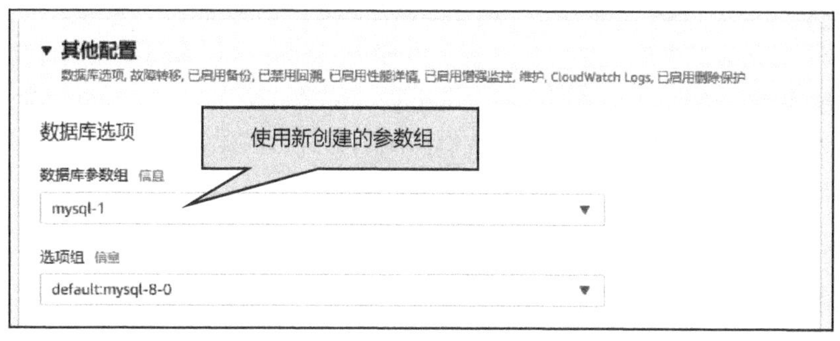

图 5-24　数据库使用新的参数组

4）如图 5-21 所示，选择“mysql-1”数据库，单击“操作”→“重启”选项，等待几分钟，新的参数组即可生效。打开浏览器，重新浏览任务 5.1.3 中的 http://Linux 实例 IP:8080/SamplePage.php 格式的链接，验证 Web 服务器是否已成功连接到数据库实例。如图 5-25 所示，输入“NAME”和“ADDRESS”，单击“Add Data”按钮，可以成功为数据库中的表添加记录，表明 Web 站点成功连接使用新参数组的数据库。

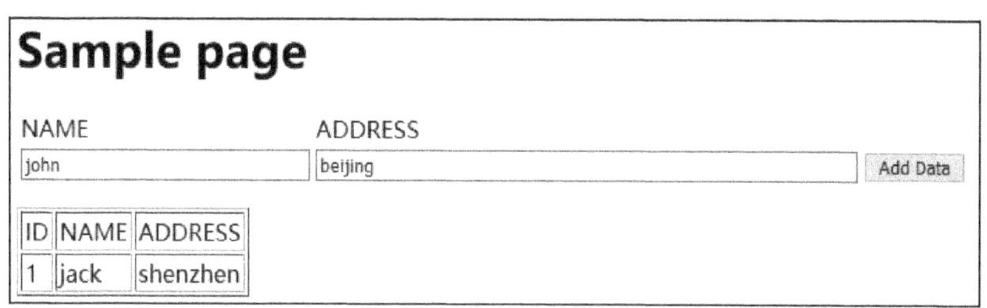

图 5-25　Web 站点成功连接数据库

2. 创建只读副本数据库

可以为一个数据库创建只读副本，对该数据库实例（称为主数据库）进行的更新将异步复制到只读副本。顾名思义，只读副本数据库只供数据查询，不能更改、删除数据。应用程序可以从只读副本查询数据，以减轻主数据库实例上的负载。利用只读副本，可以实现弹性扩展并超越单个数据库实例的容量限制，以处理高读取量的数据库工作负载。如图 5-21 所示，选择“mysql-1”数据库，选择“操作”→“创建只读副本”命令，打开的界面如图 5-26 所示，设置只读副本数据库的选项。按照方案设计，该只读数据库实例标识符为“mysql-2”，连接在可用区 2。

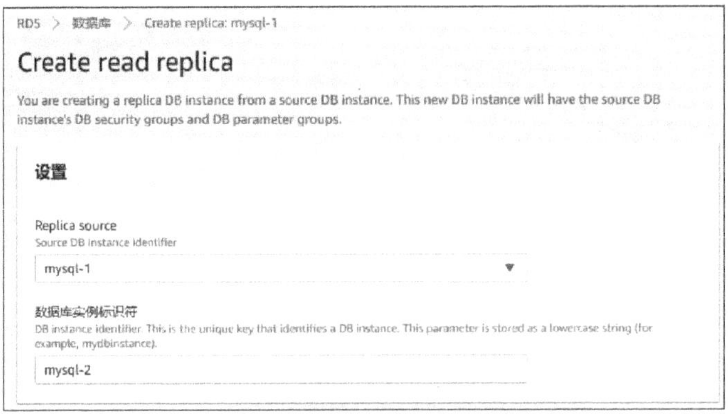

RDS > 数据库 > Create replica: mysql-1

Create read replica

You are creating a replica DB instance from a source DB instance. This new DB instance will have the source DB instance's DB security groups and DB parameter groups.

设置

Replica source

Source DB instance identifier

mysql-1

数据库实例标识符

DB instance identifier. This is the unique key that identifies a DB instance. This parameter is stored as a lowercase string (for example, mydbinstance).

mysql-2

图 5-26　创建只读副本数据库

只读副本可提升为数据库实例，提升后数据库的只读副本不再和主数据库实例进行同步，会成为独立的数据库。欲提升只读副本，应选中它，选择“操作”→“提升”命令，在提升只读副本页面上输入新提升的数据库实例的备份保留期和备份时段，根据需要设置完毕后，单击“继续”按钮，在确认页面上单击“提升只读副本”按钮。

3. 自动备份和手动快照

可以对数据库实例设置自动备份或者进行手动备份，以防止数据的丢失。备份是通过对数据库实例进行快照实现的。RDS 创建数据库实例的存储卷快照，并备份整个数据库实例，而不仅仅是单个数据库。RDS 可以根据指定的备份保留期保存数据库实例的自动备份。如果需要，则可以将数据库恢复到备份保留期中的任意时间点。数据库实例的第一个快照包含完整数据库实例的数据，后续快照为增量快照，这意味着仅保存最新快照后更改的数据。

1）自动备份。如图 5-12 所示，启用自动备份时，可以设置备份保留期及备份窗口时间。如果“备份窗口”设置为“无首选项”，则亚马逊云科技会自动选择备份时间。如果备份所需的时间超过了分配到备份时段的时间，则备份将在该时段结束后继续，直至完成。在自动备份时段期间，启动备份进程可能会短时间暂停存储 I/O（通常不到几秒）。

2）手动快照。如图 5-21 所示，选择“mysql-1”数据库，选择“操作”→“拍摄快照”命令，打开的界面如图 5-27 所示，从中输入快照名称，单击“拍摄快照”按钮，等待一段时间。在“Amazon RDS”导航窗格中，单击“快照”→“手动”选项，图 5-28 所示为手动创建的快照。单击“系统”标签，则为系统自动创建快照（即备份）。

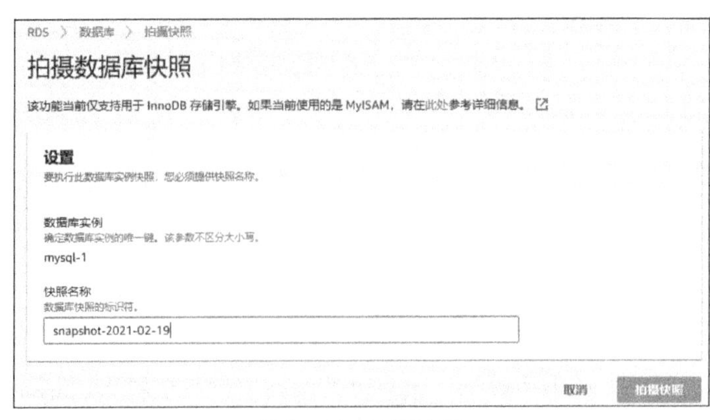

图 5-27　拍摄快照

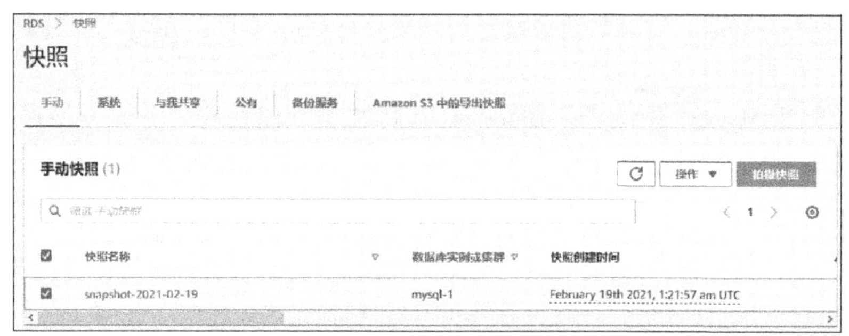

图 5-28　手动快照

3）还原快照。在图 5-28 中，选择一个手动快照或者系统快照，选择“操作”→“还原快照”命令，可以从快照创建一个新的数据库实例，但是无法从数据库快照还原到现有数据库实例。

项目 5.2　使用 NoSQL 数据库服务

项目描述

关系型数据库应用于 OLTP（联机事务处理）、OLAP（联机分析处理）场景，通常要求业务的数据模型有明确定义的架构，数据可以标准化为表、列和行，并且表、列、索引和其他数据库元素之间能定义明确的关系。然而有些应用程序的数据是无法标准化的，例如，某公司的资产都会有编号，但如果资产是一辆汽车，那么汽车会有排气量、座位数、颜色、价格等属性；如果资产是一本书，则书籍会有书名、作者、出版社、书号、价格等属性。这时，NoSQL 数据库将发挥它的优势。NoSQL 去掉关系数据库的关系型特性，使数据之间无关系，这样就非常容易扩展。亚马逊云科技提供了 NoSQL 数据库服务（Amazon DynamoDB），它是一种完全托管的 NoSQL 数据库服务，提供快速且可预测的性能，同时还能够无缝扩展。本项目将创建一个 DynamoDB 的表，并建立合适的索引，从亚马逊云科技管理控制台以及使用 NoSQL Workbench 对表进行操作，以使读者体会 NoSQL 数据库的特点。

任务 5.2.1　知识预备与方案设计

本单元的项目 5.1 介绍了 RDS，RDS 的典型代表是 MySQL、Microsoft SQL Server 等。读者对 RDS 比较熟悉，那么究竟 NoSQL 是什么？NoSQL 的分类有很多种，如键值（Key-Value）存储数据库、列存储数据库、文档型数据库、图形（Graph）数据库等。DynamoDB 是一个 NoSQL 键值存储数据库。本任务将介绍 DynamoDB 如何进行键值存储。

1. DynamoDB 的核心组件

在 DynamoDB 中，表（Table）、项目（Item）和属性（Attribute）是核心组件。表是项目的

集合，项目是属性的集合。使用主键来唯一标识表中的每个项目，并使用二级索引来提供更大的查询灵活性。

1）表。类似于 MySQL 中的表，DynamoDB 将数据存储在表中。表是项目的集合。例如图 5-29 中的表 People，该表可用于存储有关好友、家人或任何感兴趣的人的个人信息。

图 5-29　DynamoDB 中的表

2）项目。表中可以没有项目，也可以有多个项目。项目是一组属性，在 People 表中，每个项目表示一位人员。DynamoDB 中的项目在很多方面都类似于 MySQL 中表的记录。在 DynamoDB 中，对表中可存储的项目数几乎没有限制。

3）属性。每个项目都包含一个或多个属性，属性是以键值（Key-Value）对的方式存储的，例如，"LastName"："Smith" 中的键为“LastName”，值为“Smith”。属性是基础的数据元素，无须进一步分解。例如，People 表中的第一个项目包含名为 PersonID、LastName、FirstName 等的属性；第二个项目包含了 Address 等属性。DynamoDB 中的属性在很多方面都类似于 MySQL 中表的列。

表中的每个项目都有唯一的标识符或主键，用于将项目与表中的所有其他内容区分开来。表中不能存在具有相同主键的项目。在 People 表中，主键包含一个属性（PersonID）。People 表是无架构的，这表示属性及其数据类型都不需要预先定义（主键除外）。每个项目都能拥有自己的独特属性。

4）主键。创建表时，必须指定表的主键。主键唯一标识表中的每个项目，因此任意两个项目的主键都不相同。DynamoDB 支持两种不同类型的主键。

①分区键：只由一个属性构成。之所以称为分区键，是因为 DynamoDB 将数据存储在分区（DynamoDB 内部的物理存储）中，分区由 DynamoDB 自动维护。如图 5-30 所示，DynamoDB 使用分区键（PersonID）的值进行散列（Hash）运算，根据运算输出决定了项目将存储到的分区。在只有分区键的表中，任何两个项目都不能有相同的分区键值。图 5-29 中的 People 表具有简单主键（PersonID）。提供项目的分区键（PersonID）值，能快速访问 People 表中的任何项目。所以说，分区键是用来快速查询数据的。

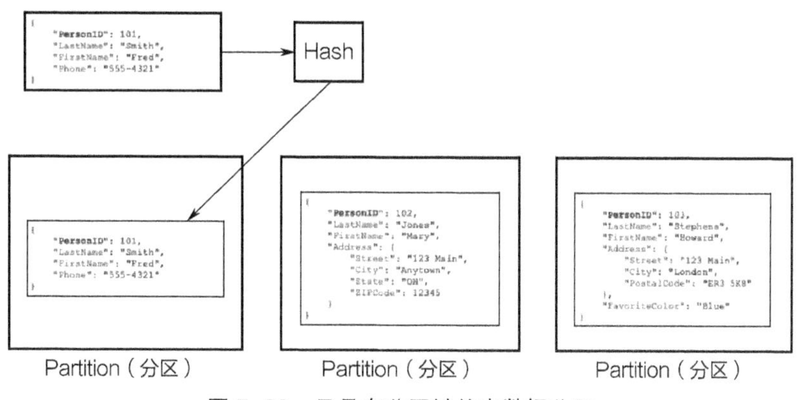

图 5-30　只具有分区键的表数据分配

②分区键和排序键：称为复合主键，此类型的主键由两个属性组成：第一个属性是分区键，第二个属性是排序键。具有相同分区键值的所有项目都按排序键值的排列顺序存储在一起。在具有分区键和排序键的表中，两个项目可能具有相同的分区键值，但是这两个项目必须具有不同的排序键值。图 5-29 中的 Music 表具有复合主键（Artist 和 SongTitle）。图 5-31 中的，使用分区键（Artist）的值进行散列（Hash）运算，根据运算输出决定了项目将存储到的分区。但是 DynamoDB 按排序键值有序地将具有相同分区键值的项目存储在互相紧邻的物理位置。所以，分区键用来决定数据存放在哪个分区，排序键用来对分区内的数据进行排序。提供项目的 Artist 和 SongTitle 值，则可以访问 Music 表中的任何项目。在查询数据时，复合主键可获得额外的灵活性。例如，仅提供 Artist 的值时，DynamoDB 将检索该艺术家的所有歌曲。如果仅检索特定艺术家的一部分歌曲，则可以为 Artist 提供一个值，并为 SongTitle 提供一个值范围。

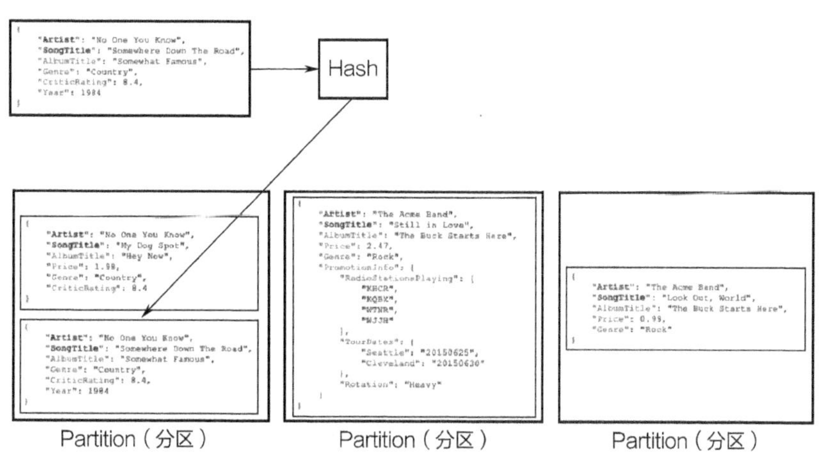

图 5-31　具有分区键和排序键的表数据分配

5）二级索引。可以在一个表上创建一个或多个二级索引。利用二级索引，除了可使用主键进行数据查询外，还可使用替代键查询表中的数据。在表中创建二级索引后，可以从索引中读取数据，方法与从表中读取数据大体相同。DynamoDB 支持两种索引。

①全局二级索引：一种带有与表中不同的分区键和排序键的索引。

②本地二级索引：分区键与表中相同但排序键与表中不同的索引。

例如图 5-29 中的 Music 表，可以按 Artist（分区键），或按 Artist（分区键）和 SongTitle（排序键）查询数据项。如果要按 Genre 和 AlbumTitle 查询数据，则可以在 Genre 和 AlbumTitle 上创建索引。

图 5-32 所示为 Music 表以及一个名为 GenreAlbumTitle 的新索引。在索引中，Genre 是分区键，AlbumTitle 是排序键。由于索引的分区键（Genre）和表的分区键（Artist）不同，因此该索引是全局二级索引。DynamoDB 将自动维护索引。添加、更新或删除基表中的某个项目时，DynamoDB 会添加、更新或删除属于该表的任何索引中的对应项目。在创建索引时，可以指定哪些属性将从基表复制或投影到索引。DynamoDB 至少会将索引的分区键或者排序键从基表投影到索引中。图 5-32 中的 GenreAlbumTitle 索引，除了“Genre”和“AlbumTitle”属性外，“Artist”和“SongTitle”属性也投影到索引中，可以使用该索引来查询项目的“Artist”和“SongTitle”属性值。并不要求索引中项目的主键具有不同的属性值，图 5-32 中的第三、四个项目具有相同的“Genre”和“AlbumTitle”属性值。

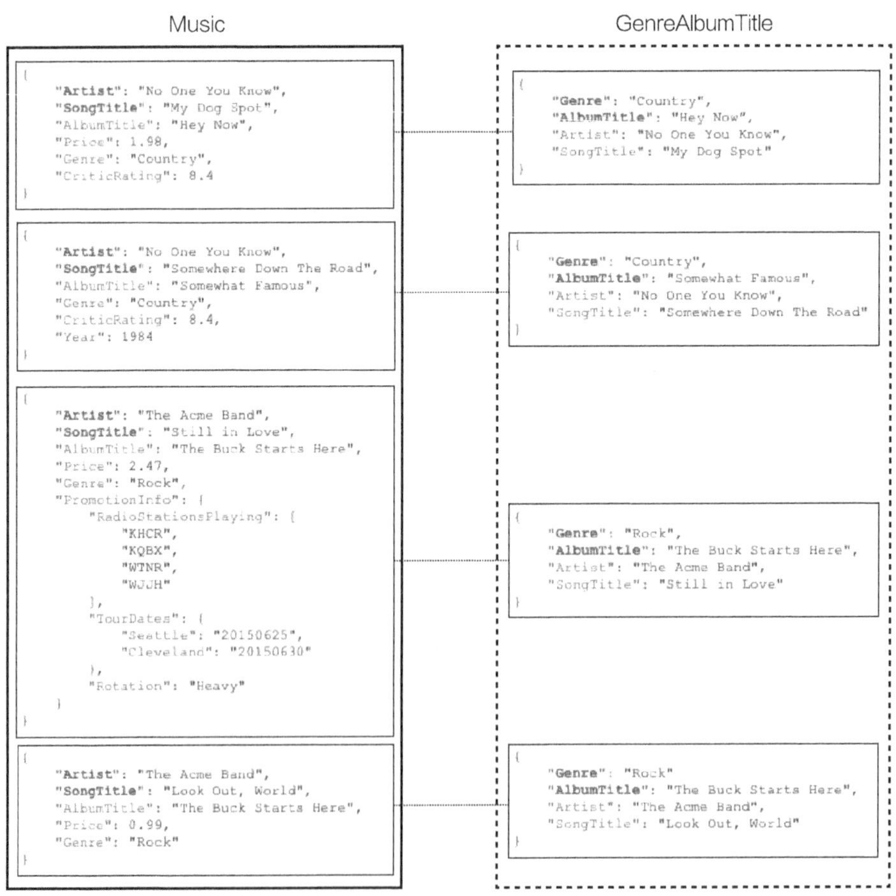

图 5-32　表的二级索引

2. 表的读 / 写容量模式

Amazon DynamoDB 的读 / 写容量模式控制对读 / 写吞吐量收费的方式及管理容量的方式。可以在创建表时设置读 / 写容量模式，稍后还可以更改。有两种读 / 写容量模式：按需模式和预置模式。

1）按需模式。在选择该模式时，无须指定预期应用程序执行的读取和写入吞吐量。DynamoDB 会随着工作负载的增加或减少而自动、快速地调整，以适应该工作负载。

2）预置模式。如果选择预置模式，则可以指定应用程序需要的每秒读取和写入次数。可以使用 Auto Scaling 根据流量变化自动调整表的预置容量。这有助于管理 DynamoDB 的使用情况，使其保持或低于定义的请求速率，以获得成本可预测性。一个读取容量单位表示对大小最多为 4KB 的项目每秒执行一次强一致性读取，或每秒执行两次最终一致性读取。一个写入容量单位表示对大小最多为 1KB 的项目每秒执行一次写入。

3. 关系型数据库和 DynamoDB 的区别

表 5-1 所示为关系型数据库（如 MySQL）和 DynamoDB 的主要区别。关系型数据库可以使用 JOIN 表链接方式将多个关系数据表中的数据用一条简单的查询语句查询出来，DynamoDB 这样的 NoSQL 数据库未提供类似 JOIN 的查询方式对多个数据集中的数据进行查询。

表 5-1　关系型数据库和 DynamoDB 的区别

特征	数据库	
	关系型数据库	DynamoDB
最佳工作负载	临时查询；OLAP（联机分析处理）；OLTP（联机事务处理）	Web 规模级应用程序，包括社交网络、游戏、媒体共享和物联网（IoT）
数据模型	关系模型需要一个明确定义的架构，其中，数据将标准化为表、列和行。此外，在表、列、索引和其他数据库元素之间定义所有关系	DynamoDB 无模式。每个表必须具有一个用来唯一标识每个数据项目的主键，但对其他非键属性没有类似的约束。DynamoDB 可以管理结构化或半结构化的数据，包括 JSON 文档
连接到数据库	应用程序会建立和维护与数据库的网络连接。当应用程序完成时，它将终止连接	DynamoDB 是一项 Web 服务，与其进行的交互是无状态的。应用程序不需要维护持久性网络连接。相反，与 DynamoDB 的交互是通过 HTTP（S）请求和响应进行的
数据访问	SQL 是存储和检索数据的标准。关系型数据库提供一组丰富的工具来简化数据库驱动型应用程序的开发，但所有这些工具都使用 SQL	可以使用亚马逊云科技管理控制台或 Amazon CLI 来操作 DynamoDB 并执行临时任务。应用程序可以使用 Amazon 开发工具包（SDK），通过基于对象的、以文档为中心的或低级别的接口来操作 DynamoDB
性能	关系型数据库已针对存储进行优化，因此，性能通常取决于磁盘子系统。开发人员和数据库管理员必须优化查询、索引和表结构以实现最高性能	DynamoDB 已针对计算进行优化，达到毫秒级延迟。作为一项托管服务，DynamoDB 可使用户无须关注这些实施的细节，以便用户能够专注于设计和构建可靠的、高性能的应用程序
扩展	利用更快的硬件进行向上扩展是最轻松的。此外，数据库表可以跨越分布式系统中的多个主机，只不过这需要额外的投资。关系型数据库设定了文件数和文件大小的最大值，这将对可扩展性施加上限	将 DynamoDB 设计为使用硬件的分布式集群来向外扩展。此设计可提高吞吐量且不会增加延迟。客户指定其吞吐量要求，DynamoDB 会分配足够的资源来满足这些要求。对于每个表的项目数和表的总大小都不设上限

4. 方案设计

本项目将在亚马逊云科技管理控制台中创建图 5-29 中的 Music 表，并添加图中的记录，创建全局二级索引 GenreAlbumTitle，使用主键和索引查询数据。另外，在管理员的计算机上安装 NoSQL Workbench，在 NoSQL Workbench 中创建图 5-29 中的 People 表，使用主键和索引查询数据。

任务 5.2.2 使用 DynamoDB（NoSQL 数据库）

本任务将创建图 5-29 中的 Music 表和相关索引，步骤如下：

1）登录亚马逊云科技管理控制台，单击“服务”→“数据库”→“DynamoDB”选项，第一次创建 Dynamo 表时将出现图 5-33 所示的界面，单击“创建表”按钮。

图 5-33 第一次创建 DynamoDB 表时出现的界面

2）如图 5-34 所示，按照图 5-29 中表的设计，输入表名称“Music”，使用复合主键，因此项目键为“Artist”，排序键为“SongTitle”；表设置选择“使用默认设置”选项，后期可以修改。单击“创建”按钮，完成表的创建。稍等几秒，表的状态已经为“活跃”，可以使用该表了，如图 5-35 所示。

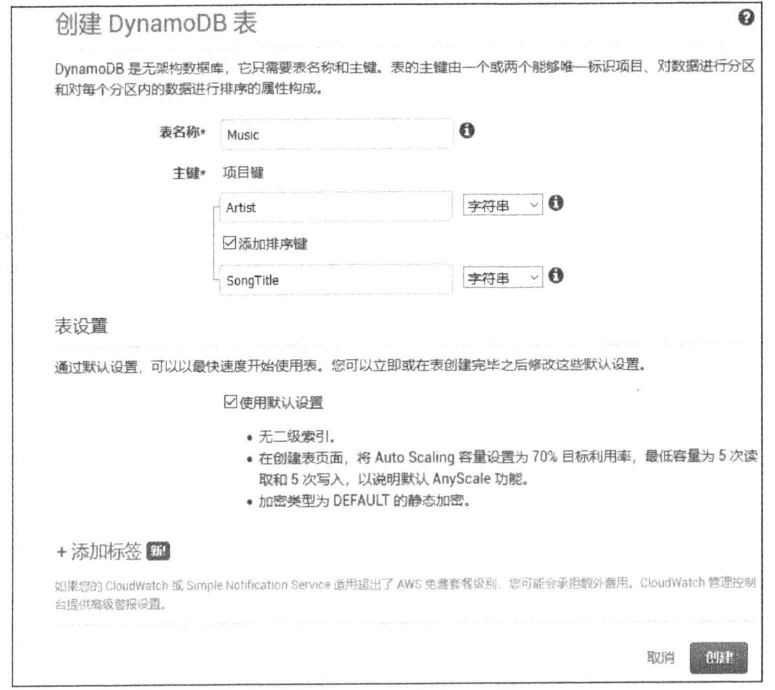

图 5-34 创建 DynamoDB 表

3）如图 5-35 所示，选择“Music”表，单击“项目”选项卡中的“创建项目”按钮，打开的界面如图 5-36 所示，从中输入分区键和排序键的键值，单击“+”号，可以添加新的属性，把新添加属性的键值一一输入。单击“保存”按钮，完成项目的创建。重复这一步骤，把图 5-29 中的表 Music 的项目进行全部添加。

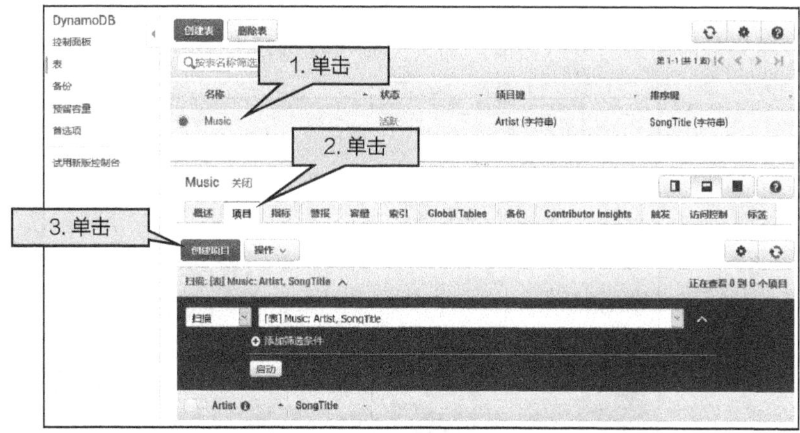

图 5-35　创建好的表 Music

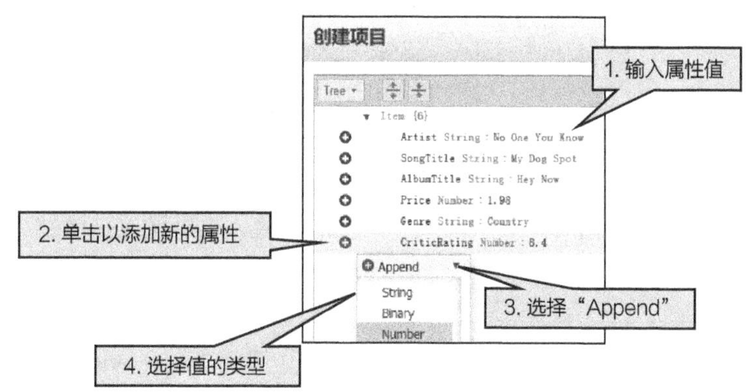

图 5-36　在表中创建项目

4）创建索引。如图 5-37 所示，选择“索引”选项卡，单击“创建索引”按钮，输入索引的主键或者排序键、索引名称，以及表中要投影到索引中的属性（可以投影全部属性，或者仅投影主键），单击“创建索引”按钮。需要等待一段时间，索引才能创建完毕。

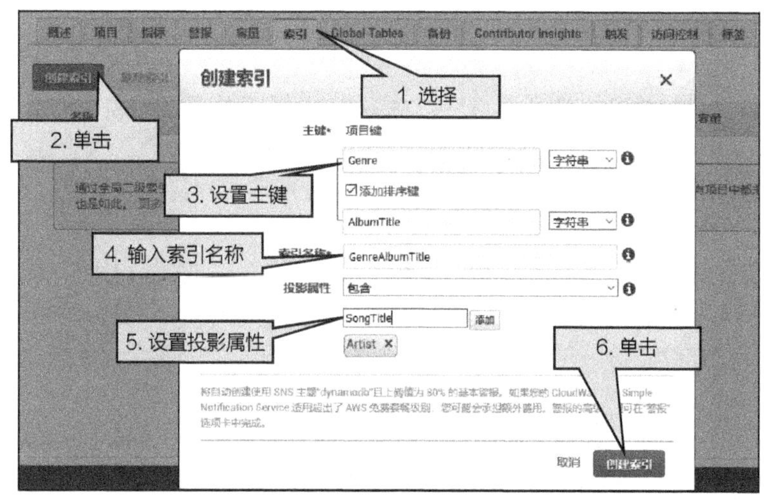

图 5-37　创建索引

5）扫描或查询项目。扫描表时会列出表中的全部项目，也可以添加筛选条件筛选项目，如图 5-38 所示。如果是使用索引进行扫描，则只会显示投影到索引的属性。

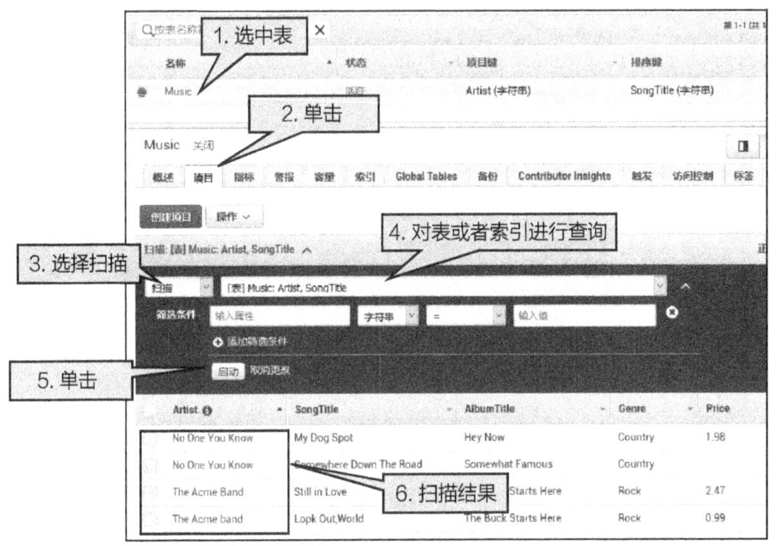

图 5-38　扫描表

如图 5-39 所示，查询数据时，必须输入分区键的键值，也可设置排序键（如果有）的键值范围。

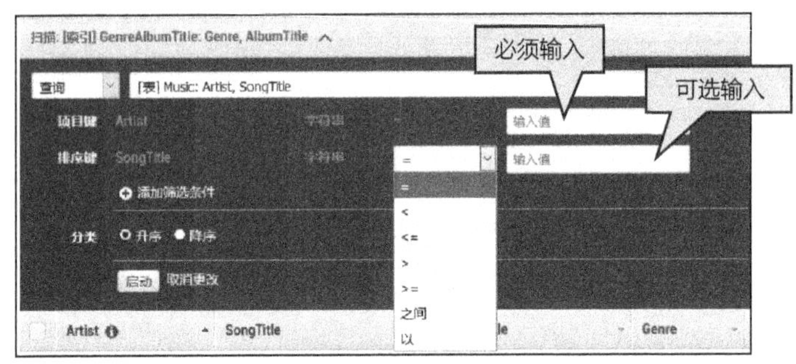

图 5-39　查询数据

6）更新项目。扫描或者查询到项目后，在图 5-38 所示的项目列表中单击项目，打开“编辑项目”窗口，从中可以对项目属性进行修改，单击“保存”按钮。

7）删除项目。扫描或者查询到项目后，在图 5-38 所示的项目列表中，选中项目的复选框，选择“操作”→“删除”命令，可以删除项目。

8）备份或者还原表。可以为 DynamoDB 表创建按需备份，或通过时间点恢复来启用连续备份。如图 5-40 所示，选择“备份”选项卡，单击“启用”选项，亚马逊云科技会为 DynamoDB 表维护最近 35 天的连续备份。单击“创建备份”按钮，输入备份名称，单击“创建”按钮，可以手工创建表的备份。

如图 5-41 所示，单击“还原到时间点”按钮，或者先选中手工创建的备份，再单击“还原备份”按钮，可以把备份还原到一个新的表。还原备份时，可以跨区还原，通过跨区还原可以实现表的跨区复制。

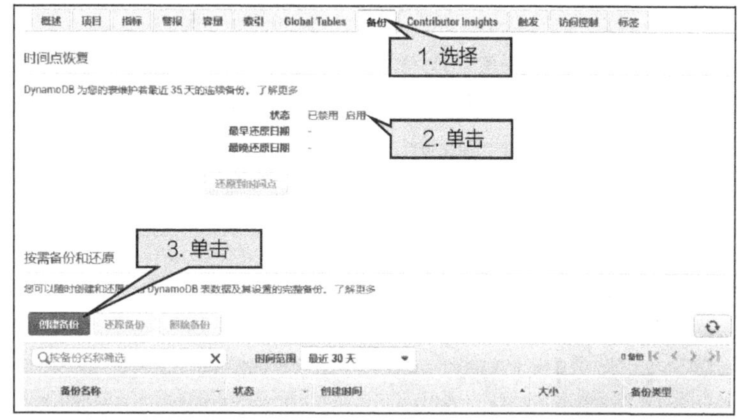

图 5-40　备份表

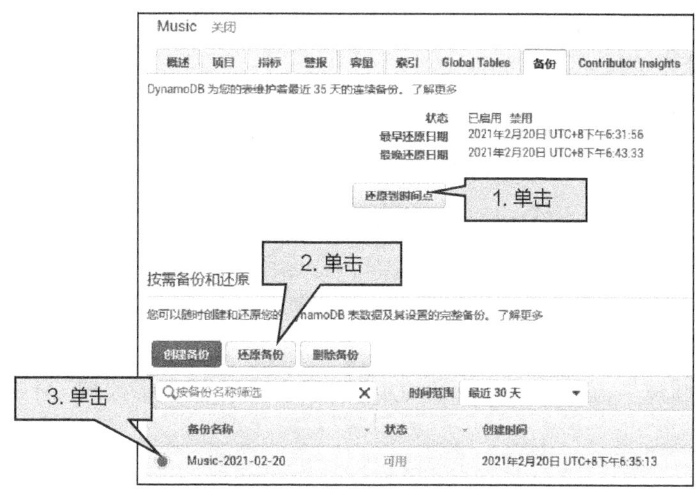

图 5-41　还原表

任务 5.2.3　使用 NoSQL Workbench 创建 DynamoDB 表

NoSQL Workbench for Amazon DynamoDB 是用于数据库开发和操作的应用程序，是一个可视化 IDE 工具，提供数据建模、数据可视化和查询开发功能，可用于设计、创建、查询和管理 DynamoDB 表。本任务将简单介绍它的使用，用来在 DynamoDB 上创建图 5-29 中的 People 表。

1. 下载、安装

在管理员计算机上，从 https：//s3.amazonaws.com/nosql-workbench/NoSQL%20Workbench-win-2.2.0.exe 下载 NoSQL Workbench，并安装。启动 NoSQL Workbench，NoSQL Workbench 不仅可以连接 DynamoDB，还可以连接 Keyspaces 数据库。如图 5-42 所示，在“Amazon DynamoDB”区单击“Launch”按钮。

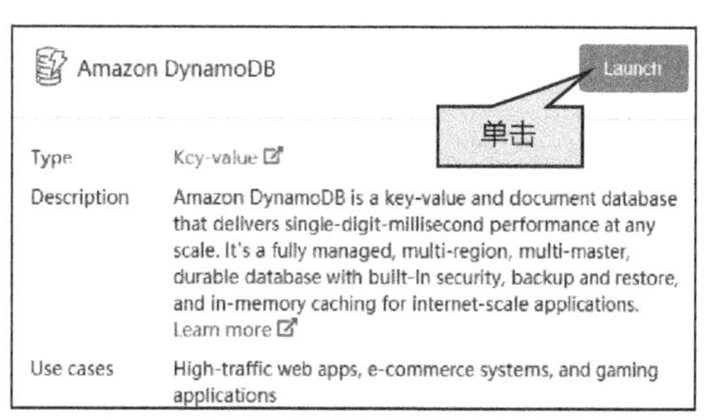

图 5-42　启动 NoSQL Workbench for Amazon DynamoDB

2. 创建数据模型

可以使用 NoSQL Workbench 的数据建模器工具构建新的数据模型，或根据现有数据模型设计符合应用程序数据访问模式的模型。创建数据模型，实际上就是设计应用程序需要访问的各个表。

1）如图 5-43 所示，单击“Data modeler”→“Data model”下的“+”号，在弹出区域输入模型的名称、作者、描述等信息，单击“Create”按钮，创建数据模型。

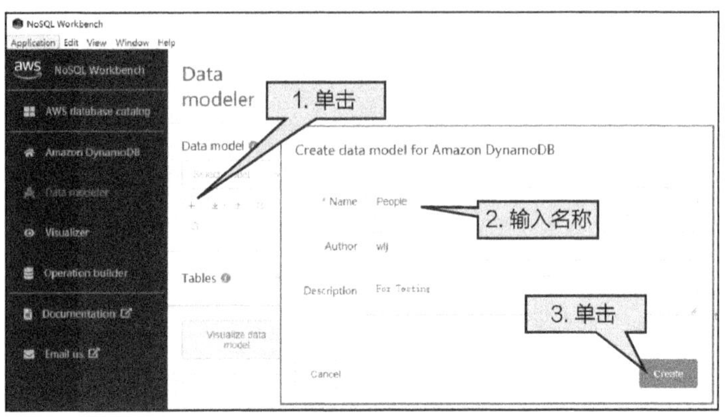

图 5-43　创建数据模型

2）如图 5-44 所示，单击“Tables”中的“+”号，在“Add DynamoDB table”区域中，按照图 5-29 中 People 表的设计输入表的名称、分区键（PersonID）、其他属性（LastName、FirstName），单击“Add table definition”按钮。本例中的 People 表没有全局二次索引；图 5-44 中只添加了两个属性，还需要把其他属性添加完整；没有创建分面（Facet）。分面表示应用程序对 DynamoDB 的不同数据访问模式，是 NoSQL Workbench 中虚拟的架构，不是 DynamoDB 表中的功能架构。

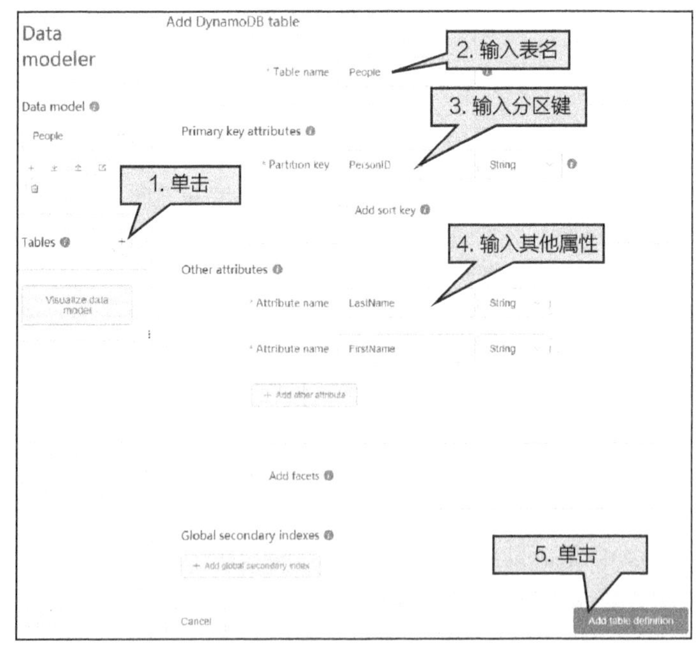

图 5-44　创建表

3. 可视化操作数据

如图 5-45 所示，单击“People”表的“Update”选项，在编辑区对表的数据进行编辑，单击“Save”按钮保存数据。

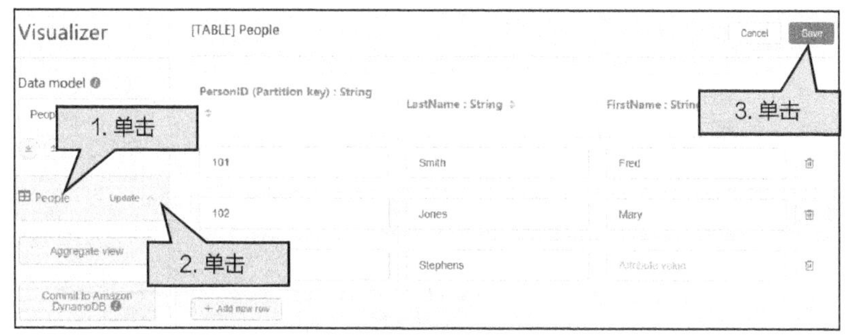

图 5-45　操作表中的数据

4. 提交数据模型

在 NoSQL Workbench 中创建的表、编辑的表数据，还只是保存在本地计算机，并未保存到 DynamoDB 数据库，需要连接到亚马逊云科技提交数据。

1）以拥有 DynamoDB 权限的用户登录亚马逊云科技管理控制台，单击右上角的账号，选择“我的安全凭证”，单击“创建访问密钥”，下载 .csv 文件，打开 .csv 文件后有如下内容：

Access key ID	Secret access key
AKIA3T------DZIPAFPW	J3u7uf095---------cBb8kHKz9W7MzY7RPaw1dKJ

2）在 NoSQL Workbench 中，单击“Operation builder”选项，之后单击“Add connection”选项，打开连接界面，如图 5-46 所示，从中输入连接名称，选择正确的区域，输入 key ID 和 key，单击“Connect”按钮（该按钮图中未显示）。

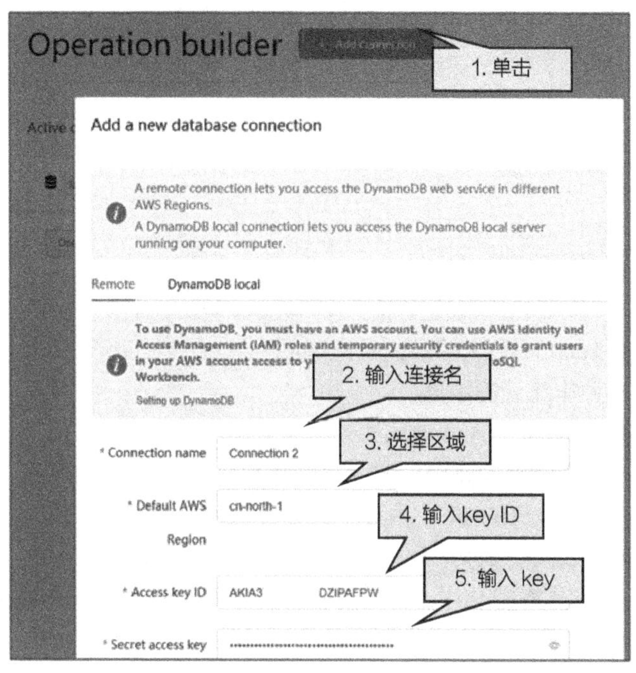

图 5-46　创建连接

3）在 NoSQL Workbench 中，单击“Visualizer”选项，回到图 5-45，单击“Commit to Amazon DynamoDB”按钮，打开的界面如图 5-47 所示，在“Saved connections”下拉列表框中选择新创建的连接名，单击“Commit”按钮。

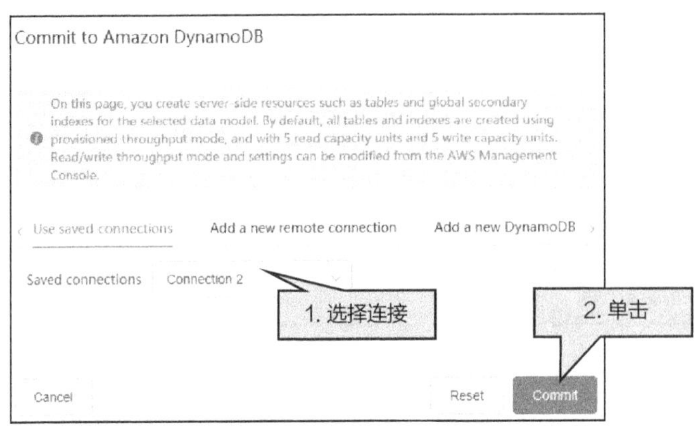

图 5-47　提交数据

4）登录亚马逊云科技管理控制台，在 DynamoDB 导航条中，单击“表”选项，可以看到提交后的表，如图 5-48 所示。

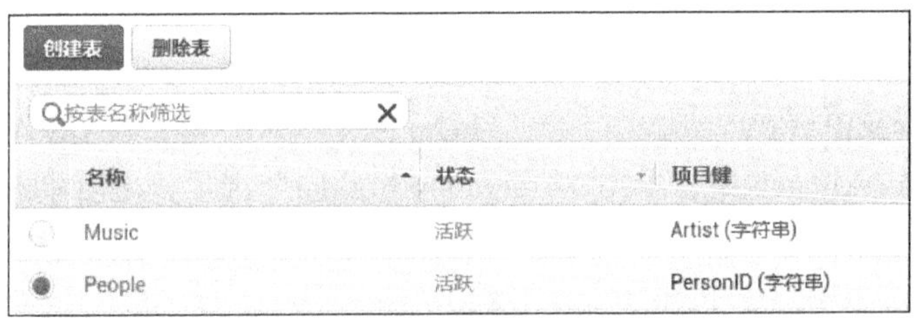

图 5-48　在亚马逊云科技管理控制台可以看到提交后的表

5. 操作生成器

在 NoSQL Workbench 中，可以使用操作生成器查看、更新、添加数据。限于篇幅，此处不再介绍。

习题

1. 以下哪两项关于 Amazon RDS 的描述是正确的？（　　）
   A. RDS 服务是一种非托管的服务
   B. RDS 提供数据库实例的 Shell 访问
   C. RDS 支持的引擎类型有 MySQL、MariaDB、PostgreSQL、Oracle 和 Microsoft SQL Server
   D. 购买 RDS 时，可以选择 CPU、内存、存储和 IOPS 的数量大小
2. RDS 支持哪 3 种类型的实例类？（　　）
   A. 标准　　B. 内存优化　　C. 可突增性能　　D. 存储优化
3. RDS 的存储支持哪 3 种类型？（　　）
   A. 通用型 SSD　　B. 预置 IOPS SSD　　C. 磁性介质存储　　D. 全内存存储

4. RDS 采用多可用区部署时，以下哪些描述是正确的？(　　)

A. RDS 会自动在不同可用区维护主用（Master）、备用（Standby）副本

B. 主用（Master）、备用（Standby）副本会自动同步

C. 当主用（Master）数据库故障时，RDS 会自动切换到另一个可用区中的备用副本

D. 当主用（Master）数据库故障时，应用程序无须重新建立与数据库实例之间的现有连接

5. 以下哪两个是 RDS 数据库实例只读副本的特点？(　　)

A. 和主数据库实例同步更新　　B. 和主数据库实例异步更新

C. 可以和主数据库在不同区域　　D. 一个主数据库实例只可以创建一个只读副本

6. 为了便于理解，可以将 DynamoDB 中的表、项目、属性分别和 SQL 数据库中的哪些术语对应？(　　)

A. 数据库（Database）　　B. 表（Table）

C. 记录（Record）、行（Row）　　D. 列（Column）、字段（Field）

7. 以下关于 DynamoDB 中表的主键描述，哪一个是错误的？(　　)

A. 主键可以只由分区键构成

B. 主键可以由分区键和排序键构成

C. 表中不允许存在分区键的键值相同的项目

D. 分区键可用来确定数据存储的分区

8. 以下关于 DynamoDB 中表的二级索引描述，错误的是哪项？(　　)

A. 建立索引是为了替代键查询表中的数据

B. 全局二级索引的分区键和表的分区键不一致

C. 本地二级索引的分区键和表的分区键不一致

D. 索引中项目的主键可能具有相同的属性值

9. 关于 DynamoDB 和关系型数据库的对比，以下哪些描述是正确的？(　　)

A. DynamoDB 中的表没有架构，但是必须要有主键

B. DynamoDB 是一项 Web 服务，与其进行的交互使用 HTTP（S）协议，并且是无状态的

C. DynamoDB 未提供类似 JOIN 的查询方式来对多个数据集中的数据进行查询

D. 关系型数据库更擅长 OLAP（联机分析处理），而 DynamoDB 作为 NoSQL 数据库更适合横向可扩展、具有灵活数据模型的场合

10. 操作题：在亚马逊云科技上部署一个跨多可用区的 Microsoft SQL Server，版本为 SQL Server 2019，2 个 CPU，4GB RAM，SSD 存储，20GB 存储空间，存储自动扩展上限为 1TB，其他参数保持默认值或自定义。在 Windows 计算机安装相应客户端软件，并连接到该数据库进行测试。

11. 操作题：在亚马逊云科技上创建 DynamoDB 表，用于存放你所在班级同学的详细信息，其中学号作为分区键（主键），其余属性请自行确定。在亚马逊云科技控制台中向该表添加项目，并测试查询。

单元 6 网络文件系统、对象存储服务

单元概述

本单元将介绍亚马逊云科技的两个存储服务：Amazon EFS（网络文件系统服务）和 Amazon S3（对象存储服务）。Amazon EFS 提供使用简单、可扩展、完全托管的弹性 NFS 文件系统，NFS 是 Linux 系统之间常用的文件共享方式。Amazon EFS 可以让亚马逊云科技上的云主机（实例）甚至本地的主机进行挂载。Amazon S3 具有高可扩展性、数据可用性、安全性等特点，各种应用都可以使用 Amazon S3 来存储数据，容量几乎不限。

学习目标

通过学习本单元，读者应掌握以下知识点和技能点。

知识点：

- 什么是 Amazon EFS 服务
- Amazon EFS 服务的特点
- 什么是对象存储（OBS）
- 对象存储的架构
- 对象的版本控制概念
- 存储桶的生命周期概念
- 存储桶的控制列表（ACL）
- 对象的控制列表（ACL）
- 存储桶策略

技能点：

- 创建弹性文件系统
- 在 Linux 上挂载弹性文件系统
- 存储桶的操作
- 托管静态网站

项目 6.1　使用网络文件系统服务

项目描述

说起 Windows 的文件共享，读者可能很熟悉，而 Linux 系统之间的文件共享经常使用 NFS（Network File System）服务。亚马逊云科技也提供了云上的 NFS，称为 Amazon Elastic File System（Amazon EFS）。本项目将在亚马逊云科技中创建一个文件系统，该文件系统有两个子目录，分别针对两个子目录创建接入点，并把文件系统根目录及接入点挂载到 Linux 实例。

任务 6.1.1　知识预备与方案设计

在单元 2 中已经学习了块存储服务 EBS，EBS 将裸磁盘空间映射给实例 / 主机使用，实例 / 主机上的操作系统还需要对“硬盘”进行分区、格式化，创建文件系统后才能使用，与主机内置硬盘的方式完全无异。而 Windows 系统间的文件共享使用的是 CIFS（Common Internet File System）或者 Linux 系统之间的文件共享（NFS），则是在服务端把文件夹 / 目录共享出来，然后在客户端挂载共享目录，客户端并不需要维护文件系统。

1. 什么是 Amazon EFS 服务

Amazon EFS 提供的是简单、可扩展、完全托管的弹性 NFS 文件系统，可与亚马逊云科技云服务（如 Linux 实例）和本地资源（如本地数据中心）结合使用。它可在不中断应用程序的情况下按需扩展至 PB 级，并可在用户添加和删除文件时自动扩展或缩减，从而使用户无须预置和管理容量便可适应文件系统的增长。Amazon EFS 旨在提供对数千个 EC2 实例的大规模并行共享访问，使应用程序始终能够以低延迟实现高水平的聚合吞吐量和 IOPS。

2. Amazon EFS 服务特点

Amazon EFS 服务除了具有使用简单、可扩展、完全托管等特点外，还支持身份验证、授权和加密功能。EFS 支持两种形式的加密：传输中加密和静态加密。可以在创建 EFS 文件系统时启用静态加密，在挂载文件系统时可以启用传输中加密。NFS 客户端对 EFS 的访问可由亚马逊云科技 Identity and Access Management（IAM）策略和网络安全策略（如安全组）控制。

有了 Amazon EFS，用户仅需为文件系统使用的存储付费，无最低费用或设置费用。Amazon EFS 提供两种存储类别：Standard 和 Infrequent Access。Standard 存储类别用于存储经常访问的文件。Infrequent Access（IA）存储类别旨在以经济、高效的方式存储长时间存在的、不经常访问的文件。

Amazon EFS 支持 NFS v4.1 和 NFS v4.0 协议，目前不支持将 Amazon EFS 与基于 Microsoft Windows 的 Amazon EC2 实例结合使用。Amazon EFS 可以与 Amazon Backup 配合使用，轻松地以

集中、自动化的方式备份数据。

3. 方案设计

如图 6-1 所示，本项目在中国（北京）区域（cn-north-1）创建 VPC，名称为 MyVPC，该 VPC 分布于两个可用区域（cn-north-1a、cn-north-1b）。Linux 实例位于 Public-net-2 子网，用于测试连接到 EFS。本项目将创建 EFS 文件系统，名为 EFS-SZ，启用静态加密，性能模式为一般用途，在私有子网 Private-net-1、Private-net-2 创建挂载目标。在 Linux 实例上挂载该文件系统，并创建两个子目录 dir-1、dir-2。针对 dir-1、dir-2 两个子目录创建接入点，在 Linux 实例上实现开机自动挂载接入点。

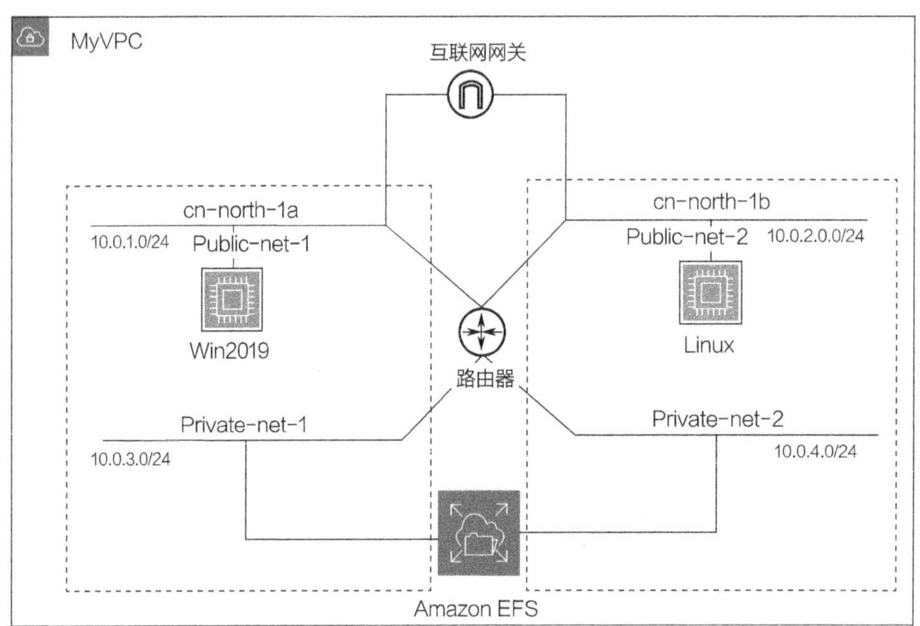

图 6-1　EFS 设计方案

任务 6.1.2　创建弹性文件系统

1. 创建 VPC

创建图 6-1 所示的 MyVPC。注意：该 VPC 务必要启用“DNS 主机名”和“DNS 解析”。

2. 创建 EC2

创建图 6-1 所示的 Linux 实例，并且能从管理员计算机登录到 Linux 实例。Linux 实例的 AMI 为“Amazon Linux 2 AMI（HVM）, SSD Volume Type”，实例类型为 t2.micro，连接在 Public-net-2 网络上，自动分配公有 IP，安全组允许 TCP 端口 22 的流量（即 SSH 流量）通过。

3. 创建安全组

在 MyVPC 上创建安全组 SecGRPPermitNFS，该安全组将允许 10.0.0.0/16 网络（即 MyVPC）主机访问 EFS，EFS 使用的是 NFS 协议，如图 6-2 所示。

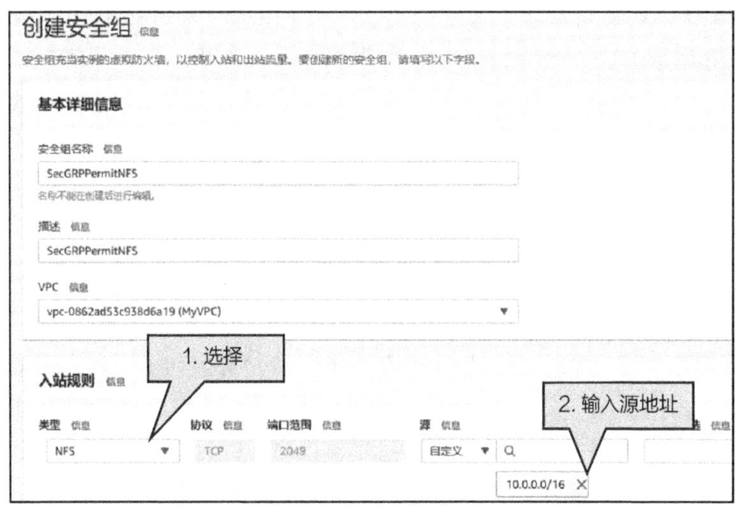

图 6-2　创建安全组 SecGRPPermitNFS

4. 创建文件系统

1）准备好 VPC 和安全组后，便可以开始创建文件系统了。在亚马逊云科技控制台单击“服务”→“存储和内容分发”→“EFS”→“文件系统”选项，单击“创建文件系统”按钮，在弹出的界面中单击“自定义”按钮，在打开的界面中进行参数设置，如图 6-3 所示。

图 6-3　文件系统参数设置

- 名称：输入文件系统的名称。
- 启用自动备份：和 Amazon Backup 配合，自动备份文件系统里的文件。

- 生命周期管理：默认情况下，自动把自上次访问后30天内的文件移动到EFS低频度访问存储类Infrequent Access（IA）中，访问模式发生改变，因而自动节省了费用。
- 性能模式："一般用途"模式非常适合延迟敏感型使用案例，如Web服务环境和内容管理系统；"最高I/O"模式可扩展至更高的聚合吞吐量级别和每秒操作次数。
- 吞吐量模式：突增模式，吞吐量可依据文件系统的大小而扩展；已预置模式，固定为特定大小的吞吐量。
- 启用静态数据的加密：EFS中的数据加密存放。

设置好以上参数后，单击"下一步"按钮。

2）如图6-4所示，在VPC列表选中之前创建好的"MyVPC"，系统会自动在MyVPC的每个可用区cn-north-1a、cn-north-1b中添加挂载目标，EFS客户端需要通过挂载目标来挂载EFS。每个可用区最多只能添加一个挂载点。强烈建议在VPC的每个可用区都添加一个挂载点，避免EFS客户端跨可用区挂载EFS。按照图6-1的规划，可用区cn-north-1a的子网应该选择Private-net-1，可用区cn-north-1b的子网应该选择Private-net-2。安全组选择图6-2中创建的"SecGRPPermitNFS"。设置完成后单击"下一步"按钮（该按钮图中未显示）。

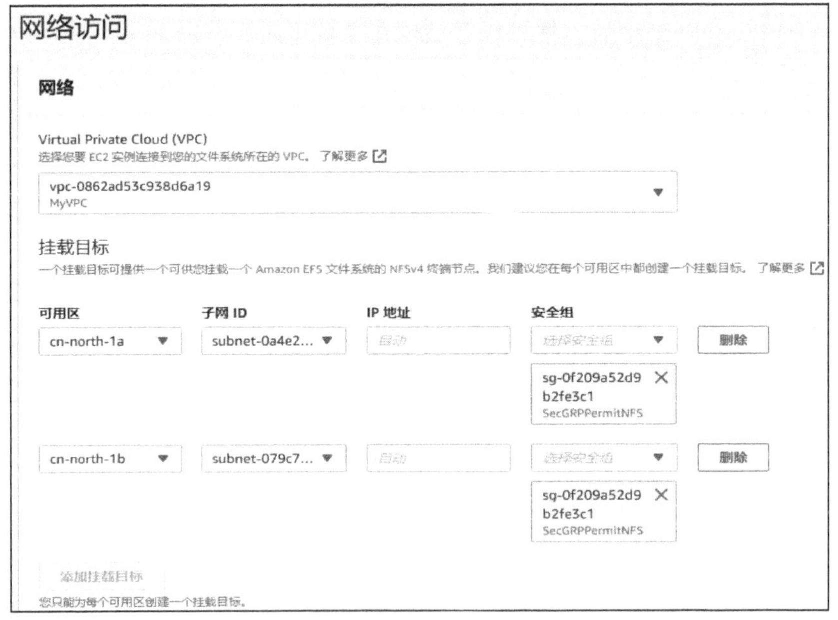

图6-4 网络访问设置

3）如图6-5所示，文件系统策略用来控制EFS客户端的访问权限。"默认阻止根访问"：默认阻止根用户（root）访问EFS。"默认强制执行只读访问"：默认只能读取EFS。"对所有客户端强制执行传输中加密"：EFS客户和EFS之间加密传输。可以手工在"策略编辑器{JSON}"区域创建策略，elasticfilesystem：ClientMount提供对文件系统的只读访问权限，elasticfilesystem：ClientRootAccess提供对文件系统的根的访问权限，elasticfilesystem：ClientWrite提供对文件系统的写入权限等，本书不详细介绍。设置完成后单击"下一步"按钮（该按钮图中未显示）。

在打开的下一个界面中确认以上设置的参数无误后，单击"创建"按钮。如果需要修改，单击"上一步"按钮返回修改。图6-6所示是创建好的文件系统，应注意文件系统的ID，稍后需要用到。

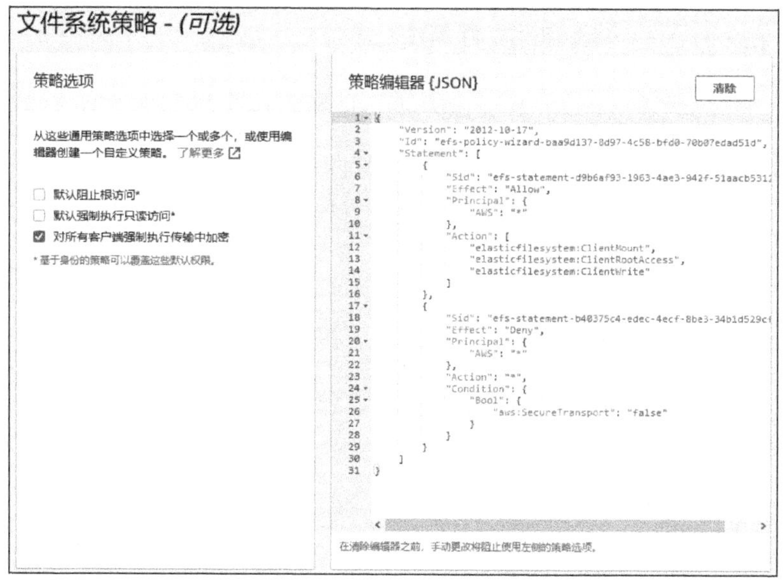

图 6-5　文件系统策略

图 6-6　创建好的文件系统

4）在图 6-6 中单击列表中的文件系统，打开的界面如图 6-7 所示，从中可以看到文件系统的详细信息。单击“连接”按钮，可以看到在 Linux 挂载文件系统的方法。

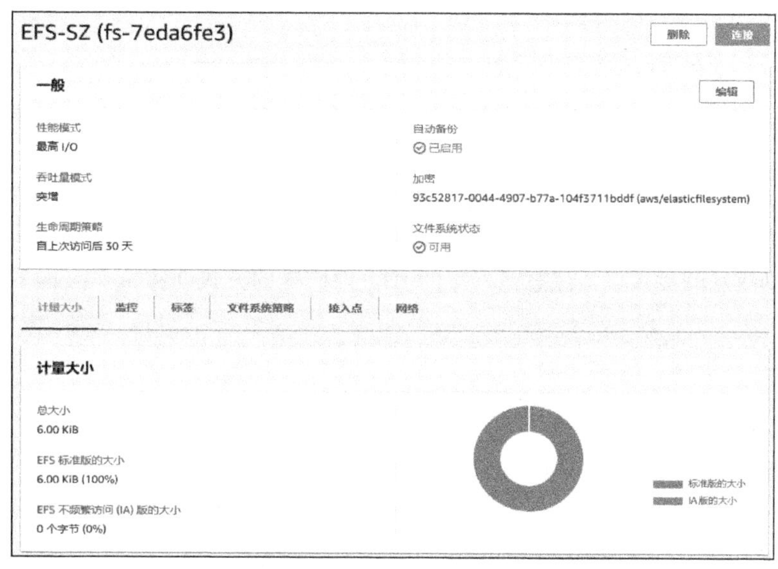

图 6-7　文件系统的详细信息

任务 6.1.3 在 Linux 上挂载弹性文件系统

本任务将在 Linux 实例挂载任务 6.1.2 创建的文件系统 EFS-SZ。

1. 在 Linux 上使用 EFS 挂载帮助程序挂载文件系统

可以使用 Amazon EFS 挂载帮助程序在 EC2 实例（Linux）上挂载 EFS 文件系统，步骤如下：

1）远程登录到 Linux 实例。

2）安装挂载帮助程序 amazon-efs-utils 软件包。在 Linux 上执行以下命令：

```
sudo yum install -y amazon-efs-utils
```

3）创建挂载点。执行以下命令：

```
sudo mkdir /efs
```

4）挂载 EFS。执行以下命令：

```
sudo mount -t efs -o tls fs-7eda6fe3: / /efs
```

其中，“fs-7eda6fe3”是文件系统的 ID，在图 6-6、图 6-7 中可以找到。

5）测试。执行以下命令，向 /efs 目录写入文件，并创建两个子目录供后续步骤使用：

```
cd /efs
sudo touch test.txt
sudo mkdir dir-1
sudo mkdir dir-2
```

6）卸载目录。执行以下命令可以卸载：

```
cd /
sudo umount /efs
```

2. 使用接入点挂载文件系统

访问点可以为文件系统强制指定不同的根目录，以便 EFS 客户端只能访问指定目录或其子目录中的数据。如果要控制 EFS 客户端把 /dir-1 或者 /dir-2 作为根目录挂载过来，则可以使用接入点。

1）在图 6-7 中，单击“接入点”标签，再单击“创建接入点”按钮，打开的界面如图 6-8 所示，设置根目录路径为 EFS 上的 /dir-1，其他选项保持默认值，单击“创建接入点”按钮。图 6-9 所示为创建好的接入点，注意接入点的 ID。以同样的方式创建 accesspoint-2，根目录为 /dir-2。

2）使用接入点挂载。命令如下：

```
sudo mount -t efs -o tls,accesspoint=fsap-04d1be279f5fa1a0f fs-7eda6fe3:  /efs
```

其中，“fsap-04d1be279f5fa1a0f”是接入点的 ID。

3）Linux 开机自动挂载。要实现自动挂载，需要在 /etc/fstab 配置文件添加以下内容：

```
fs-7eda6fe3 /efs efs _netdev,noresvport,tls,accesspoint=fsap-04d1be279f5fa1a0f 0 0
```

重新启动系统测试。

为 fs-7eda6fe3 创建接入点

接入点指的是接入到 EFS 文件系统的特定于具体应用程序的点，该文件系统可以简化对应用程序访问共享数据集的管理。多

详细信息

文件系统

选择与您的接入点关联的文件系统。

fs-7eda6fe3

名称 - (可选)

accesspoint-1

最多 256 个字符，并且只能包含 Unicode 字母、空格、数字以及 + - = . _ : /

根目录路径 - (可选)

连接使用指定的路径作为文件系统的虚拟根目录 了解更多

/dir-1

示例: "/foo/bar"

图 6-8　创建接入点

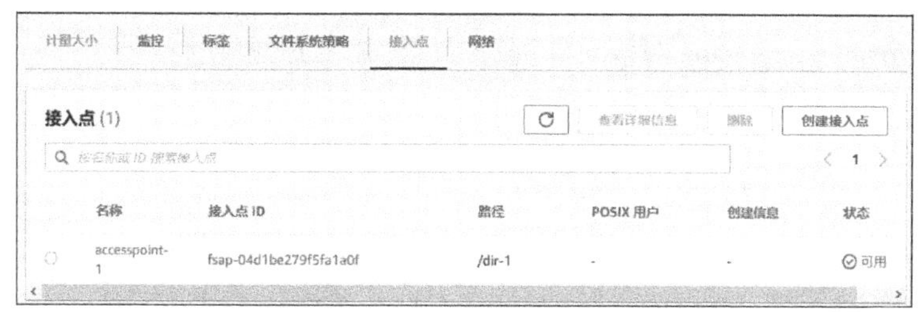

图 6-9　创建好的接入点

使用对象存储服务

项目描述

数据是企业的重要资产，亚马逊云科技提供了高可靠、几乎无容量限制的对象存储服务。本项目将创建两个存储桶，分别存放不能公开访问的文件和托管企业的静态网站。

任务 6.2.1　知识预备与方案设计

本项目介绍 Amazon S3（Amazon Simple Storage Service）。Amazon S3 是一种对象存储服务（Object Storage Service，OSS），提供行业领先的可扩展性、数据可用性、安全性等。这意味着各种规模和行业的客户都可以使用 Amazon S3 来存储并保护各种用例（如数据湖、网站、移动应用程序、备份和还原、存档、企业应用程序、IoT 设备和大数据分析）的数据，容量不限。Amazon S3 提供了易于使用的管理功能，因此用户可以组织数据并配置精细调整过的使用权限控制，从而满足特定的业务、组织和合规性要求。Amazon S3 可达到 99.999999999%（11 个 9）的

持久性，并为全球各地的公司存储数百万个应用程序的数据。

1. 对象存储

对象存储服务是一个基于对象的海量存储服务，具有为客户提供海量、安全、高可靠、低成本的数据存储能力。对象存储系统和单个桶（Bucket）都没有总数据容量和对象/文件数量的限制，为用户提供了超大的存储容量，适合存放任意类型的文件，适合普通用户、网站、企业和开发者使用。对象存储是一项面向 Internet 访问的服务，提供了基于 HTTP/HTTPS 协议的 Web 服务接口，用户可以随时随地连接到 Internet 的计算机上，通过对象存储管理控制台或各种对象存储工具访问和管理存储在对象存储中的数据。此外，对象存储支持 SDK 和对象存储 API 接口，可使用户方便地管理自己存储在对象存储上的数据，以及开发多种类型的上层业务应用。

如图 6-10 所示，存储桶（Bucket）是 Amazon S3 中用于存储对象的容器，每个对象（Object）都存储在一个存储桶中。例如，如果名为 photos/puppy.jpg 的对象存储在中国（北京）区域的 awsexamplebucket1 存储桶中，则可使用 URL https：//awsexamplebucket1.s3.cn-north-1.amazonaws.com.cn/photos/puppy.jpg 对该对象进行寻址（需要预先配置权限）。

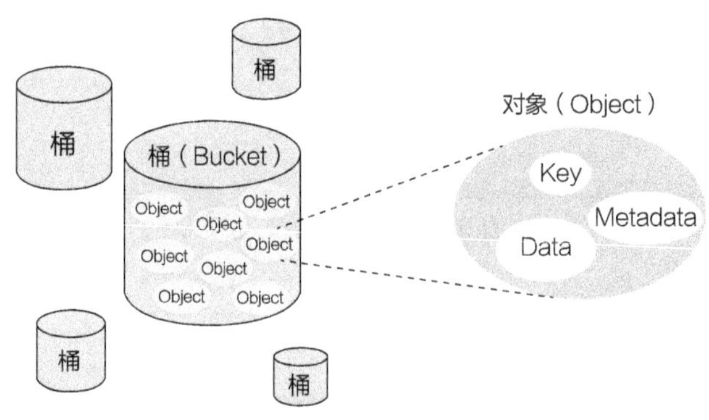

图 6-10　桶、对象的关系

对象（Object）是 Amazon S3 中存储的基础实体。对象由对象数据（Data）和元数据（Metadata）组成。数据部分对 Amazon S3 是不透明的。元数据是一组描述对象的名称—值对，其中包括一些默认元数据（如上次修改日期）和标准 HTTP 元数据（如 Content-Type），用户还可以在存储对象时指定自定义元数据。如图 6-11 所示。

在存储桶中，对象将由键（相当于对象的名称）和版本 ID 进行唯一的标识，例如，photos/puppy.jpg 标识了一个唯一的对象。键（Key）是指存储桶中对象的唯一标识符。存储桶内的每个对象都只能有一个键。存储桶、键和版本 ID 的组合唯一标识各个对象。因此，可以将 Amazon S3 看作“存储桶 + 键 + 版本”与对象本身之间的基本数据映射。将 Web 服务终端节点、存储桶名、密钥和版本（可选）组合在一起，可唯一地寻址 Amazon S3 中的每个数据元。例如，在 URL https：//doc.cn-north-1.amazonaws.com.cn/2006-03-01/AmazonS3.wsdl 中，“doc”是存储桶的名称，“2006-03-01/AmazonS3.wsdl”是键。注意：“2006-03-01”也是键的一部分。

创建存储桶时，需要选择一个亚马逊云科技区域。可以选择一个合适的区域，以便优化延迟、尽可能降低成本或满足法规要求。在某一区域存储的数据将一直留在该区域，除非特意将其传输到另一区域。例如，在中国（北京）区域存储的对象将一直留在中国。

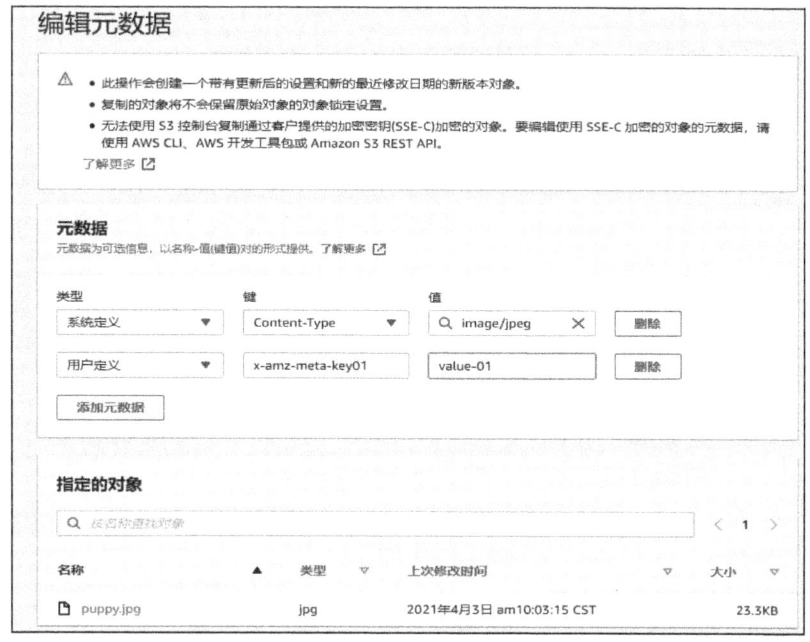

图 6-11　对象的元数据

2. 对象存储架构

像 FAT32、NTFS 之类的文件系统，是直接将文件的数据（Data）和元数据（Metadata）一起存储的。存储过程先将文件按照文件系统的最小块大小来打散（如 4MB 的文件，如果文件系统要求一个块 4KB，那么就将文件打散成为 1024 个小块），再写进硬盘里面，过程中没有区分数据 / 元数据。

对象存储将元数据（Metadata）独立了出来，元数据里写明了数据的所有属性，包括打散后的每个块所存储的位置。对象存储将元数据和数据进行了分开存储，这样只要读取到了元数据，就能找到所有的数据块，并可以同时对数据块进行读取，大大提高了数据处理的效率。

如图 6-12 所示，对象存储中用来存储元数据的节点是控制节点，称为元数据服务器（Metadata Server，MDS）。它主要负责存储对象的属性及对象数据被打散后存放到了哪些分布式服务器中的信息。负责存储数据的分布式服务器称为 OSD（Object-Based Storage Device），主要负责存储文件的数据部分。当用户（Client）访问对象时，会先访问元数据服务器。元数据服务器负责反馈对象存储在哪些 OSD，假设反馈文件 A 存储在 B、C、D 这 3 台 OSD，那么用户就会再次直接访问这 3 台 OSD 服务器去读取数据。这时，由于是 3 台 OSD 同时对外传输数据，因此传输的速度就加快了。OSD 服务器的数量越多，这种读 / 写速度的提升就越大，通过此种方式，可实现快速并发读 / 写的目的。

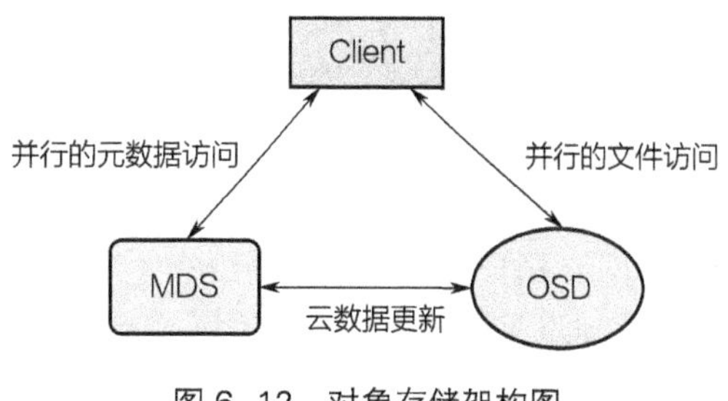

图 6-12　对象存储架构图

MDS 控制 Client 与 OSD 对象的交互，主要提供以下几个功能：

1）对象存储访问。MDS 构造、管理描述每个文件分布的视图，允许 Client 直接访问对象。MDS 为 Client 提供访问该文件所含对象的功能，OSD 在接收到每个请求时将先验证该功能，然后才可以访问。

2）文件和目录访问管理。MDS 在存储系统上构建一个文件结构，包括限额控制、目录和文件的创建和删除、访问控制等。

3）Client Cache 一致性。为了提高 Client 性能，在对象存储系统设计时通常支持 Client 方的 Cache。由于引入 Client 方的 Cache，因此带来了 Cache 一致性问题。MDS 支持基于 Client 的文件 Cache，当 Cache 的文件发生改变时，将通知 Client 刷新 Cache，从而防止 Cache 不一致引发的问题。

对象存储设备（OSD）是对象存储的核心设备，能够自动管理该设备上的数据存储分布，它有自己的 CPU、内存、网络和磁盘系统。OSD 与块设备的不同不在于存储介质，而在于两者提供的访问接口。OSD 提供了 3 个主要功能：

1）数据存储。OSD 管理对象数据，并将它们放置在标准的磁盘系统上，OSD 不提供块接口访问方式，Client 请求数据时用对象 ID、偏移量进行数据读 / 写。

2）优化的数据分布。OSD 用其自身的 CPU 和内存优化数据分布，并支持数据的预取。由于 OSD 支持对象的预取，因此可以优化磁盘的性能。

3）每个对象元数据的管理。OSD 管理存储在其上对象的元数据，该元数据与传统的 inode 元数据相似，通常包括对象的数据块和对象的长度。而在传统的 NAS 系统中，这些元数据是由文件服务器维护的。系统中主要的元数据管理工作由 OSD 来完成，降低了 Client 的开销。

为了有效支持 Client 访问 OSD 上的对象，需要在计算节点实现对象存储系统的 Client，通常提供 POSIX 文件系统接口，允许应用程序像执行标准的文件系统操作一样。

对象存储的优点很多，简单归纳如下：

1）容量无限大。对象存储的容量在 EB 级以上（1EB=1048576TB）。对象存储的所有业务、存储节点采用分布式集群方式工作，各功能节点、集群都可以独立扩容。从理论上来说，某个对象存储系统或单个桶（Bucket），没有总数据容量和对象数量的限制。

2）数据安全可靠。对象存储采用了分布式架构对数据进行多设备冗余存储（至少 3 个以上节点），实现异地容灾和资源隔离。按照设计，数据持久性可以达到 99.999999999%（一共 11 个 9）；S3 Standard 在指定年度内跨多个可用区的可用性达到 99.99%。在数据访问方面，所有的桶和对象都有 ACL 等访问控制策略，所有的连接都支持 SSL 加密，OBS 系统会对访问用户进行身份鉴权。因为数据是分片存储在不同硬盘上的，所以出现硬盘丢失等情况时，无法还原出完整的对象数据。

3）使用方便。对于用户来说，对象存储是一种非常方便的存储方式。有人把它比喻为“代客泊车”，用户只需要把车扔给它（对象存储），它给用户一个凭证，用户凭证取车即可。用户不需要知道车库的布局，也不需要自己去费力停放。数据的存取方法灵活多样，除了可以使用网页（基于 HTTP）直接访问之外，大部分云服务提供商都有自己的图形化界面客户端工具，用户存取数据就像用网盘一样。

3. 方案设计

本项目在中国（北京）区域（cn-north-1）创建两个存储桶，分别为 szpt20210403 和 szptweb。其中，存储桶 szpt20210403 用于存放不能公开访问的文件，该存储桶启用版本控制、服务器端加密；创建生命周期规则，把 180 天以上的非当前版本的对象转储到“智能分层”；配置存储桶访问控制列表（ACL），阻止所有的公开访问；创建存储桶策略，授权新建用户 zhang_ ning 从存储桶下载对象。szptweb 用于托管静态的网站，需要公开访问。

任务 6.2.2　存储桶的操作

1. 创建存储桶

1）以管理员身份登录亚马逊云科技控制台，单击“服务”→“存储和内容分发”→“S3”→“存储桶”选项，单击“创建存储桶”按钮。如图 6-13 所示，输入存储桶的名称，应保证名称全球唯一；选择存储桶的区域，区域一旦选定便不可更改。如果要从现有的存储桶复制设置，则可以单击“选择存储桶”按钮，并选择源存储桶。

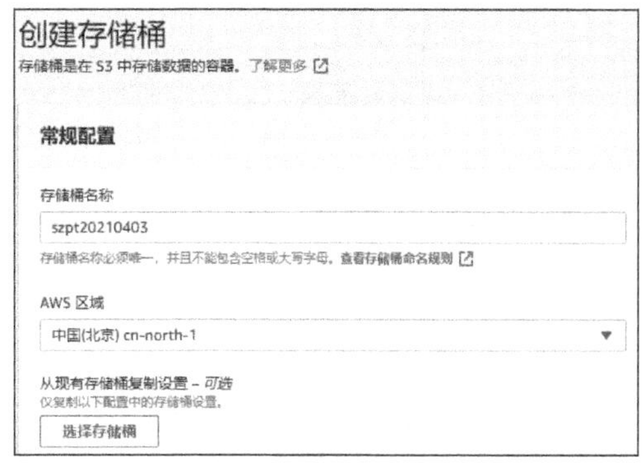
创建存储桶
存储桶是在 S3 中存储数据的容器。了解更多
常规配置
存储桶名称
szpt20210403
存储桶名称必须唯一，并且不能包含空格或大写字母。查看存储桶命名规则
AWS 区域
中国(北京) cn-north-1
从现有存储桶复制设置 – 可选
仅复制以下配置中的存储桶设置。
选择存储桶

图 6–13　存储桶的名称和区域设置

2）如图 6-14 所示，选择“阻止所有公开访问”复选框，则阻止对此存储桶及其对象的公开访问。版本控制是将某一对象的多个版本保留在同一存储桶中的一种方法，用户可以使用版本控制来保留、检索及还原存储在 Amazon S3 存储桶中每个对象的每个版本。通过版本控制，用户可以轻松地从意外的用户操作和应用程序故障中恢复。默认时，存储桶的版本控制是禁用的，本例选择“启用”单选按钮。

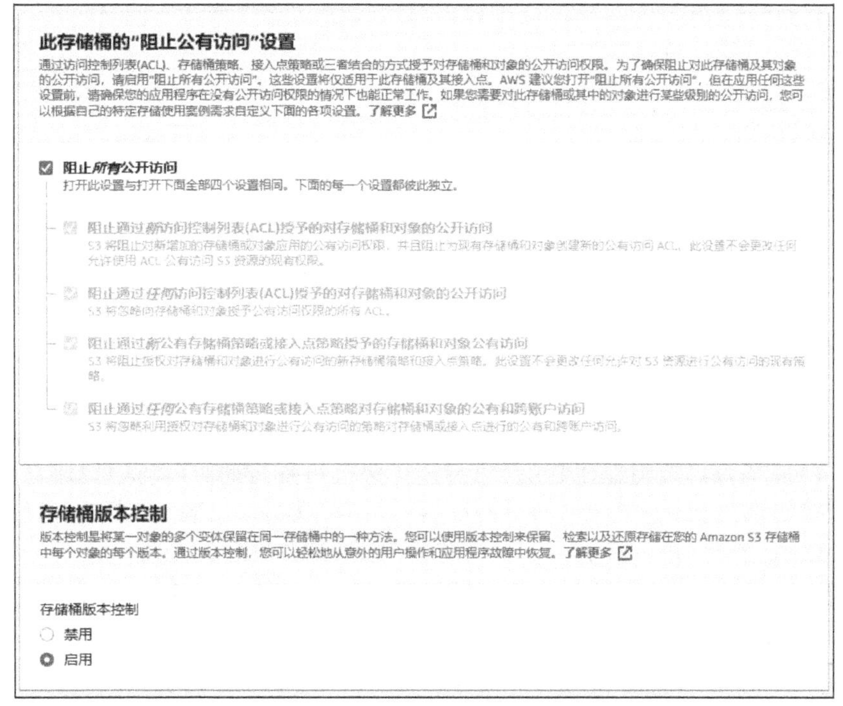
此存储桶的“阻止公有访问”设置
通过访问控制列表(ACL)、存储桶策略、接入点策略或三者结合的方式授予对存储桶和对象的公开访问权限。为了确保阻止对此存储桶及其对象的公开访问，请启用“阻止所有公开访问”。这些设置将仅适用于此存储桶及其接入点。AWS 建议您打开“阻止所有公开访问”，但在应用任何这些设置前，请确保您的应用程序在没有公开访问权限的情况下也能正常工作。如果您需要对此存储桶或其中的对象进行某些级别的公开访问，您可以根据自己的特定存储使用案例需求自定义下面的各项设置。了解更多
阻止所有公开访问
打开此设置与打开下面全部四个设置相同。下面的每一个设置都彼此独立。
阻止通过新访问控制列表(ACL)授予的对存储桶和对象的公开访问
S3 将阻止对新增加的存储桶或对象应用的公有访问权限，并且阻止为现有存储桶和对象创建新的公有访问 ACL。此设置不会更改任何允许使用 ACL 公有访问 S3 资源的现有权限。
阻止通过任何访问控制列表(ACL)授予的对存储桶和对象的公开访问
S3 将忽略向存储桶和对象授予公有访问权限的所有 ACL。
阻止通过新公有存储桶策略或接入点策略授予的存储桶和对象公有访问
S3 将阻止授权对存储桶和对象进行公有访问的新存储桶策略和接入点策略。此设置不会更改任何允许对 S3 资源进行公有访问的现有策略。
阻止通过任何公有存储桶策略或接入点策略对存储桶和对象的公有和跨账户访问
S3 将忽略利用授权对存储桶和对象进行公有访问的策略对存储桶或接入点进行的公有和跨账户访问。
存储桶版本控制
版本控制是将某一对象的多个变体保留在同一存储桶中的一种方法。您可以使用版本控制来保留、检索以及还原存储在您的 Amazon S3 存储桶中每个对象的每个版本。通过版本控制，您可以轻松地从意外的用户操作和应用程序故障中恢复。了解更多
存储桶版本控制
禁用
启用

图 6–14　阻止公开访问并启用存储桶版本控制

3）如图 6-15 所示，单击“添加标签”按钮，可以为存储桶添加标签来跟踪存储成本或其他标准。如果服务器端加密，选择“启用”单选按钮，并选择“加密密钥类型”，则存储桶中存储对象时将加密对象。

图 6–15　启用服务端加密

4）单击“创建存储桶”按钮，完成创建。此时，在存储桶列表中可以看到新创建的存储桶，如图 6–16 所示。

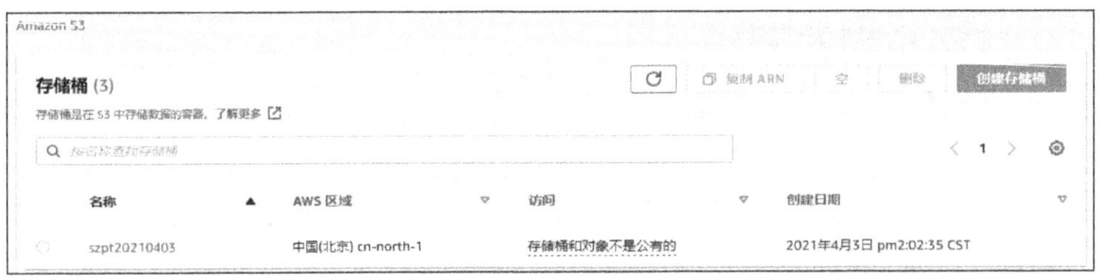

图 6–16　新创建的存储桶

2. 存储桶的基本使用

1）创建文件夹。Amazon S3 具有扁平结构，而不是类似于在 FAT32、NTFS 文件系统中看到的层次结构。不过为了实现组织简易性，Amazon S3 控制台支持将文件夹概念作为对象分组手段。它通过为对象（即名称以通用字符串开头的对象）使用共享名称前缀来实现这一点。例如，可以在控制台中创建名为 photos 的文件夹，并在其中存储名为 puppy.jpg 的对象。随后，将使用键名 photos/puppy.jpg 存储对象，其中 photos/ 为前缀。以下是另外两个示例：

①如果存储桶中有 3 个对象 logs/date1.txt、logs/date2.txt 和 logs/date3.txt，则控制台会显示名为 logs 的文件夹。如果在控制台中打开该文件夹，则将看到 3 个对象：date1.txt、date2.txt 和 date3.txt。

②如果有名为 photos/2017/example.jpg 的对象，则控制台会显示名为 photos 的文件夹，其中包含文件夹 2017。文件夹 2017 将包含对象 example.jpg。

在图 6–16 中，选择新创建的存储桶 szpt20210403，单击“创建文件夹”按钮（该按钮图中未显示），打开的界面如图 6–17 所示。输入文件夹的名称，选择该文件夹是否启用“服务器端加密”。“服务器端加密”选项仅应用于新文件夹对象，不应用于其中包含的对象。单击“创建文件夹”按钮即可完成创建。图 6-18 所示为新创建的文件夹。

创建文件夹

使用文件夹对存储桶中的对象分组。在创建文件夹时，S3 会使用您指定的名称创建一个对象，后面跟一个斜线(/)。该对象之后会在控制台上显示为文件夹。了解更多

您的存储桶策略可能会阻止文件夹的创建
如果您的存储桶策略阻止上传没有特定标签、元数据或访问控制列表(ACL)被授权者的对象，则您将无法使用此配置创建文件夹。但您可以使用上传配置来上传一个空文件夹并指定相应的设置。

文件夹

文件夹名称

photos /

文件夹名称不能包含“/”。请参阅命名规则

服务器端加密

以下设置仅应用于新文件夹对象，但不应用于其中包含的对象。

服务器端加密
- 禁用
- 启用

图 6-17　创建文件夹

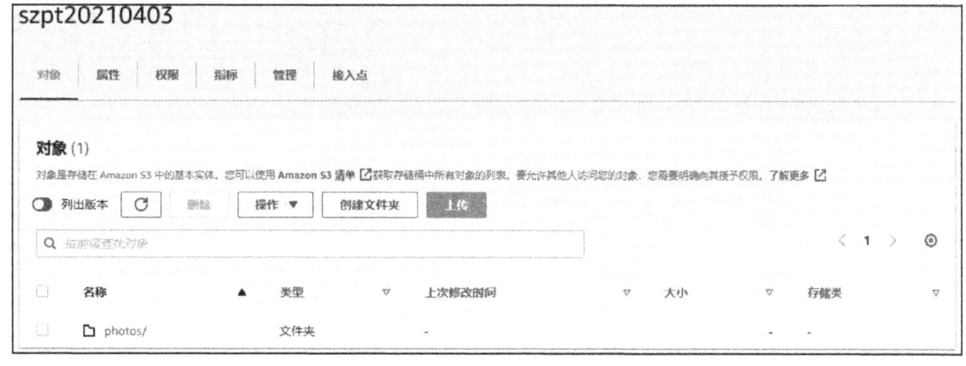

图 6-18　新创建的文件夹

2）上传对象。在图 6-18 中，先切换到“photos”文件夹，再选择“对象”选项卡，单击“上传”按钮，打开的界面如图 6-19 所示。单击“添加文件”按钮，可以把要上传的文件添加到列表中；单击“添加文件夹”按钮，则可以把整个文件夹的文件添加到列表中；单击“删除”按钮，可以把文件从上传的列表中删除。

3）如图 6-20 所示，单击“其他上传选项”旁的三角形按钮，在展开的区域中可以指明对象上传后使用的存储类。应慎重选择，合适的存储类有助于满足用户对访问速度、冗余性、成本、存储时长等的需求。其中，S3 Glacier 和 S3 Glacier Deep Archive 存储类专为低成本数据存档而设计，这些存储类提供与 S3 标准存储类相同的持久性和弹性，但是需要准备几分钟或者几个小时才能访问数据，一般用于备份数据量巨大但不常访问的数据，如过往的监控视频。

图 6-19　上传对象

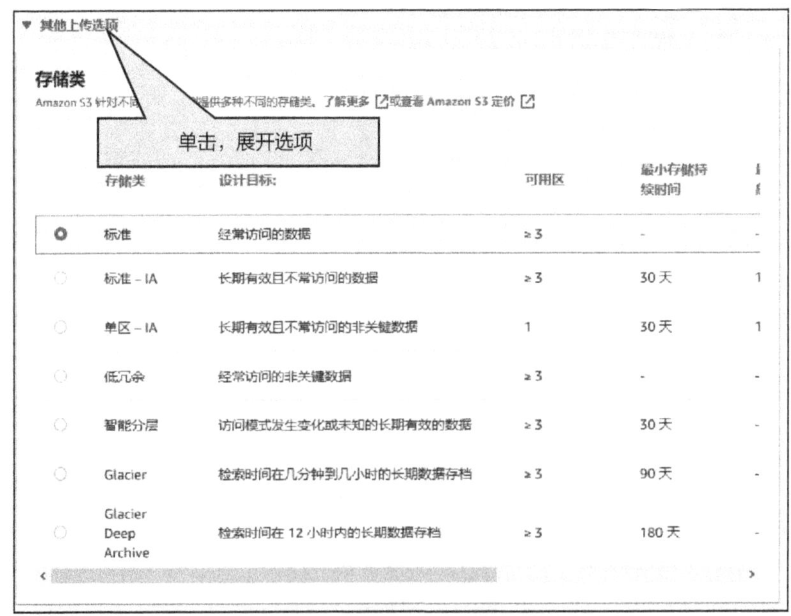

图 6-20　选择对象使用的存储类

4）如图 6-21 所示，因为存储桶已经设置了服务器端加密，因此上传的对象必须指定加密密钥。

5）如图 6-22 所示，设置访问控制列表（ACL），向其他亚马逊云科技账户授予读 / 写权限。

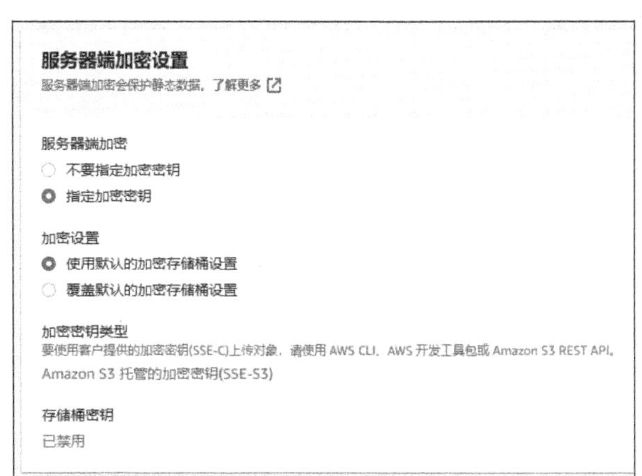

图 6-21　服务器端加密设置

图 6-22　访问控制列表设置

6）如图 6-23 所示，单击“添加标签”按钮，可跟踪对象的存储成本或其他标准；单击“添加元数据”按钮，可以添加对象的元数据，有系统定义或者用户定义两种类型。

图 6-23　添加对象的标签和元数据

7）单击“上传”选项，可进行文件上传。根据文件大小和网速，上传等待时间不一。图 6-24 所示为已经上传的对象。

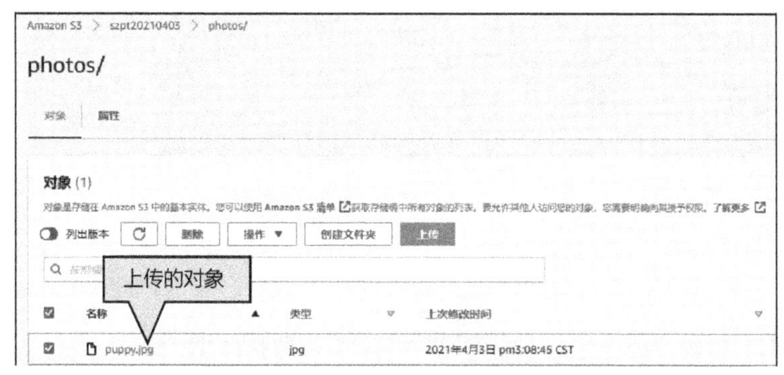

图 6-24　已经上传的对象

8）如图 6-25 所示，在对象列表中选中对象，在“操作”下拉列表中选择对象的操作，包括复制、移动、下载等操作。例如，选择“下载”操作，则可以把对象从 S3 中下载到本地磁盘。

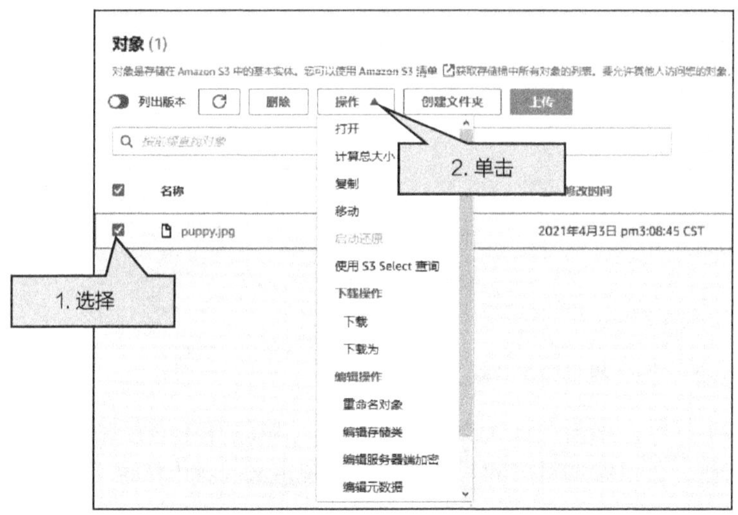

图 6-25　操作对象

3. 对象的版本控制

可以使用 S3 版本控制将对象的多个版本保存在一个存储桶中，并防止对象被意外删除或覆盖。例如，如果删除对象（而不是永久删除），则 Amazon S3 会插入删除标记，该标记将成为当前对象版本。如果需要，则可以恢复以前的版本。如果覆盖对象，则会导致存储桶中出现新的对象版本。用户始终可以恢复以前的版本。默认情况下，存储桶不启用版本控制，可以在创建存储桶时启用（如图 6-14 所示）或者创建存储桶后再启用。下面以 photos/puppy.jpg 对象为例。

1）参见之前介绍的步骤，重新在 szpt20210403 存储桶的 photos 文件夹下上传 puppy.jpg 文件，图片内容需要更新，但是文件名不能改变。当存储桶启用版本控制后，覆盖原对象时会出现新的版本。

2）在图 6-25 中单击 puppy.jpg 对象，打开的界面如图 6-26 所示，选择“版本”选项卡，可以看到对象的不同版本。单击对象的不同版本，则可以下载之前版本的对象或者编辑元数据。

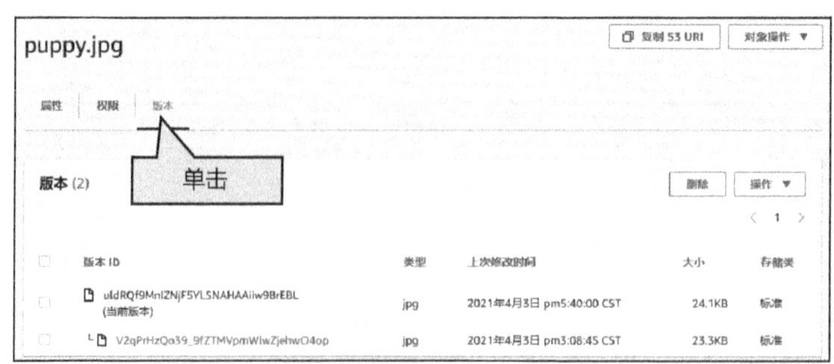

图 6-26　对象的不同版本

3）删除对象，测试恢复对象。回到图 6-25，选中 puppy.jpg 对象，单击“删除”按钮。如图 6-27 所示，输入“删除”字样，单击“删除对象”按钮，再单击“关闭”按钮（该按钮图中未显示），则对象被删除。此时，在图 6–25 中就看到该对象了，但这并不是永久删除对象，是可以恢复的。

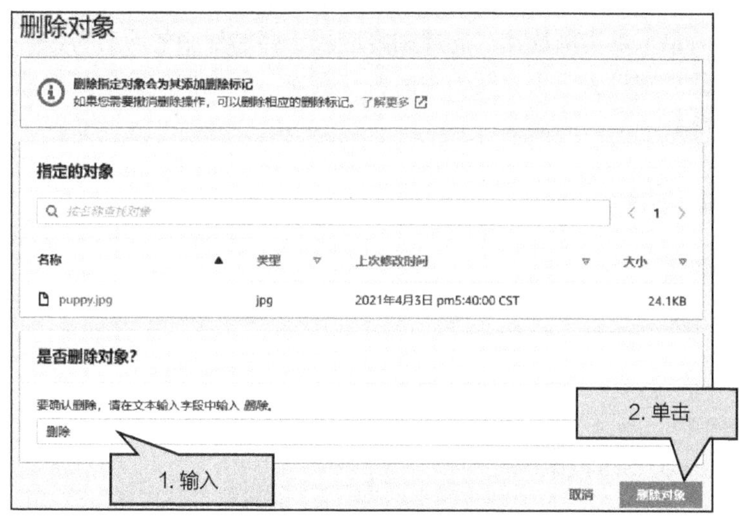

图 6–27　删除对象

如图 6–28 所示，打开“列出版本”开关，选中类型为“删除标记”的对象，单击“删除”按钮，则删除了“删除标记”，也就是恢复了原对象。按照上一步骤，又可以访问该对象的各个版本。

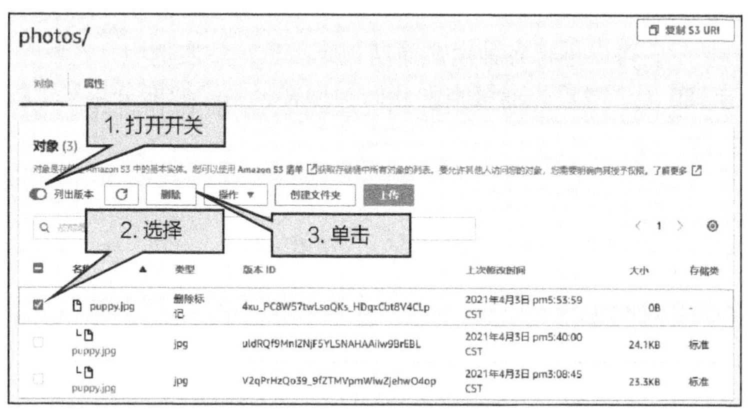

图 6–28　列出版本并删除对象

4）永久删除对象。如果要永久删除对象，就需要删除对象的全部版本。在图 6–28 中，选择对象的全部版本，如果有类型为“删除标记”的版本，也需要选中。单击“删除”按钮再次确认。永久删除的对象无法恢复。

4. 管理生命周期

可以管理存储桶的生命周期，以经济、高效地存储对象。S3 生命周期配置是一组规则，用于定义 Amazon S3 对一组对象应用的操作。有两种类型的操作：

1）转换操作：定义对象转换为另一个使用 Amazon S3 存储类的时间。例如，可以选择在对象创建 30 天后将其转换为“S3 Standard – IA”存储类，或在对象创建一年后将其存储到 S3 Glacier 存储类。

2）过期操作：定义对象的过期时间。Amazon S3 将自动删除过期的对象。

①在存储桶列表中，单击 szpt20210403 存储桶，选择“管理”选项卡，单击“创建生命周期规则”选项。如图 6-29 所示，输入规则名称，可以选择规则作用的范围，根据对象的前缀或者对象的标签筛选对象。本实例选择“此规则将应用于存储桶中的所有对象”单选按钮，同时要选择“我了解，此规则将应用于存储桶中的所有对象”复选框。需要额外注意的是，选择该复选框可能会产生费用。

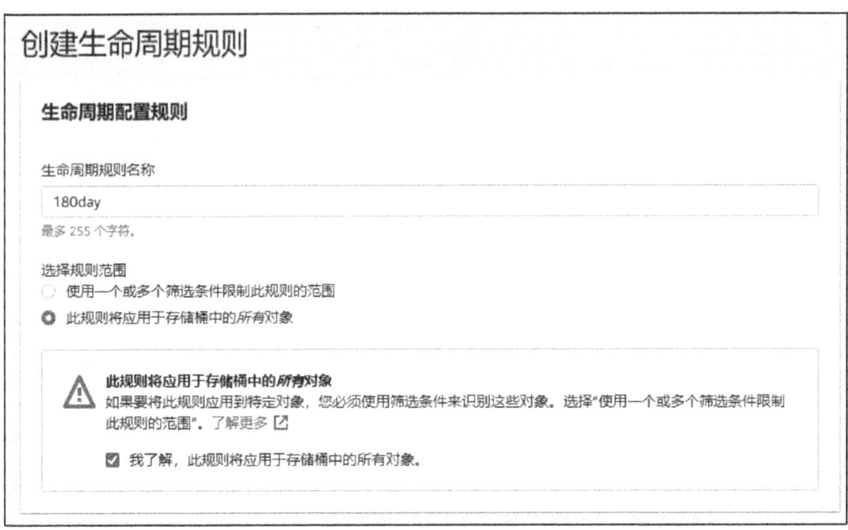

图 6-29　输入规则名称并选择规则范围

②如图 6-30 所示，可以进行各种生命周期规则操作。本实例中，在对象变为非当前对象（即被覆盖）后的 180 天，对象先前版本的存储类型转换为“智能分层”，单击“保存”按钮（该按钮图中未显示）。

图 6-30　生命周期规则操作

③图 6-31 所示为新创建的生命周期规则。单击该规则，可以删除、编辑或者禁用。

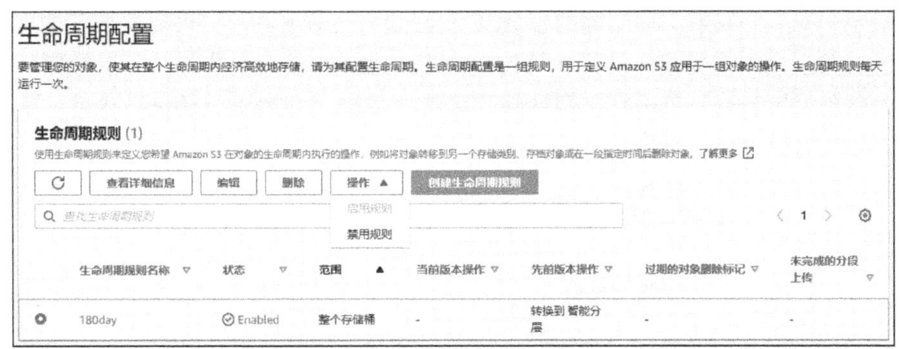
生命周期配置
要管理您的对象，使其在整个生命周期内经济高效地存储，请为其配置生命周期。生命周期配置是一组规则，用于定义 Amazon S3 应用于一组对象的操作。生命周期规则每天运行一次。
生命周期规则 (1)
使用生命周期规则来定义您希望 Amazon S3 在对象的生命周期内执行的操作，例如将对象转移到另一个存储类别、存档对象或在一段指定时间后删除对象。了解更多
查看详细信息
编辑
删除
操作
创建生命周期规则
启用规则
禁用规则
1
生命周期规则名称
状态
范围
当前版本操作
先前版本操作
过期的对象删除标记
未完成的分段上传
180day
Enabled
整个存储桶
-
转换到 智能分层
-
-

图 6–31　新创建的生命周期规则

5. 管理访问

保证数据安全是用户的基本需求。Amazon S3 支持使用基于资源的策略和用户策略来管理对 Amazon S3 资源的访问。基于资源的策略包括存储桶策略、存储桶访问控制列表（ACL）和对象 ACL。

（1）存储桶访问控制列表（ACL）

亚马逊云科技已经不建议使用存储桶 ACL 了，存储桶 ACL 唯一建议的使用案例是授予 Amazon S3 日志传输组写入权限，以便将访问日志对象写入存储桶。

和存储桶 ACL 相关的还有一个“阻止所有公开访问”选项。在存储桶列表中，单击存储桶 szpt20210403，选择“权限”选项卡，在“阻止公有访问（存储桶设置）”选项区中单击“编辑”按钮，打开的界面如图 6–32 所示，从中可以设置存储桶是否可以被公有访问。如果阻止所有公开的访问，即使使用对象 ACL 或者存储桶策略授权公有访问，公众用户还是无法访问存储桶和对象，这是亚马逊云科技特意设计的一个保护措施。

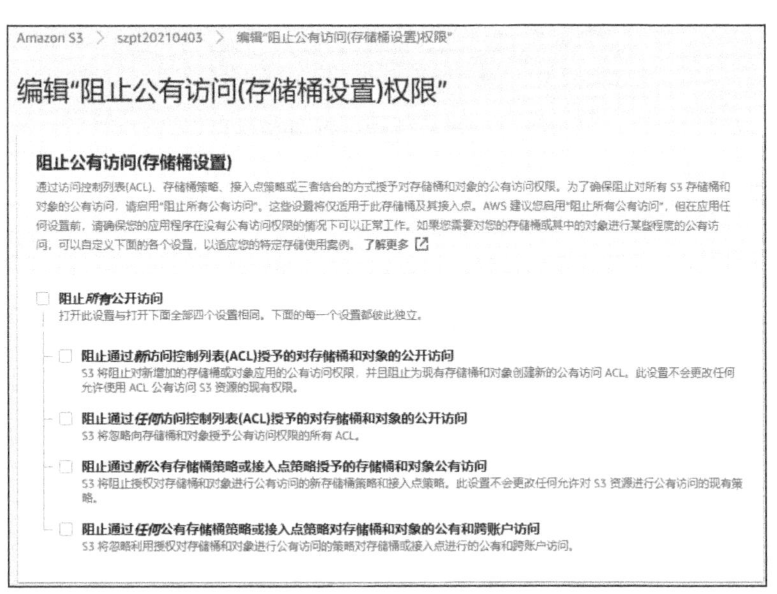
Amazon S3 > szpt20210403 > 编辑"阻止公有访问(存储桶设置)权限"
编辑"阻止公有访问(存储桶设置)权限"
阻止公有访问(存储桶设置)
通过访问控制列表(ACL)、存储桶策略、接入点策略或三者结合的方式授予对存储桶和对象的公有访问权限。为了确保阻止对所有 S3 存储桶和对象的公有访问，请启用"阻止所有公有访问"。这些设置将仅适用于此存储桶及其接入点。AWS 建议您启用"阻止所有公有访问"，但在应用任何设置前，请确保您的应用程序在没有公有访问权限的情况下可以正常工作。如果您需要对您的存储桶或其中的对象进行某些程度的公有访问，可以自定义下面的各个设置，以适应您的特定存储使用案例。了解更多
阻止所有公开访问
打开此设置与打开下面全部四个设置相同。下面的每一个设置都彼此独立。
阻止通过新访问控制列表(ACL)授予的对存储桶和对象的公开访问
S3 将阻止对新增加的存储桶或对象应用的公有访问权限，并且阻止为现有存储桶和对象创建新的公有访问 ACL。此设置不会更改任何允许使用 ACL 公有访问 S3 资源的现有权限。
阻止通过任何访问控制列表(ACL)授予的对存储桶和对象的公开访问
S3 将忽略向存储桶和对象授予公有访问权限的所有 ACL。
阻止通过新公有存储桶策略或接入点策略授予的存储桶和对象公有访问
S3 将阻止授权对存储桶和对象进行公有访问的新存储桶策略和接入点策略。此设置不会更改任何允许对 S3 资源进行公有访问的现有策略。
阻止通过任何公有存储桶策略或接入点策略对存储桶和对象的公有和跨账户访问
S3 将忽略利用授权对存储桶和对象进行公有访问的策略对存储桶或接入点进行的公有和跨账户访问。

图 6–32　阻止公有访问（存储桶设置）

要编辑存储桶的 ACL，则在存储桶列表中单击存储桶 szpt20210403，选择“权限”选项卡。“编辑访问控制列表（ACL）”界面如图 6–33 所示，默认时，存储桶拥有者（创建存储桶的亚马

逊云科技账号）有全部权限。存储桶的各 ACL 权限含义见表 6–1。如果要授权其他亚马逊云科技账户的访问权限，则需要输入被授权者的规范 ID。规范 ID 的查找方法：以被授权者的亚马逊云科技账户登录控制台，单击右上角的账户名称，单击“我的安全凭证”中的“账户详细信息”选项，可以找到“账户规范用户 ID”信息。

编辑访问控制列表(ACL)

访问控制列表(ACL)
向其他 AWS 账户授予基本的读/写权限。了解更多

被授权者	对象	存储桶 ACL
存储桶拥有者(您的 AWS 账户) 规范 ID: 8504bc90c7f26ff6af48e4597d527e5abc0bcace59566b3ec50c17ccab26c667	☑ 列出 ☑ 写入	☑ 读取 ☑ 写入
所有人(公有访问权限) 组: http://acs.amazonaws.com/groups/global/AllUsers	☐ 列出 写入	☐ 读取 写入
经身份验证的用户组(拥有 AWS 账户的任何人) 组: http://acs.amazonaws.com/groups/global/AuthenticatedUsers	☐ 列出 写入	☐ 读取 写入
S3 日志传输组 组: http://acs.amazonaws.com/groups/s3/LogDelivery	☐ 列出 ☐ 写入	☐ 读取 ☐ 写入

其他 AWS 账户的访问权限
没有与资源关联的其他 AWS 账户。

添加被授权者

图 6–33 “编辑访问控制列表（ACL）”界面

表 6–1 存储桶的各 ACL 权限含义

存储桶的各 ACL 权限	含义
READ（列出）	允许被授权者列出存储桶中的对象
WRITE（写入）	允许被授权者创建、覆盖和删除存储桶中的任意对象
READ_ACP（读取）	允许被授权者读取存储桶 ACL
WRITE_ACP（写入）	允许被授权者为适用的存储桶编写 ACL
FULL_CONTROL（全部）	允许被授权者在存储桶上的 READ、WRITE、READ_ACP 和 WRITE_ACP 权限许可

（2）对象访问控制列表（ACL）

存储桶和对象的权限是相互独立的，对象不继承其存储桶的权限。例如，如果用户 user_B 创建了一个存储桶并授予一个用户 user_A 的写入权限，则用户 user_B 无法访问此用户 user_A 上传的对象，除非此用户 user_A 授予用户 user_B 对于该对象的访问权限。

要编辑对象的 ACL，首先在存储桶中的文件夹找到对象，然后单击对象，在“权限”选项卡中单击“编辑”按钮，打开的界面如图 6–34 所示。对象的各 ACL 权限含义见表 6–2。

图 6-34　对象的 ACL 编辑界面

表 6-2　对象的各 ACL 权限含义

对象的各 ACL 权限	含义
READ	允许被授权者读取对象数据及其元数据
WRITE	不适用
READ_ACP	允许被授权者读取对象 ACL
WRITE_ACP	允许被授权者为适用的对象编写 ACL
FULL_CONTROL	允许被授权者在对象上的 READ、READ_ACP 和 WRITE_ACP 权限许可

那么，何时使用对象 ACL？有以下情景：

1）对象不归存储桶拥有者所有。对象 ACL 是管理对非存储桶拥有者所有的对象的访问权限的唯一方法。拥有存储桶的亚马逊云科技账户可以授予其他亚马逊云科技账户权限来上传对象。存储桶拥有者不拥有这些对象。创建对象的亚马逊云科技账户使用对象 ACL 授予权限。

2）需要在对象级别管理权限。假设权限因对象而异，用户需要在对象级别管理权限。用户可以只编写一条策略语句，向一个亚马逊云科技账户授予对数百万具有特定键名前缀的对象的读取权限。例如，用户可以授予对以键名前缀“logs”开头的对象的读取权限。但是，如果用户的访问权限因对象而异，那么使用存储桶策略授予对各个对象的权限可能不太实际。

3）对象 ACL 仅控制对象级权限。整个存储桶只有一个存储桶策略，但对象 ACL 是按对象指定的。拥有存储桶的亚马逊云科技账户可以授予其他亚马逊云科技账户权限来管理访问策略。它允许该账户更改该策略中的任何内容。为更好地管理权限，可以选择不授予账户如此广泛的权限，而只授予对对象子集的 READ-ACP 和 WRITE-ACP 权限。这样可以限制该账户，使其只能通过更新各个对象 ACL 来管理对特定对象的权限。

（3）存储桶策略

可以创建和配置存储桶策略，来授予用户对 Amazon S3 资源的权限。存储桶策略使用基于 JSON 的访问策略语言，一个存储桶只能有一个策略。下面以授予新建用户 zhang_ning 可以从存储桶 szpt20210403 下载对象为例。

1）以管理员用户登录亚马逊云科技控制台，在 IAM 里创建一个新的用户 zhang_ning，如图 6-35 所示。

图 6-35　新建用户 zhang_ning

以 zhang_ning 用户登录亚马逊云科技控制台，访问 S3 资源。该用户没有任何权限，连列出存储桶的权限也没有，如图 6-36 所示。

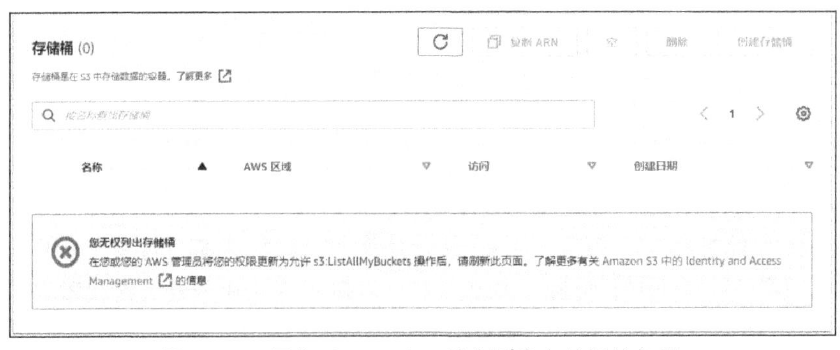

图 6-36　用户 zhang_ning 没有列出存储桶的权限

2）使用用户策略授予 zhang_ning 浏览存储桶权限。为 zhang_ning 添加内联策略，名为 s3:ListAllMyBuckets，策略如下。以 zhang_ning 用户重新访问 S3 资源，可以浏览存储桶列表，但是仍然无法访问存储桶 szpt20210403，更无法下载存储桶中的对象。

```
{
    "Version": "2012-10-17",
    "Statement": [
        {
            "Sid": "VisualEditor0",
```

```
            "Effect": "Allow",
            "Action": "s3: ListAllMyBuckets",
            "Resource": "*"
        }
    ]
}
```

3）编辑存储桶策略，允许 zhang_ning 用户从存储桶 szpt20210403 下载对象。在存储桶的“权限”选项卡中找到“存储桶策略”区域，单击“编辑”按钮，如图 6-37 所示。

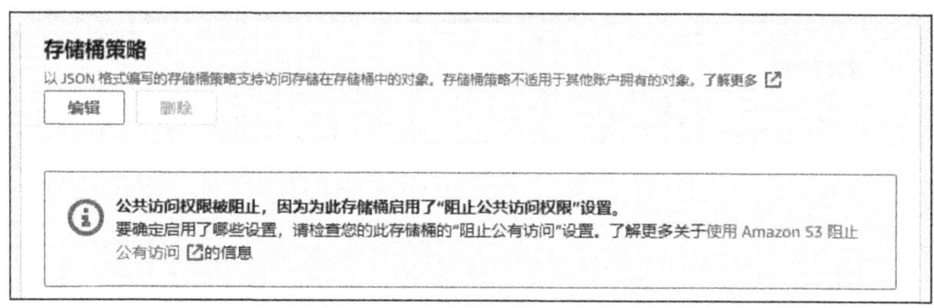

图 6-37　存储桶策略

如图 6-38 所示，在策略编辑区输入以下策略并保存。本策略允许用户 zhang_ning 列出和下载存储桶 szpt20210403 里的对象。

```
{
  "Id": "Policy1617489952497",
  "Version": "2012-10-17",
  "Statement": [
    {
      "Sid": "Stmt1617488257141",
      "Action": [
        "s3: GetBucketLocation",
        "s3: ListBucket"
      ],
      "Effect": "Allow",
      "Resource": "arn: aws-cn: s3::: szpt20210403",
      "Principal": {
        "AWS": [
          "arn: aws-cn: iam:: xxxxxxxxx: user/zhang_ning"
        ]
      }
    },
    {
      "Sid": "Stmt1617488290837",
      "Action": [
        "s3: GetObject"
      ],
      "Effect": "Allow",
      "Resource": "arn: aws-cn: s3::: szpt20210403/*",
      "Principal": {
        "AWS": [
```

```
            "arn: aws-cn: iam:: 798038244158: user/zhang_ning"
          ]
        }
      }
    ]
  }
```

图 6–38　编辑存储桶策略

4）鉴于策略编写是一件复杂的事情，可以在图 6–38 中单击“策略生成器”辅助生成策略。如图 6–39 所示，生成策略的主要操作有选择策略类型、添加语句、生成策略。生成策略后，复制、粘贴到图 6–38 中的策略编辑区。

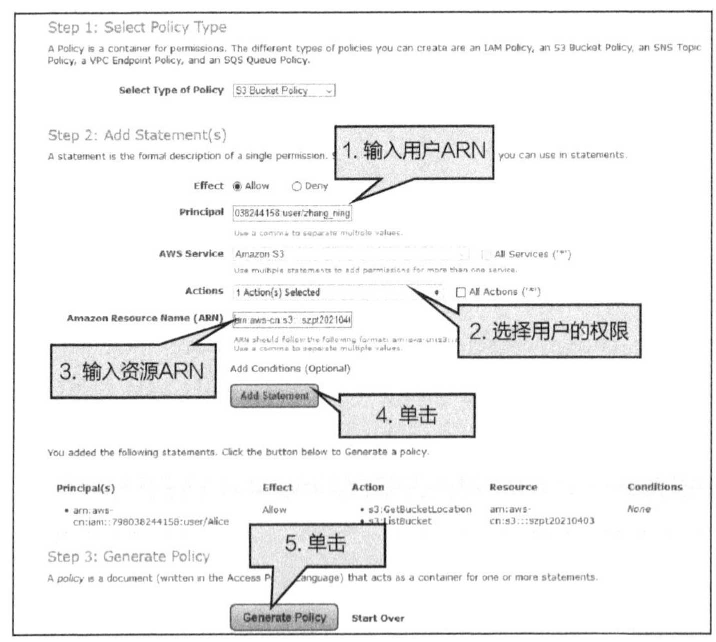

图 6–39　策略生成器

5）以 zhang_ning 用户重新访问 S3 资源，可以访问存储桶 szpt20210403，也可以下载存储桶中的对象。

任务 6.2.3　托管静态网站

可以使用 Amazon S3 托管静态网站，省去构建 Web 服务器、申请域名等的麻烦。

1）创建存储桶。参见任务 6.2.2，创建存储桶 szptweb。

2）启用静态托管。在存储桶列表中，单击要为其启用静态网站托管的存储桶的名称 szptweb，选择“属性”选项卡，在“静态网站托管”选项区中单击“编辑”按钮。如图 6–40 所示，在“静态网站托管”下选择“启用”单选按钮，在“托管类型”下选择“托管静态网站”单选按钮，输入索引文档和错误文档（如果有）的文件名，最后保存更改。

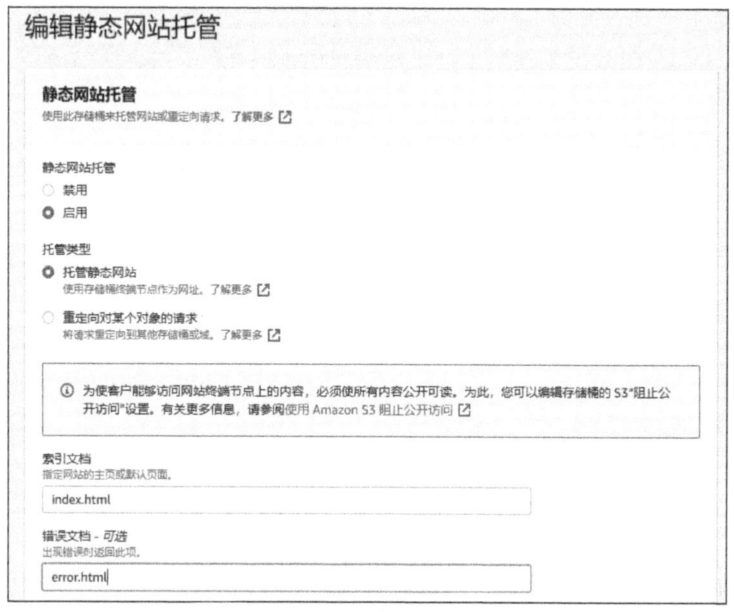
编辑静态网站托管
静态网站托管
使用此存储桶来托管网站或重定向请求。了解更多
静态网站托管
禁用
启用
托管类型
托管静态网站
使用存储桶终端节点作为网址。了解更多
重定向对某个对象的请求
将请求重定向到其他存储桶或域。了解更多
为使客户能够访问网站终端节点上的内容，必须使所有内容公开可读。为此，您可以编辑存储桶的 S3“阻止公开访问”设置。有关更多信息，请参阅使用 Amazon S3 阻止公开访问
索引文档
指定网站的主页或默认页面。
index.html
错误文档 - 可选
出现错误时返回此项。
error.html

图 6–40　编辑静态网站托管

3）编辑“阻止公有访问（存储桶设置）权限”。如图 6–41 所示，在存储桶 szptweb 的权限中取消“阻止公有访问（存储桶设置）权限”。

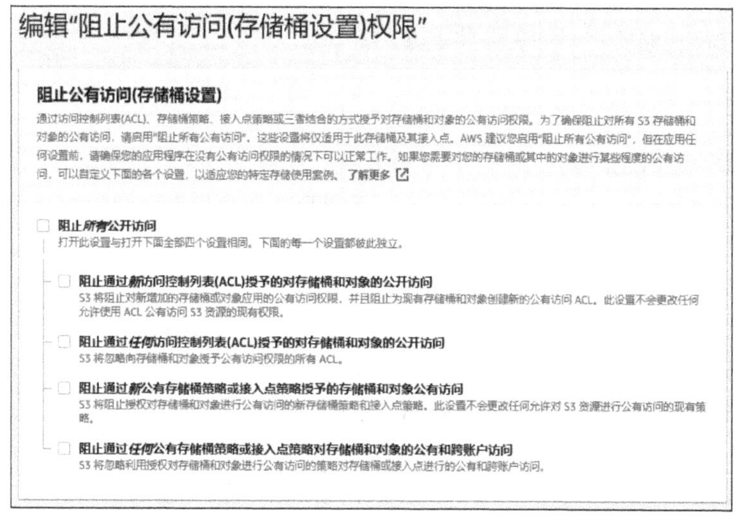
编辑“阻止公有访问(存储桶设置)权限”
阻止公有访问(存储桶设置)
通过访问控制列表(ACL)、存储桶策略、接入点策略或三者结合的方式授予对存储桶和对象的公有访问权限。为了确保阻止对所有 S3 存储桶和对象的公有访问，请启用“阻止所有公有访问”。这些设置将仅适用于此存储桶及其接入点。AWS 建议您启用“阻止所有公有访问”，但在应用任何设置前，请确保您的应用程序在没有公有访问权限的情况下可以正常工作。如果您需要对您的存储桶或其中的对象进行某些程度的公有访问，可以自定义下面的各个设置，以适应您的特定存储使用案例。了解更多
阻止所有公开访问
打开此设置与打开下面全部四个设置相同。下面的每一个设置都彼此独立。
阻止通过新访问控制列表(ACL)授予的对存储桶和对象的公开访问
S3 将阻止对新增加的存储桶或对象应用的公有访问权限，并且阻止为现有存储桶和对象创建新的公有访问 ACL。此设置不会更改任何允许使用 ACL 公有访问 S3 资源的现有权限。
阻止通过任何访问控制列表(ACL)授予的对存储桶和对象的公开访问
S3 将忽略向存储桶和对象授予公有访问权限的所有 ACL。
阻止通过新公有存储桶策略或接入点策略授予的存储桶和对象公有访问
S3 将阻止授权对存储桶和对象进行公有访问的新存储桶策略和接入点策略。此设置不会更改任何允许对 S3 资源进行公有访问的现有策略。
阻止通过任何公有存储桶策略或接入点策略对存储桶和对象的公有和跨账户访问
S3 将忽略利用授权对存储桶和对象进行公有访问的策略对存储桶或接入点进行的公有和跨账户访问。

图 6–41　编辑“阻止公有访问（存储桶设置）权限”

4）参见任务 6.2.2，配置存储桶 szptweb 的策略，允许公开访问。策略如下：

```
{
    "Version": "2012-10-17",
    "Statement": [
        {
            "Sid": "PublicReadGetObject",
            "Effect": "Allow",
            "Principal": "*",
            "Action": "s3: GetObject",
            "Resource": "arn: aws-cn: s3::: szptweb/*"
        }
    ]
}
```

5）上传静态网站。参见任务 6.2.2，将静态网站文件上传。如果没有 index.html 文件，则可以使用以下 HTML 进行创建：

```
<html xmlns="http: //www.w3.org/1999/xhtml" >
<head>
    <title>My Website Home Page</title>
</head>
<body>
  <h1>Welcome to my website</h1>
  <p>My Website is hosted on Amazon S3. </p>
</body>
</html>
```

6）测试网站。在存储桶的属性页面底部的“静态网站托管”区域可以看到“存储桶网站终端节点”为 http: //szptweb.s3-website.cn-north-1.amazonaws.com.cn，单击该链接可以访问该网站。

习题

1. 最常用的 Linux 系统之间的文件共享方式?（　　）

   A. CIFS　　B. NFS

   C. HTTP　　D. FTP

2. Amazon EFS 提供的是弹性（　　）文件系统。

   A. CIFS　　B. NFS

   C. OBS　　D. FTP

3. 创建 EFS 时，建议（　　）挂载目标。

   A. 每个可用区域创建一个　　B. 每个子网创建一个

   C. 每个 VPC 创建一个　　D. 只创建一个

4. 在 Linux 上使用 EFS 挂载帮助程序挂载 Amazon EFS 时，要安装（　　）软件包。

   A. nfs-utils　　B. nfs-common

   C. fstab-utils　　D. amazon-efs-utils

5. Amazon S3 是一种对象存储服务，该服务具有（　　）特点。

A. 高可扩展性、容量几乎无限　　B. 高数据可用性

C. 可达到 99.9999999% 的持久性　　D. 高安全性

6. 对象存储中的对象由（　　）组成。

A. 对象数据（Data）　　B. 元数据（Metadata）

C. 键（Key）　　D. 属性

7. 元数据服务器（Metadata Server，MDS）用于（　　）。

A. 存储对象的数据

B. 控制用户访问哪个对象存储设备（OSD）

C. 存储对象的元数据

D. 文件和目录访问管理

8. 以下哪些描述是正确的？（　　）

A. 亚马逊云科技中的存储桶的名称需要全球唯一

B. 存储桶默认阻止公开访问

C. Amazon S3 具有扁平结构，对象不是按照类似目录这样的层次结构存放的

D. 一个存储桶可以上传的对象数量几乎没有限制

9. 哪个存储类适用于上传课件？（　　）

A. 标准　　B. 标准 –IA

C. Glacier　　D. 低冗余

10. 以下哪些可以用来管理对象存储中的对象访问？（　　）

A. 存储桶策略

B. 存储桶访问控制列表（ACL）

C. 对象访问控制列表（ACL）

D. 基于用户的策略

11. 使用 Amazon S3 托管静态网站，通常要（　　）。

A. 申请域名

B. 申请云主机、安装 Web 服务

C. 在存储桶上启用静态网站托管功能

D. 配置存储桶策略允许公开访问

12. 操作题：在亚马逊云科技的已有 VPC 上创建合适的安全组，创建 EFS，各项参数保持默认值；在 Linux EC2 上自动挂载该 EFS；测试在 Linux 上访问 EFS 是否正常。

13. 操作题：在 Amazon S3 上创建两个存储桶。存储桶一用于存储日常办公文件，启用版本控制、服务端加密、生命周期管理，（应特别注意，不得允许公开访问）授权另一用户可以访问存储桶中 public 文件夹中的对象。存储桶二用于托管静态网站，可以创建一个关于个人简介的静态网站，测试该网站。

单元 7 域名系统及内容分发网络服务

单元概述

本单元将介绍亚马逊云科技的域名解析服务 Amazon Route 53 和内容分发网络服务 Amazon CloudFront。Amazon Route 53 是一种可用性高、可扩展性强的域名系统（DNS）服务，可以使用 Amazon Route 53 执行 3 个主要功能：域名注册（中国区不提供域名注册）、DNS 路由和运行状况检查。Amazon CloudFront 是一项加快将静态和动态 Web 内容分发给用户，提升访问速度的服务。Amazon CloudFront 通过分布在全国的边缘站点传输内容。当用户请求用 Amazon CloudFront 提供的内容时，请求被路由到提供最低延迟（时间延迟）的边缘站点，从而以尽可能最佳的性能传送内容。

学习目标

通过学习本单元，读者应掌握以下知识点和技能点。

知识点：

- 什么是 DNS
- Route 53 是什么服务
- Route 53 中的公有托管区和私有托管区的区别
- CDN 工作原理
- CloudFront 是什么服务

技能点：

- 注册域名
- 创建 Route 53 公有托管区
- 创建 Route 53 私有托管区
- 使用 CloudFront 加速网站访问

项目 7.1　使用域名系统

项目描述

为了提高企业的形象，以及方便企业内部员工和 Internet 上的用户用域名访问企业的各种业务服务，企业需要注册自己的域名。域名注册后，企业需要构建域名系统，维护域名系统中的记录，供企业内部员工和 Internet 上的用户使用。本项目将使用亚马逊云科技的 Amazon Route 53 服务来构建企业的域名系统。

任务 7.1.1　知识预备与方案设计

Amazon Route 53 是一种可用性高、可扩展性强的域名系统（Domain Name Server，DNS）服务。之所以称为“Route 53”，是因为 DNS 使用的 TCP/UDP 端口号是 53。可以使用 Route 53 以任意组合执行 3 个主要功能，即域名注册（中国区不提供域名注册）、DNS 路由（即 DNS 解析）和运行状况检查。

1. DNS

使用 TCP/IP 进行通信的计算机都需要 IP 地址，IP 地址可以是 IPv4 或者 IPv6 的地址，本书只讨论 IPv4。IPv4 地址由 4 个字节构成，如 183.60.95.201。由于这个数字很难记忆，因此人们想出一个办法，用域名（也称主机名）替代这个数字，如用 www.sina.com.cn 替代 183.60.95.201。这样，计算机要与 183.60.95.201 通信时，就可以使用 www.sina.com.cn 替代 183.60.95.201。域名服务器负责把 www.sina.com.cn 解析（或者称为翻译）为 183.60.95.201。DNS 服务是互联网的一项服务，它作为将域名和 IP 地址相互映射的一个分布式数据库，能够使人更方便地使用域名访问互联网。

2. 域名注册

域名注册为保证每个域名都是独一无二的。国内有很多域名注册服务机构，如西部数码、腾讯、阿里等。

3. Route 53

Amazon Route 53 是一种托管的域名系统服务，中国区 Route 53 提供两个主要功能：DNS 路由和运行状况检查。

1）将 Internet 流量路由到域中的资源。当用户打开 Web 浏览器并在地址栏中输入域名（example.com）或子域名（acme.example.com）时，Route 53 会将浏览器与网站或 Web 应用程序相连接。

2）检查资源的运行状况。Route 53 会通过 Internet 将自动请求发送到资源（如 Web 服务器），以验证其是否可访问、是否可用且功能正常。Route 53 还可以选择在资源变得不可用时接收通知，并可选择将 Internet 流量从运行状况不佳的资源路由到别处。

4. 公有托管区

公有托管区是一个容器，其中包含的记录可把 Internet 的流量路由到特定域（如 example.com）。公有托管区域可为 Internet 上的用户提供特定域的域名解析。

5. 私有托管区

私有托管区是一个容器，其中包含的记录可响应所创建的 VPC 上的主机对特定域（如 example.com）的 DNS 查询，可为 VPC 上的主机提供特定域的域名解析。下面是私有托管区域的工作原理：

1）创建一个私有托管区（如 example.com），并指定要与该托管区关联的 VPC。

2）在托管区中创建记录，用于确定 Route 53 如何响应 VPC 中域的 DNS 查询。例如，假设有一个在与私有托管区关联的 VPC 之一中的 EC2 实例上运行的数据库服务器，需要创建 A 或 AAAA 记录（如 db.example.com），并指定数据库服务器的 IP 地址。

3）当应用程序提交 db.example.com 的 DNS 查询时，Route 53 会返回相应的 IP 地址。应用程序还必须运行在与 example.com 私有托管区域关联的 VPC 之一中的 EC2 实例上。

4）应用程序使用从 Route 53 获得的 IP 地址与数据库服务器建立连接。

6. 方案设计

这里在单元 3 创建的 VPC（名称：VPC EXER）上新创建两个 Linux 云主机，两个 Linux 云主机申请了弹性 IP 地址，准备对外提供业务服务（以 Web 服务方式提供）。本项目注册了一个域名（如 longkey.xyz），使用 Route 53 创建一个公有托管区来为 Internet 上的用户提供这两个 Linux 主机的域名解析，并创建一个私有托管区来为 VPC EXER 的用户（即主机）提供域名解析。为提高业务的稳定性，使用 Route 53 对两个 Linux 云主机进行运行状态检测（如图 7-1 所示），当云主机故障时，将不提供该主机的 IP 地址。

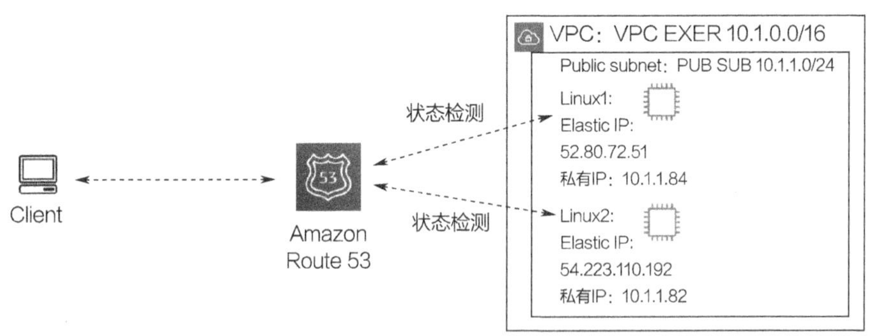

图 7-1　利用 Route 53 进行运行状态检测

任务 7.1.2　域名注册

由于亚马逊云科技中国区并不提供域名注册服务，因此这里通过其他域名注册服务商进行域名注册。本任务以在西部数码（https://www.west.cn/）注册域名为例进行介绍，步骤如下：

1）打开西部数码（https://www.west.cn/）网站主页，单击右上角的“登录”按钮，可以以微信、QQ、支付宝账号进行登录，或者免费注册一个账号进行登录。

2）如图 7-2 所示，单击“域名注册”选项，在域名文本框中输入要注册的域名，如

"Longkey"，并选择域名的后缀，如".com"".net"等。本例选择"全选"单选按钮，则选中全部域名的后缀，最后单击"查域名"按钮。

图 7-2　域名注册

3）系统将列出以不同后缀结尾的域名是否被注册，如图 7-3 所示。在未注册域名列表中单击要注册的域名，如"Longkey.net"。按照提示，填写域名注册相关资料，设置付费、实名认证等信息，本书不再赘述该过程。

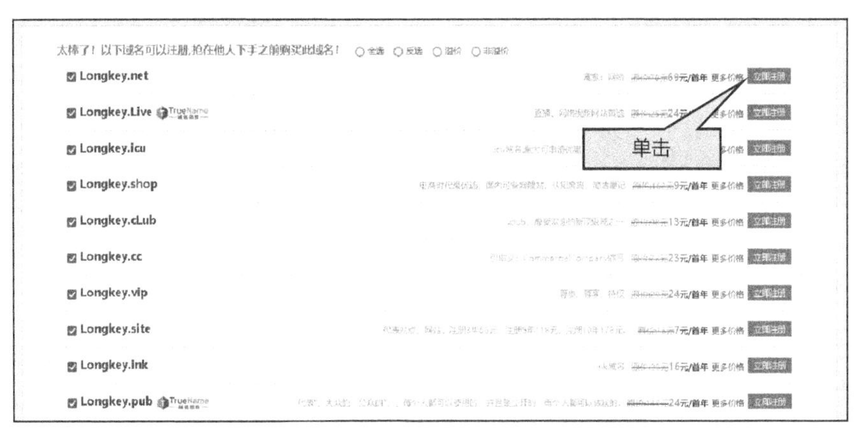

图 7-3　域名是否被注册查询结果

4）如图 7-4 所示，在网站的右上角单击"身份识别码"选项，并在界面左侧区域单击"业务管理"→"域名管理"选项，可以看到已经注册成功的域名，这里可以看到已经成功注册了的"longkey.xyz"这个域名。

5）西部数码本身也提供域名解析服务，也就是与亚马逊云科技的 Route 53 类似的 DNS 服务。默认时，可以在西部数码网站里管理所注册的域的记录。在图 7-4 中单击"longkey.xyz"域名，在图 7-5 所示的界面中单击"添加记录"按钮，便可以在"longkey.xyz"域中添加记录。但是本书并不打算在西部数码网站中管理"longkey.xyz"域的记录，而是将在任务 7.1.3 中使用亚马逊云科技的 Route 53 管理"longkey.xyz"域的记录。本任务只是在西部数码网站完成"longkey.xyz"域名注册而已。

图 7-4　成功注册的域名

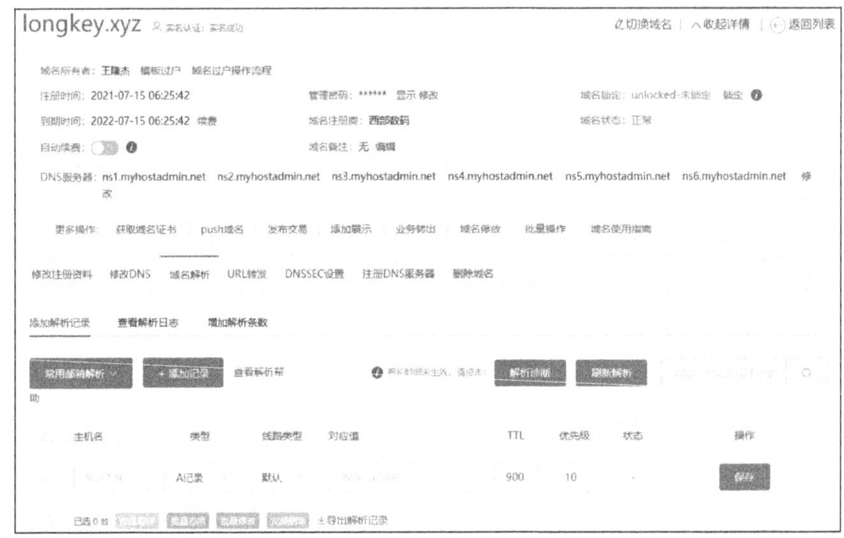

图 7-5　在西部数码网站也可以管理域的记录

任务 7.1.3　创建公共托管区

本任务将在亚马逊云科技中创建公共托管区，为任务 7.1.2 中已经注册的“longkey.xyz”域提供域名解析。步骤如下：

1）根据图 7-1 的拓扑规划，参见单元 2 中创建 EC2 实例的步骤，创建两个 Linux 实例。为方便测试，创建实例时，展开高级详细信息，并将以下脚本粘贴到用户数据字段。该脚本将安装系统更新，安装 Apache Web 服务器（httpd），配置 Web 服务器，以在启动时自动启动、激活 Web 服务器，创建一个简单网页。

```
#!/bin/bash
yum -y update
yum -y install httpd
chkconfig httpd on
service httpd start
echo "<html><h1>Hello From Your Web Server!</h1></html>" > /var/www/html/index.html
```

注意，要把这两个实例连接到单元 3 中所使用的 VPC EXER 上的 PUB SUB 子网，（拓扑如图

7-1 所示）为两个 Linux 实例申请弹性 IP 地址，并记录这两个 IP 地址。同时，实例所关联的安全组要允许 HTTP 流量通过。实例正常启动后，测试 http：//52.80.72.51（Linux1）、http：//54.223.110.192（Linux2）能否正常显示网页。

2）亚马逊云科技管理控制台，单击“服务”→“联网”下的“Route 53”选项，打开 Route 53 服务的管理界面。如图 7-6 所示，单击左侧的“运行状态检测”选项，再单击“创建运行状况检查”按钮。

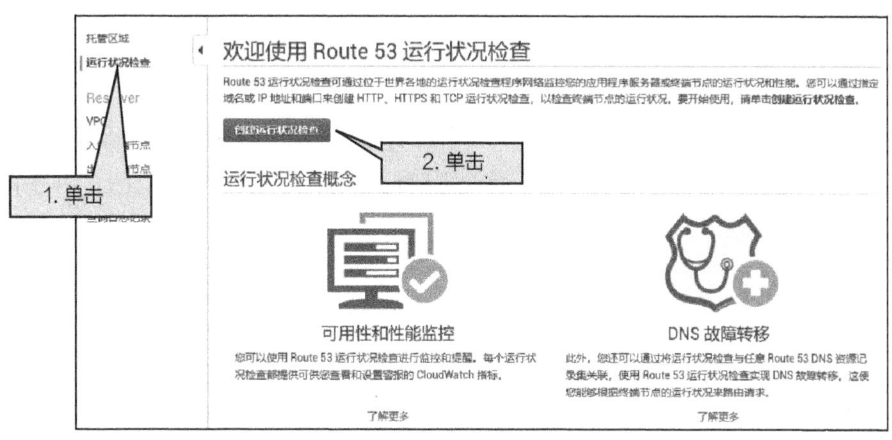

图 7-6　运行状况检测界面

3）如图 7-7 所示，对 http：//52.80.72.51（Linux1）的运行状况进行检查。默认时，30s 检测一次主机，3 次失败则认为主机故障。如果要修改检测参数，展开图 7-7 中的“高级配置”选项进行修改。设置完成后单击“下一步”按钮。

配置运行状况检查
Route 53 运行状况检查让您能够跟踪 Web 服务器或邮件服务器等资源的运行状况，并在出现中断时采取措施。
名称 Linux1
监控内容 终端节点 / 其他运行状况检查(已计算的运行状况检查)的状态 / CloudWatch 警报状态
监控终端节点
多个 Route 53 运行状况检查程序会尝试与下面的资源建立 TCP 连接，以确定其是否运行正常。了解更多
终端节点指定方式 IP 地址 域名
协议 HTTP
IP 地址* 52.80.72.51
主机名称 www.example.com
端口* 80
路径 / images
高级配置
URL http://52.80.72.51:80/
运行状况检查类型 基本 - 未选择任何附加选项 (查看定价)
*必填
取消 下一步

图 7-7　配置运行状况检查

4）如图 7-8 所示，可以配置运行状况检查时是否发送通知。本实例选择“否”单选按钮，单击“创建运行状况检查”按钮。

图 7-8　配置运行状况检查时是否发送通知

5）参照步骤 2）~4），为 http：//54.223.110.192（Linux2）创建运行状况检查。结果如图 7-9 所示，单击右上角的“刷新”按钮，可以刷新运行状况检查的状态。图 7-9 中的 Linux1、Linux2 主机均正常运行。

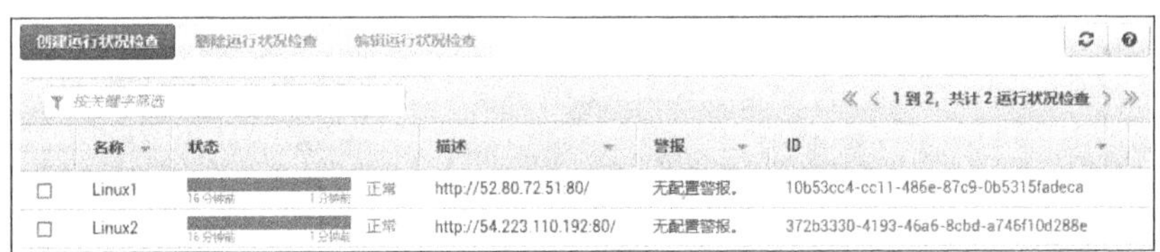

图 7-9　已创建的两个运行状况检查

6）在 Route 53 服务的管理界面中，单击左侧的“托管区域”选项，然后单击“创建托管区”按钮。如图 7-10 所示，输入域名“longkey.xyz”，选择类型为“公有托管区”，单击“创建托管区”按钮。本任务创建的是公有托管区，可为 Internet 上的用户提供“longkey.xyz”域的域名解析。

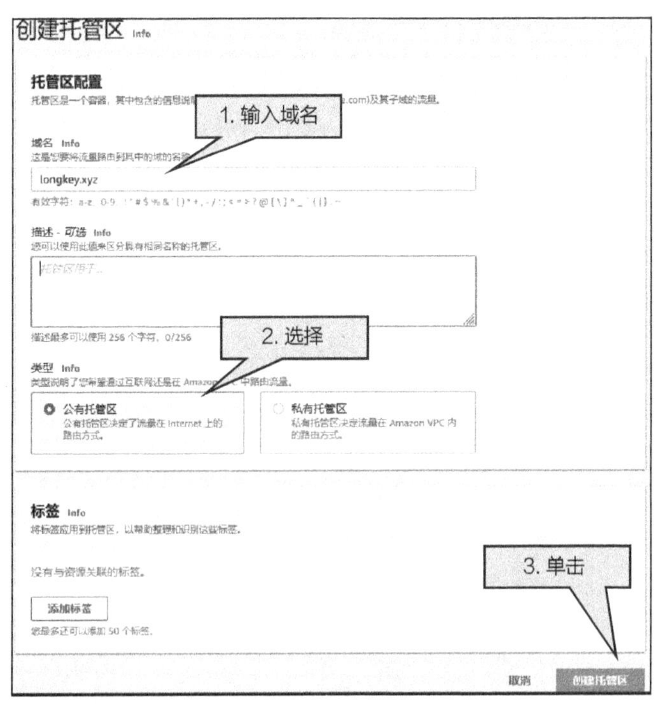

图 7-10　创建公有托管区

7）图 7-11 所示是创建好的托管区。默认时，已经在该域中创建了 NS 和 SOA 记录。请关注类型为 “NS”（Name Server）的记录，该 “NS” 记录指明该域的 DNS 服务器。单击 “创建记录” 按钮，添加新的记录。

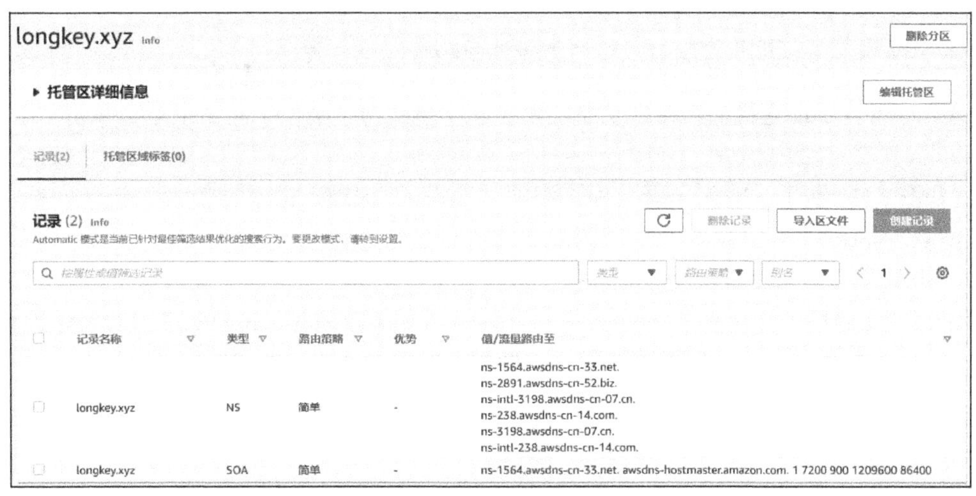

图 7-11　创建好的托管区

8）如图 7-12 所示，选择路由策略。详细的路由策略介绍见 https：//docs.amazonaws.cn/Route53/latest/DeveloperGuide/routing-policy.html。路由策略决定了 Amazon Route 53 响应查询的方式：

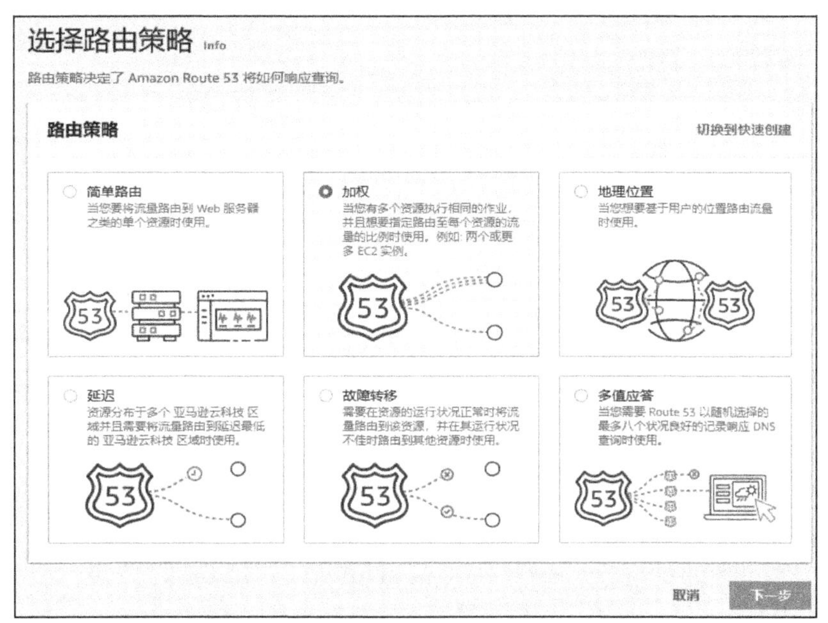

图 7-12　选择路由策略

- 简单路由策略：为域执行给定功能的单一资源（如为 example.com 网站提供内容的 Web 服务器），可以使用该资源。
- 故障转移路由策略：如果想要配置主动 - 被动故障转移，则可以使用该选项。
- 地理位置路由策略：如果想要根据用户的位置来路由流量，则可以使用该选项。

- 延迟路由策略：如果资源位于多个 Amazon 区域，或者希望将流量路由到提供最佳延迟的区域，可使用该策略。
- 多值应答路由策略：如果希望 Route 53 使用随机选择的正常记录（最多 8 条）响应 DNS 查询，则可以使用该策略。
- 加权路由策略：用于按照指定的比例将流量路由到多个资源。

本例有两个 Linux 主机。为实现负载均衡，本实例选择“加权”路由策略，单击“下一步”按钮。

9）如图 7-13 所示，输入记录名称，添加“jiaowu”记录，记录类型为 A 记录，单击“定义加权记录”按钮。

10）如图 7-14 所示，把 A 记录指向 Linux1 主机的 IP 地址（52.80.72.51）；权重为 100；使用前面步骤定义的运行状况检查“Linux1”，当 Linux1 主机故障时，Route 53 不会将该地址作为响应；记录 ID 取值为“1”，ID 不重复即可。设置完成后单击“定义加权记录”按钮。

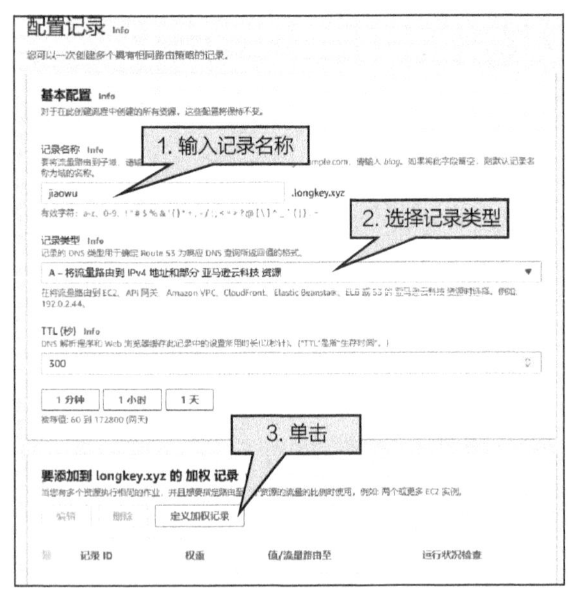

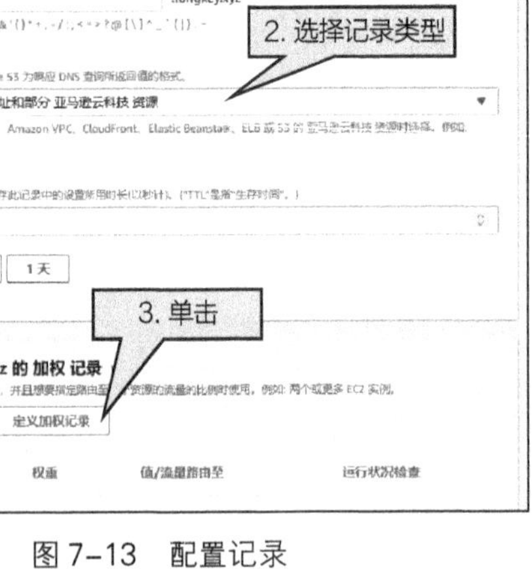

图 7-13　配置记录

图 7-14　定义加权记录

11）重复步骤 10），定义指向 Linux2 的加权记录，结果如图 7-15 所示。由于权重均为

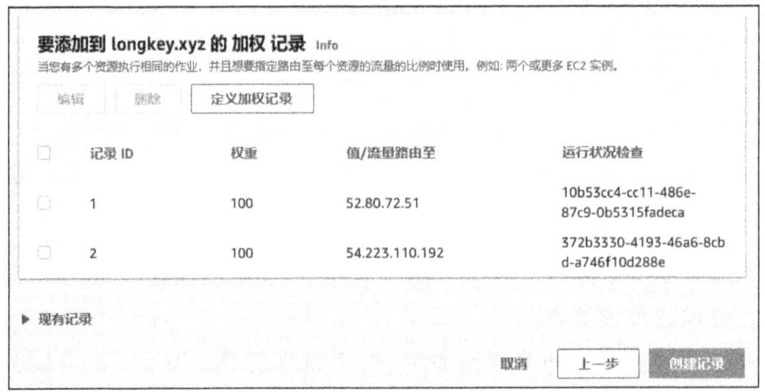

图 7-15　两条定义好的加权记录

100，因此当 Internet 上的用户请求解析“jiaowu.longkey.xyz”时，Route 53 会均衡 52.80.72.51、54.223.110.192 两个地址进行响应。单击“创建记录”按钮，结果如图 7-16 所示。

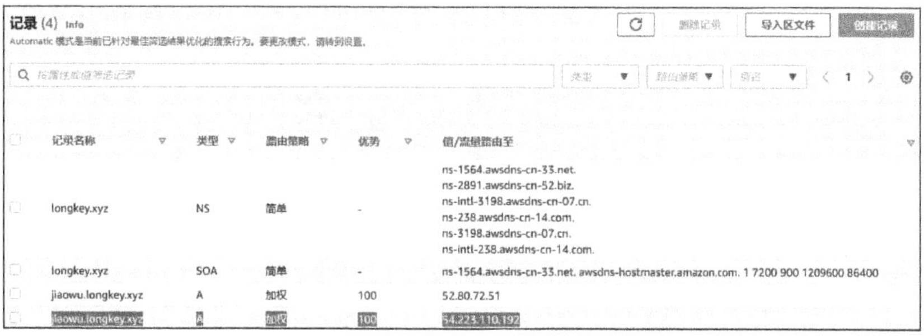

图 7-16　添加好的 A 记录

12）到目前的步骤为止，“longkey.xyz”是通过西部数码网站注册的，但是“longkey.xyz”托管区却是在亚马逊云科技中创建的。由于默认情况下在西部数码网站注册的“longkey.xyz”域的 DNS 服务器是西部数码提供的，所以需要修改“longkey.xyz”域的 DNS 服务器。回到西部数码网站，进入域名管理界面，如图 7-5 所示，选择“修改 DNS”选项卡。如图 7-17 所示，选择“使用自定义 DNS”单选按钮，把图 7-16 中类型为“NS”的记录后面的 6 个值复制到图 7-17 中“域名 DNS1”等文本框中，注意去掉最后的“.”号。单击“确定提交”按钮，这样“longkey.xyz”域的域名解析将由这里创建的托管区来进行。修改 DNS 后需要 2~24h 才生效。

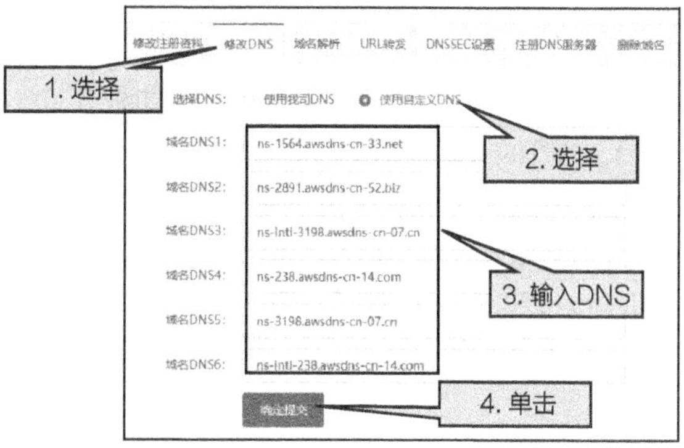

图 7-17　在西部数码网站上修改域的 DNS

13）测试。在能正常上网的 Windows 计算机上执行“nslookup”命令，如下：

```
C: \Users\Administrator>nslookup
> jiaowu.longkey.xyz
非权威应答:
DNS request timed out.
    timeout was 2 seconds.
名称:     jiaowu.longkey.xyz
Address:  54.223.110.192
```

可以看到，Route 53 已经成功把 jiaowu.longkey.xyz 域名解析为 54.223.110.192（Linux2）的地址。更换一台计算机或者换个时间重新测试，也许 Route 53 会把 jiaowu.longkey.xyz 域名解析为 52.80.72.51（Linux1）的地址。

14）ICP（Internet Content Provider）备案。ICP 备案是指网站在信息产业部提交网站信息进行官方认可。《互联网信息服务管理办法》指出互联网信息服务分为经营性和非经营性两类。国家对经营性互联网信息服务实行许可制度，对非经营性互联网信息服务实行备案制度。未取得许可或者未履行备案手续的，不得从事互联网信息服务。在亚马逊云科技中国区创建 Route 53 公有托管区后，还需要对域名进行备案，否则公有托管区可能无法长期稳定运行。域名可使用西云数据（宁夏）或者光环新网（北京）的服务器公开访问，西云数据和光环新网将免费提供备案服务。光环新网 ICP 备案相关的常见问题，可参考光环新网官方网站 http：//www.sinnet.com.cn/content.aspx?PartNodeId=83#pt83。西云数据 ICP 备案相关的常见问题，可参考西云数据官方网站 https：//icp.nwcdcloud.cn/。亚马逊云科技对域名进行备案的邮件提示如图 7–18 所示。

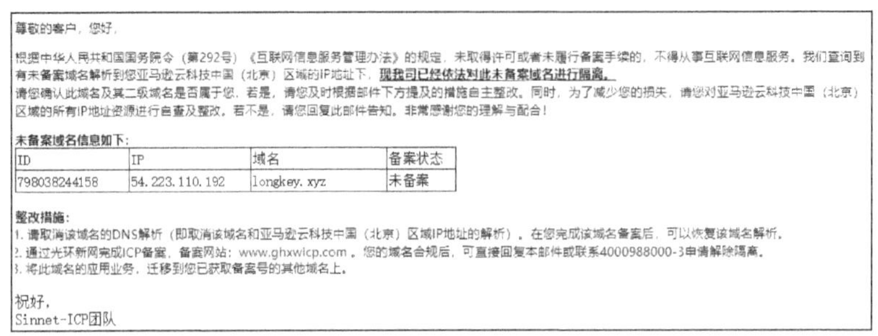

尊敬的客户，您好，

根据中华人民共和国国务院令（第292号）《互联网信息服务管理办法》的规定，未取得许可或者未履行备案手续的，不得从事互联网信息服务。我们查询到有未备案域名解析到您亚马逊云科技中国（北京）区域的IP地址下，**现我司已经依法对此未备案域名进行隔离。**
请您确认此域名及其二级域名是否属于您，若是，请您及时根据邮件下方提及的措施自主整改。同时，为了减少您的损失，请您对亚马逊云科技中国（北京）区域的所有IP地址资源进行自查及整改，若不是，请您回复此邮件告知。非常感谢您的理解与配合！

未备案域名信息如下：

ID	IP	域名	备案状态
798038244158	54.223.110.192	longkey.xyz	未备案

整改措施：
1. 请取消该域名的DNS解析（即取消该域名和亚马逊云科技中国（北京）区域IP地址的解析）。在您完成该域名备案后，可以恢复该域名解析。
2. 通过光环新网完成ICP备案，备案网站：www.ghxwicp.com 。您的域名合规后，可直接回复本邮件或联系4000988000-3申请解除隔离。
3. 将此域名的应用业务，迁移到您已获取备案号的其他域名上。

祝好，
Sinnet-ICP团队

图 7–18　亚马逊云科技对域名进行备案的邮件提示

任务 7.1.4　创建私有托管区

本任务将在亚马逊云科技 Route 53 中创建私有托管区，为图 7–1 中 VPC EXER 的实例（主机）提供“longkey.xyz”域的域名解析。由于是 VPC 内的域名解析，因此在域中添加的记录的地址应该是 VPC 内的私有地址。步骤如下：

1）在 Route 53 服务的管理界面中，单击左侧的“托管区域”选项，再单击“创建托管区”按钮。如图 7–19 所示，输入域名“longkey.xyz”，选择类型为“私有托管区”，在“要与托管区关联的 VPC”选项区中选择 VPC 所在的区域及要关联的 VPC。设置完成后单击“创建托管区”按钮（该按钮在图 7–19 中未显示）。图 7–20 所示为创建成功的私有托管区。

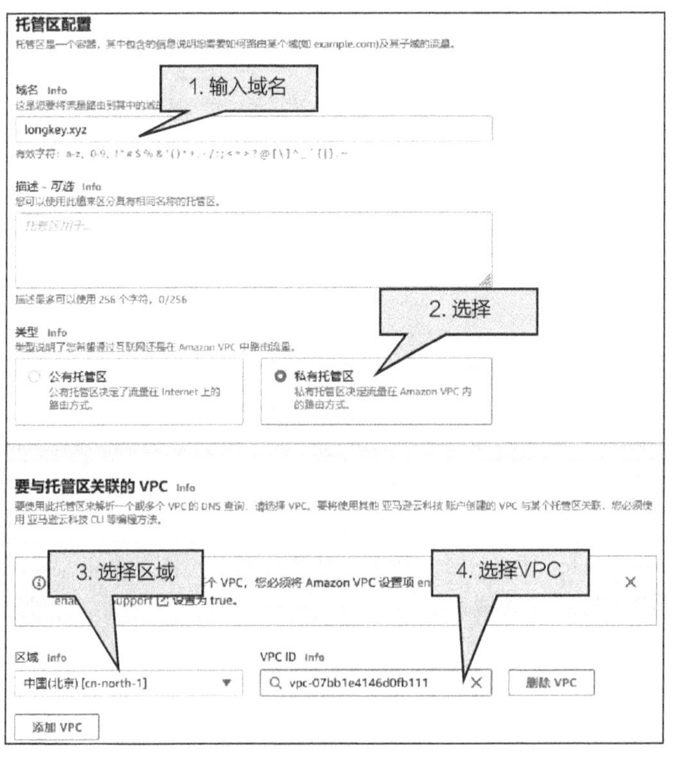

图 7–19　创建私有托管区

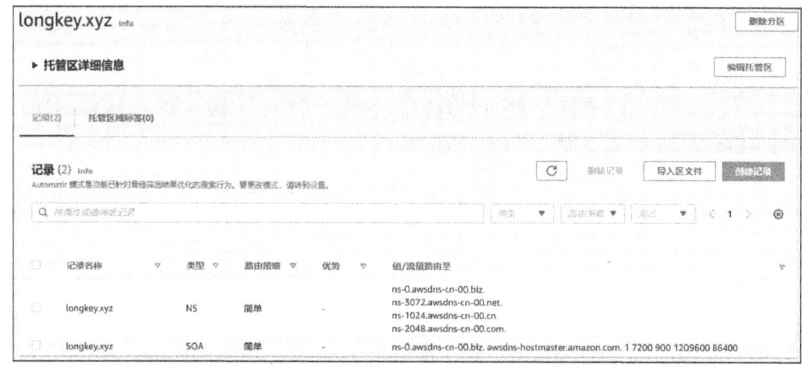

图 7–20　创建成功的私有托管区

2）在图 7–20 中单击“创建记录”按钮。在打开的下一界面“选择路由策略”中单击“简单路由”选项，单击“下一步”按钮。在打开的下一界面“配置记录”中单击“定义简单记录”选项，打开的界面如图 7–21 所示，从中定义一个 A 记录：linux1 指向 Linux1 实例的私有 IP 地址 10.1.1.84（参见图 7–1）。类似地，定义另一个 A 记录：linux2 指向 Linux1 实例的私有 IP 地址 10.1.1.82。

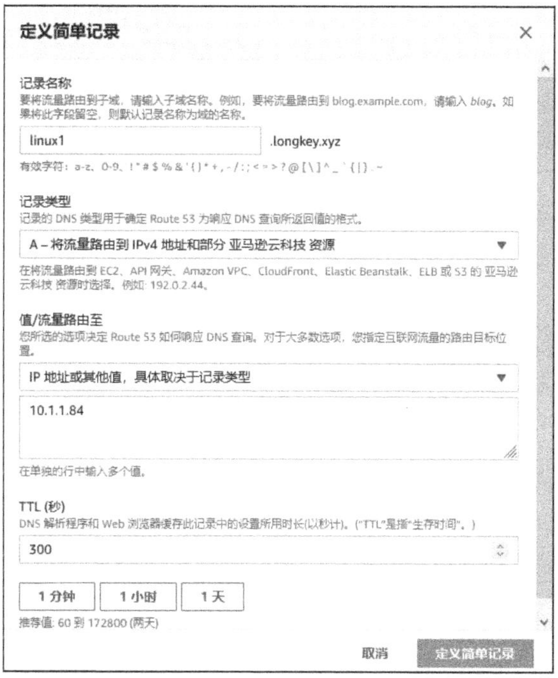

定义简单记录　×

记录名称
要将流量路由到子域，请输入子域名称。例如，要将流量路由到 blog.example.com，请输入 *blog*。如果将此字段留空，则默认记录名称为域的名称。
linux1　.longkey.xyz
有效字符：a-z、0-9、! " # $ % & ' ( ) * + , - / : ; < = > ? @ [\ ] ^ _ ` { | } . ~

记录类型
记录的 DNS 类型用于确定 Route 53 为响应 DNS 查询所返回值的格式。
A – 将流量路由到 IPv4 地址和部分 亚马逊云科技 资源
在将流量路由到 EC2、API 网关、Amazon VPC、CloudFront、Elastic Beanstalk、ELB 或 S3 的 亚马逊云科技 资源时选择。例如：192.0.2.44。

值/流量路由至
您所选的选项决定 Route 53 如何响应 DNS 查询。对于大多数选项，您指定互联网流量的路由目标位置。
IP 地址或其他值，具体取决于记录类型
10.1.1.84
在单独的行中输入多个值。

TTL (秒)
DNS 解析程序和 Web 浏览器缓存此记录中的设置所用时长(以秒计)。("TTL"是指"生存时间"。)
300
1 分钟　1 小时　1 天
推荐值：60 到 172800 (两天)

取消　定义简单记录

图 7–21　定义简单记录

3）参见“任务 7.1.3 创建公共托管区”中的步骤 7）~11），创建使用加权路由策略的 A 记录“jiaowu”。需要注意的是，该记录应该指向 Linux1、Linux2 的私有 IP 地址，结果如图 7–22 所示。

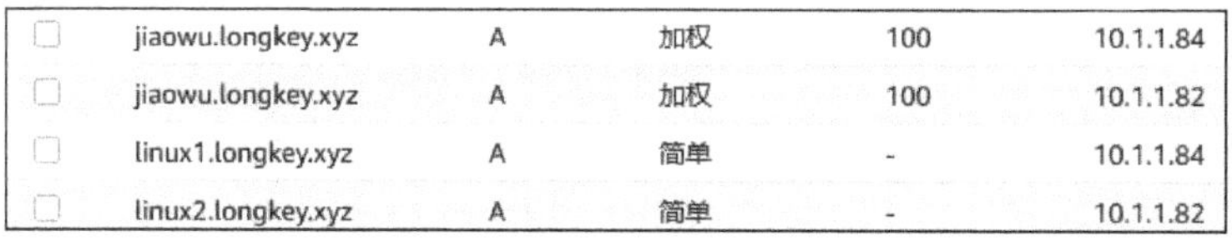

jiaowu.longkey.xyz	A	加权	100	10.1.1.84
jiaowu.longkey.xyz	A	加权	100	10.1.1.82
linux1.longkey.xyz	A	简单	-	10.1.1.84
linux2.longkey.xyz	A	简单	-	10.1.1.82

图 7–22　在私有托管区添加的记录

4）编辑 VPC。在亚马逊云科技控制台中，单击“服务”→“VPC”→“您的 VPC”选项。如图 7–23 所示，在 VPC 列表中选中“VPC EXER”，单击“操作”按钮，在下拉菜单中选中“编辑 DNS 解析”命令。如图 7–24 所示，确认选择了“启动”复选框。DNS 解析属性确定是否支持通过 Amazon DNS 服务器对 VPC 进行 DNS 解析。

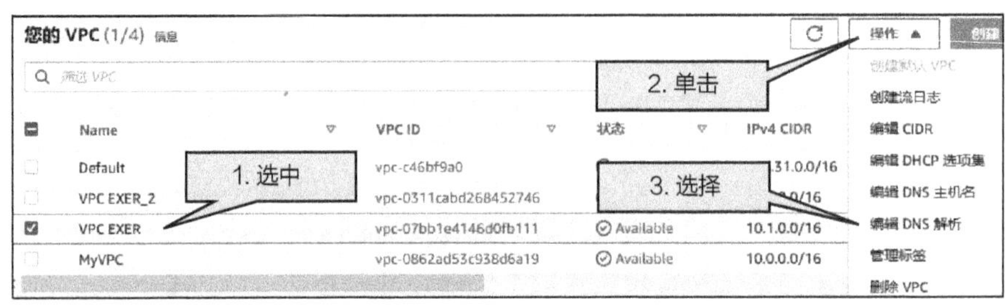

图 7–23　编辑 VPC 的 DNS 设置

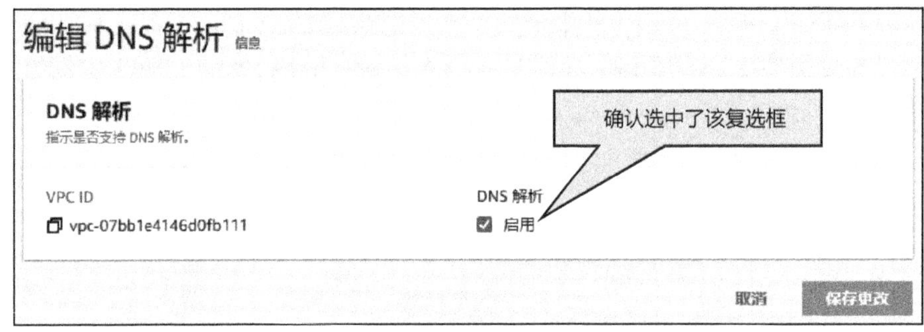

图 7–24　启用 DNS 解析

5）测试。通过 SSH 连接到 Linux1 或者 Linux2 实例，在实例中使用“nslookup”命令测试域名解析：

```
[ec2-user@ip-10-1-1-84 ~]$ nslookup
> linux1.longkey.xyz
Server:         10.1.0.2
Address:        10.1.0.2#53

Non-authoritative answer:
Name:   linux1.longkey.xyz
Address: 10.1.1.84
> linux2.longkey.xyz
Server:         10.1.0.2
Address:        10.1.0.2#53

Non-authoritative answer:
Name:   linux2.longkey.xyz
Address: 10.1.1.82
> jiaowu.longkey.xyz
Server:         10.1.0.2
Address:        10.1.0.2#53

Non-authoritative answer:
```

```
Name:    jiaowu.longkey.xyz
Address: 10.1.1.82
>
```

从以上测试结果可以看到，Route 53 为 VPC EXER 的实例正确解析了 longkey.xyz 中的记录。

项目 7.2　使用内容分发网络服务

项目描述　企业使用 S3 托管了一个静态网站，为了加速全国各地用户对网站的访问，管理员决定使用内容分发网络（Content Delivery Network，CDN）实现。

任务 7.2.1　知识预备与方案设计

1. CDN 工作原理

内容分发网络（CDN）是建立并覆盖在承载网之上，由分布在不同区域边缘节点的服务器群组成的分布式网络。CDN 应用广泛，支持多种行业、多种场景的内容加速，如图片文件下载、视音频点播、直播流媒体、全站加速、安全加速。CDN 工作原理如图 7-25 所示，用户请求文件时将发生以下操作：

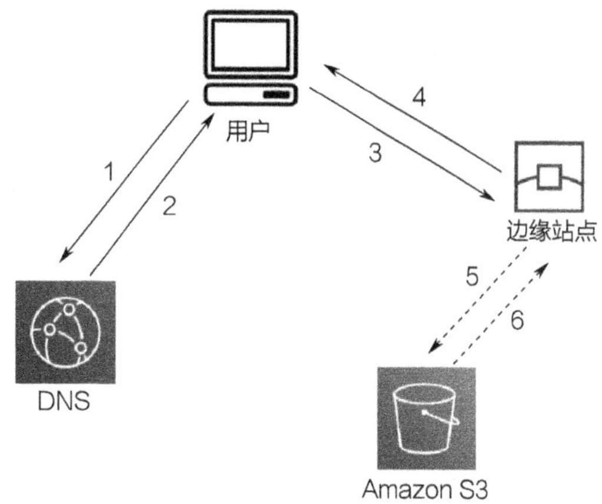

图 7-25　CDN 工作原理

1）用户访问网站 www.a.com，并请求一个或多个文件，如图像文件和 HTML 文件。用户首先向 DNS 系统请求 www.a.com 的 IP 地址。

2）CDN 的 DNS 调度系统将以离用户最近的边缘站点（POP）的 IP 地址进行响应，通常是以延迟来衡量最近的 POP 边缘站点。

3）用户将访问 www.a.com 文件的请求发往该边缘站点。

4）边缘站点检查其缓存中是否存在所请求的文件。如果这些文件在缓存中，则边缘站点会将它们发给用户。

5）如果这些文件没有位于缓存中，则边缘站点会将该请求和分配中的规范进行比较，然后根据相应文件类型将对文件的请求转发到源服务器。例如，将对图像文件的请求转发到 Amazon S3 存储桶，而将对 HTML 文件的请求转发到 HTTP 服务器。

6）源服务器将这些文件发回边缘站点。源中的第一个字节到达后，边缘站点就开始将文件转发到用户。边缘站点还将文件添加到边缘站点上的缓存中，方便下次用户请求，直接从缓存中返回这些文件。

2. Amazon CloudFront

Amazon CloudFront 是一种快速的内容分发网络（CDN）服务，可以在开发人员友好环境中以低延迟和高传输速率向全球客户安全分发数据、视频、应用程序和 API。Amazon CloudFront 中国在北京、上海、中卫和深圳有边缘站点。这 4 个边缘站点通过私有网络直接连接到由光环新网运营的亚马逊云科技中国（北京）区域和由西云数据运营的亚马逊云科技中国（宁夏）区域，以将内容快速分发给我国查看者。Amazon CloudFront 与用于 DDoS 缓解的 Amazon Shield Standard 及用作应用程序来源的 Amazon S3、Elastic Load Balancing 或 Amazon EC2 等服务无缝协作。Amazon CloudFront 有以下几个典型应用场景：

1）静态资产缓存。Amazon CloudFront 可以加速向查看者交付静态内容（即图像、样式表和 JavaScript 等）。Amazon CloudFront 提供缓存以改善延迟并减少原始服务器的负载。查看者访问网站时，缓存静态内容可为查看者提供快速、可靠的体验。

2）直播和点播视频流。Amazon CloudFront 提供多种选项来将媒体（包括预录制文件和直播）以流式传输给全球查看者。对于按需流式传输，可以使用 Amazon CloudFront 以 Microsoft Smooth、HLS、HDS 或 MPEG-DASH 的格式将多比特率流式处理到任何设备。要进行直播，可以使用 Amazon CloudFront 将媒体片段缓存到边缘站点，并折叠对清单文件的多个请求，以减少来源应用程序的负载。

3）动态内容和 API 加速。Amazon CloudFront 可用于保护和加速 API 调用。Amazon CloudFront 支持代理方法（POST、PUT、OPTIONS、DELETE 和 PATCH）。通过 Amazon CloudFront，与客户端的 TLS 连接将在附近的边缘站点终止，然后 Amazon CloudFront 使用优化的亚马逊云科技网络路径安全连接 API 服务器。

3. 方案设计

这里在 S3 上托管了一个静态网站，准备使用 CloudFront 加速对该网站的访问。为方便用户访问，创建 CloudFront 分配时使用 cdn.longkey.xyz 备用域名，因此需要在 Route 53 的 longkey.xyz 公有托管区中添加记录“cdn”，指向所创建的 CloudFront 分配。

任务 7.2.2 使用 CloudFront 加速网站访问

本任务将创建一个 S3 存储桶，并上传简单网页模拟一个静态网站。然后在 Aamzon CloudFront 中创建 CloudFront 分配，加速对 S3 存储桶托管的静态网站的访问。步骤如下：

1）登录亚马逊云科技管理控制台，单击“服务”→“S3”选项，打开 Amazon S3 服务的管理界面。

2）单击“创建存储桶”按钮，如图 7-26 所示，输入存储桶的名称和所在区域。

3）如图 7-27 所示，在“此存储桶的‘阻止公有访问’设置”部分，取消选中“阻止所有公有访问”复选框。必须允许公开读取存储桶和文件，以便 CloudFront URL 可以提供来自存储桶的内容。选中“我了解，当前设置可能会导致此存储桶及其中的对象被公开”复选框，所有其他设置保留默认值，最后单击“创建存储桶”按钮（该按钮图中未显示）。

常规配置

存储桶名称

longkey.xyz

存储桶名称必须唯一，并且不能包含空格或大写字母。查看存储桶命名规则

亚马逊云科技 区域

中国(北京) cn-north-1

从现有存储桶复制设置 – 可选

仅复制以下配置中的存储桶设置。

选择存储桶

图 7–26　存储桶常规配置

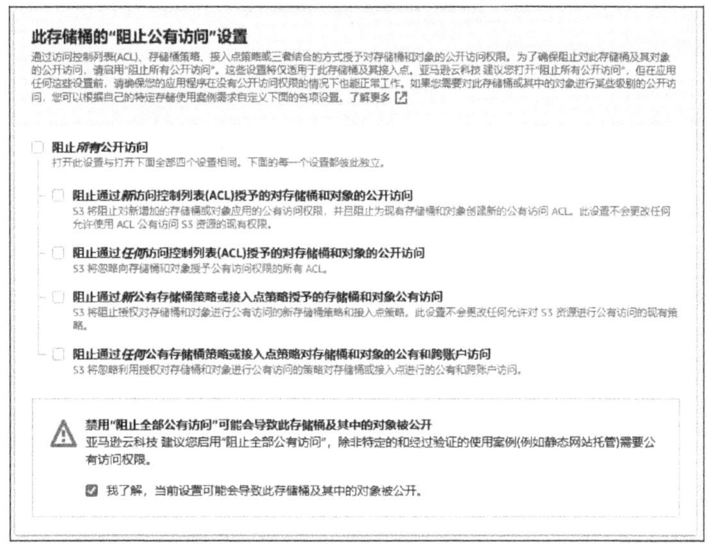

此存储桶的"阻止公有访问"设置
通过访问控制列表(ACL)、存储桶策略、接入点策略或三者结合的方式授予对存储桶和对象的公开访问权限。为了确保阻止对此存储桶及其对象的公开访问，请启用"阻止所有公开访问"。这些设置将仅适用于此存储桶及其接入点。亚马逊云科技 建议您打开"阻止所有公开访问"，但在应用任何这些设置前，请确保您的应用程序在没有公开访问权限的情况下也能正常工作。如果您需要对此存储桶或其中的对象进行某些级别的公开访问，您可以根据自己的特定存储使用案例需求自定义下面的各项设置。了解更多
阻止所有公开访问
打开此设置与打开下面全部四个设置相同。下面的每一个设置都彼此独立。
阻止通过新访问控制列表(ACL)授予的对存储桶和对象的公开访问
S3 将阻止对新增加的存储桶或对象应用的公有访问权限，并且阻止为现有存储桶和对象创建新的公有访问 ACL。此设置不会更改任何允许使用 ACL 公有访问 S3 资源的现有权限。
阻止通过任何访问控制列表(ACL)授予的对存储桶和对象的公开访问
S3 将忽略向存储桶和对象授予公有访问权限的所有 ACL。
阻止通过新公有存储桶策略或接入点策略授予的存储桶和对象公有访问
S3 将阻止授权对存储桶和对象进行公有访问的新存储桶策略和接入点策略。此设置不会更改任何允许对 S3 资源进行公有访问的现有策略。
阻止通过任何公有存储桶策略或接入点策略对存储桶和对象的公有和跨账户访问
S3 将忽略利用授权对存储桶和对象进行公有访问的策略对存储桶或接入点进行的公有和跨账户访问。
禁用"阻止全部公有访问"可能会导致此存储桶及其中的对象被公开
亚马逊云科技 建议您启用"阻止全部公有访问"，除非特定的和经过验证的使用案例(例如静态网站托管)需要公有访问权限。
我了解，当前设置可能会导致此存储桶及其中的对象被公开。

图 7–27　存储桶的权限设置

4）在存储桶列表中，单击新创建的存储桶“longkey.xyz”，选择“属性”选项卡，单击“静态网站托管”区域的“编辑”按钮。如图 7–28 所示，启用存储桶的静态网站托管功能，单击“保存更改”按钮（该按钮图中未显示）。

编辑静态网站托管 Info

静态网站托管

使用此存储桶来托管网站或重定向请求。了解更多

静态网站托管

禁用

启用

托管类型

托管静态网站

使用存储桶终端节点作为网址。了解更多

重定向对某个对象的请求

将请求重定向到其他存储桶或域。了解更多

为使客户能够访问网站终端节点上的内容，必须使所有内容公开可读。为此，您可以编辑存储桶的 S3"阻止公开访问"设置。有关更多信息，请参阅使用 Amazon S3 阻止公开访问

索引文档

指定网站的主页或默认页面。

index.html

图 7–28　启用存储桶的静态网站托管功能

5）在存储桶列表中，单击新创建的存储桶“longkey.xyz”，选择“对象”选项卡，单击“上传”按钮，把简单网站上传。该网站共有两个文件：index.html 文件、css 目录下的 style.css 文件。index.html 文件内容如下：

```
<!DOCTYPE html>
<html lang="en">
    <head>
        <title>Hello world!</title>
        <meta charset="utf-8">
        <link rel="stylesheet" href="./css/style.css" />
    </head>
    <body>
        <h1>Hello world!</h1>
    </body>
</html>
```

```
css 目录下的 style.css 文件内容如下:
@font-face {
    font-family: AmazonEmber;
    src:
url("https: //a0.awsstatic.com/libra-css/fonts/amazon-ember/AmazonEmber_Lt.woff");
    font-weight: 400;
    font-style: normal;
    font-size: 12pt;
}

body {
    background: #236192;
    font-family: AmazonEmber, Helvetica Neue, Helvetica, Arial, sans-serif;
    color: #ffffff;
    max-width: 75em;
    margin: 0 auto;
    display: flex;
    flex-direction: column;
    align-items: center;
    justify-content: center;
    height: 100vh;
}
```

上传时，在“访问控制列表（ACL）”选项区中选中“授予公开读取访问权限”及“我明白授予对指定对象的公开读取访问权限的风险”复选框。

6）测试能否正常访问静态网站。在存储桶列表中，单击新创建的存储桶“longkey.xyz”，选择“属性”选项卡，找到最下方的“静态网站托管”选项区，有诸如“http: //longkey.xyz.s3-website.cn-north-1.amazonaws.com.cn/”的链接。单击该链接，应该能正常访问该静态网站，这是一个显示“Hello world!”的简单页面。

7）在亚马逊云科技管理控制台，单击“服务”→“CloudFront”选项，打开 CloudFront 服务的管理界面。单击“创建分配”按钮，在“选择内容分发方式”页面中单击“入门”按钮。

8）如图 7-29 所示，在“源设置”选项区中，在“源域名”文本框中输入新创建的存储桶。在“限制存储桶访问”选项中选择“是”单选按钮，在“源访问身份”选项中选择“使用现有身份”单选按钮，并在“您的身份”下拉列表中选择一个身份，在“授予对存储桶的读取权限”选项中选择“是，更新存储桶策略”单选按钮。这样将更新存储桶的策略，以使得 CloudFront 能从存储桶读取内容进行缓存。

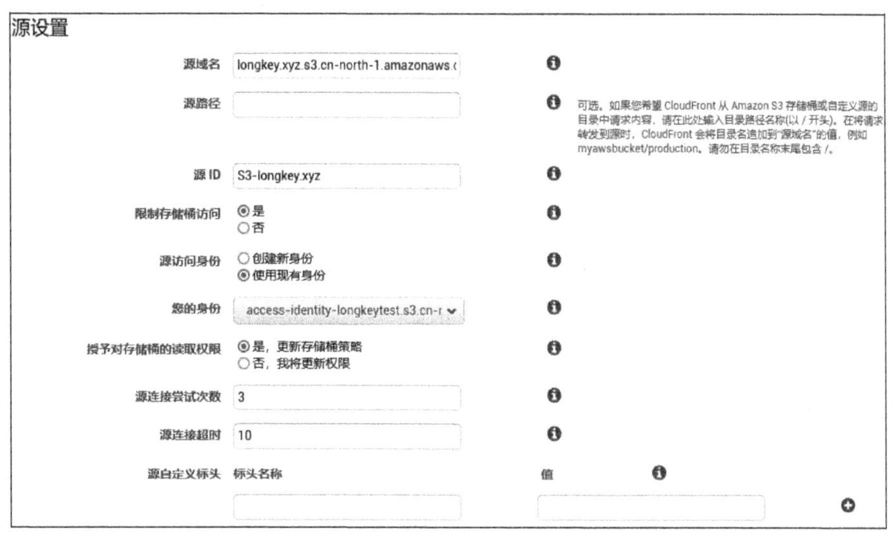

图 7-29　CloudFront 分配的源设置

9）“默认缓存行为设置”使用默认值。如图 7-30 所示，在“分配设置”选项区的“备用域名”中输入一个便于记忆、能提升企业形象的备用域名（如 cdn.longkey.xyz），这样用户可以使用备用域名访问 CloudFront。设置完成后单击“创建分配”按钮（该按钮图中未显示）。

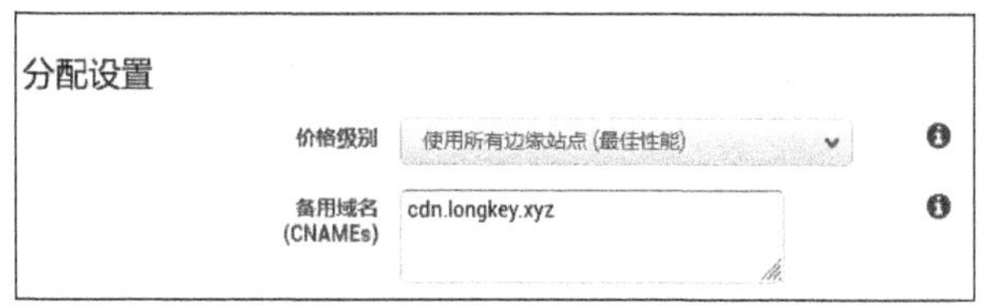

图 7-30　设置备用域名

10）图 7-31 所示是新创建的 CloudFront 分配，等待几分钟，状态将变为“已部署”。此时可看到该 CloudFront 分配有一个诸如“d2ozn59qg0ur1d.cloudfront.cn”的域名。用户可以使用该域名访问网站，但是该域名和企业注册的域名（如 longkey.xyz）无关，不利于提升企业的形象，因此通常需要在 Route 53 的公共托管区添加 Cname 记录。

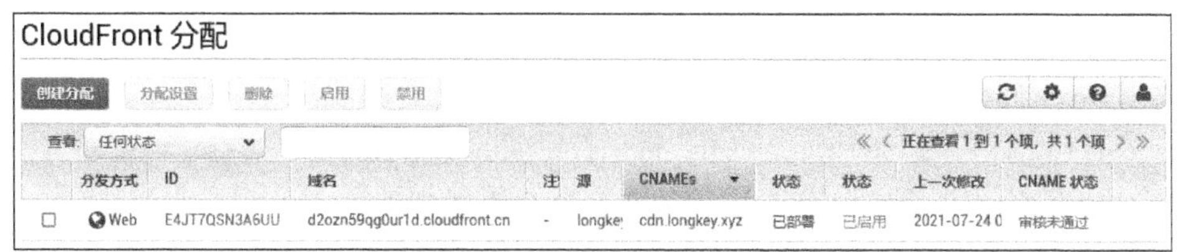

图 7-31　新创建的 CloudFront 分配

11）参见任务 7.1.3，如图 7-32 所示，在 Route 53 的 longkey.xyz 公有托管区添加简单记录“cdn.longkey.xyz”记录，该记录类型为“A”，指向 CloudFront 分配的域名“d2ozn59qg0ur1d.cloudfront.cn”。用户便可以使用 http：//cdn.longkey.com 访问网站。

图 7–32　在 Route 53 的 longkey.xyz 公有托管区添加简单记录

12）ICP 备案。细心的读者会发现，在图 7–33 中，“Cname”状态为红色的“审核未通过”，这意味着 CloudFront 无法访问。需要把该域名进行 ICP 备案，备案后的“Cname”状态为“审核通过”，此时才可使用“http：//cdn.longkey.xyz”或者“d2ozn59qg0ur1d.cloudfront.cn”访问网站。

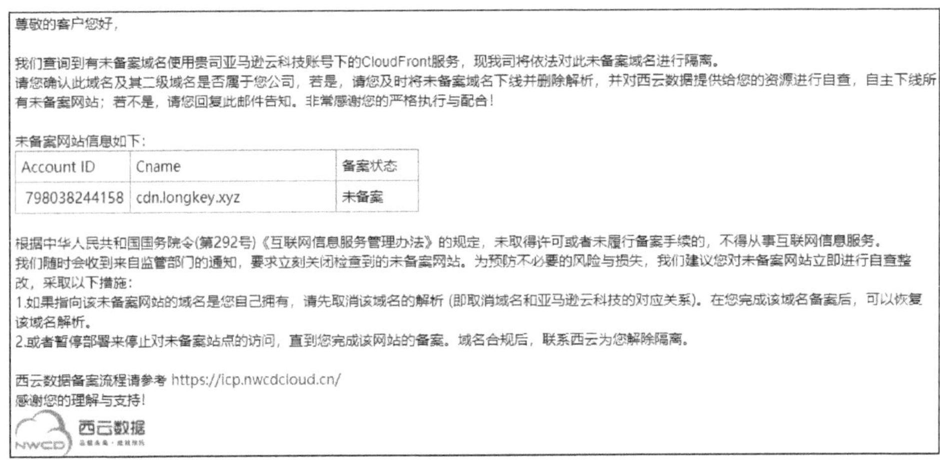

尊敬的客户您好，

我们查询到有未备案域名使用贵司亚马逊云科技账号下的CloudFront服务，现我司将依法对此未备案域名进行隔离。
请您确认此域名及其二级域名是否属于您公司，若是，请您及时将未备案域名下线并删除解析，并对西云数据提供给您的资源进行自查，自主下线所有未备案网站；若不是，请您回复此邮件告知。非常感谢您的严格执行与配合！

未备案网站信息如下：

Account ID	Cname	备案状态
798038244158	cdn.longkey.xyz	未备案

根据中华人民共和国国务院令(第292号)《互联网信息服务管理办法》的规定，未取得许可或者未履行备案手续的，不得从事互联网信息服务。
我们随时会收到来自监管部门的通知，要求立刻关闭检查到的未备案网站。为预防不必要的风险与损失，我们建议您对未备案网站立即进行自查整改，采取以下措施：
1.如果指向该未备案网站的域名是您自己拥有，请先取消该域名的解析 (即取消域名和亚马逊云科技的对应关系)。在您完成该域名备案后，可以恢复该域名解析。
2.或者暂停部署来停止对未备案站点的访问，直到您完成该网站的备案。域名合规后，联系西云为您解除隔离。

西云数据备案流程请参考 https://icp.nwcdcloud.cn/
感谢您的理解与支持！
西云数据
NWCD

图 7–33　提醒对域名进行备案

习题

1. 中国区的 Route 53 有以下哪个功能？（　　）
   A. 域名注册　　B. DNS 路由
   C. 运行状况检查　　D. 内容分发
2. 关于 Route 53 公有托管区和私有托管区的描述正确的是哪项？（　　）
   A. 公有托管区可为 Internet 上的用户提供特定域的域名解析
   B. 公有托管区中添加的记录，IP 地址通常是公有 IP 地址
   C. 私有托管区可为 VPC 上的主机提供特定域的域名解析
   D. 私有托管区中添加的记录，指向 VPC 内主机的 IP 地址通常是私有 IP 地址
3. 关于 ICP 备案，以下描述正确的是哪项？（　　）
   A. 自主进行 ICP 备案，不收取手续费
   B. 进行 ICP 备案的网站可以免责

C. 根据我国法律，对公众开放的非经营性网站需要进行 ICP 备案

D. 网站进行 ICP 备案，可以提高网站的安全性

4. Route 53 中的路由策略包含什么？（　　）

A. 简单路由　　B. 多路径路由

C. 加权　　D. 故障转移

5. 以下关于 CloudFront，描述正确的是哪项？（　　）

A. CloudFront 是托管的内容分发网络（CDN）服务

B. 目前的 CloudFront 中国在各省都有边缘站点

C. CloudFront 仅能加速静态网站的访问

D. CloudFront 是免费的服务

6. 操作题：在域名注册服务商注册一个域名，并在亚马逊云科技 Route 53 中为该域名进行域名解析。利用 Route 53 的运行状态状况对 EC2 进行检测，把 Route 53 中的记录和 EC2 运行状态状况进行关联。

7. 操作题：创建一个 S3 存储桶，用于托管静态网站，并利用 CloudFront 加速对该网站的访问。

单元 8 监控服务

单元概述

本单元将介绍亚马逊云科技的两个监控服务：Amazon CloudWatch 和 Amazon CloudTrail。Amazon CloudWatch 能够收集和跟踪各项指标、收集和监控日志文件、设置警报及自动应对亚马逊云科技资源的更改，让用户能够全面地了解资源使用率、应用程序性能和运行状况，便于及时做出反应，保证应用程序顺畅运行，提高资源的有效利用。Amazon CloudTrail 可对亚马逊云科技账户进行监管、合规性检查、操作审核和风险审核，从而帮助用户记录日志、持续监控并保留与整个亚马逊云科技基础设施操作相关的账户活动，简化安全性分析、跟踪资源更改、问题排查等。

学习目标

通过学习本单元，读者应掌握以下知识点和技能点。

知识点：

- 什么是 Amazon CloudWatch
- 什么是 Amazon CloudWatch 指标
- 什么是 Amazon CloudWatch 警报
- 什么是 Amazon CloudWatch 日志
- 什么是 Amazon CloudTrail
- 什么是管理事件
- 什么是数据事件
- 什么是见解事件
- 什么是跟踪

技能点：

- 使用 Amazon CloudWatch 监控实例指标
- 使用 Amazon CloudWatch 发布警报
- 使用 Amazon CloudWatch 收集日志
- 使用 Amazon CloudTrail 监控账户

项目 8.1 使用 Amazon CloudWatch 服务

项目描述

要高效利用亚马逊云科技，就需要深入了解亚马逊云科技资源的使用情况。例如，应当何时启动更多的 Amazon EC2 实例？应用程序的性能是否受到容量不足的影响？实际使用的基础设施有多少？亚马逊云科技提供的 Amazon CloudWatch 服务可以帮助用户全面地了解资源使用率、应用程序性能和运行状况等，进而有效地利用资源。本项目主要利用 Amazon CloudWatch 监控 Amazon EC2 实例的指标、设置警报、收集日志，以及使用 Cloud Trail 监控亚马逊云科技账户。

任务 8.1.1 知识预备与方案设计

在使用 Amazon CloudWatch 之前，有必要了解 Amazon CloudWatch 相关的概念和术语，便于更好地理解和使用该服务。

1. Amazon CloudWatch

Amazon CloudWatch 是一项针对亚马逊云科技云资源和在亚马逊云科技上运行的应用程序进行监控的服务。使用 Amazon CloudWatch 可以收集和跟踪各项指标、收集和监控日志文件、设置警报以及自动应对亚马逊云科技资源的更改。Amazon CloudWatch 可以监控各种亚马逊云科技资源，如 Amazon EC2 实例、Amazon DynamoDB 表、Amazon RDS 数据库实例、应用程序和服务生成的自定义指标以及应用程序生成的所有日志文件。用户可通过使用 Amazon CloudWatch 全面地了解资源使用率、应用程序性能和运行状况。使用这些分析结果，用户可及时做出反应，保证应用程序顺畅运行。

2. 命名空间

命名空间是 Amazon CloudWatch 指标的容器。不同命名空间中的指标彼此独立，因此来自不同应用程序的指标不会被错误地聚合到相同的统计信息中。

3. Amazon CloudWatch 指标

Amazon CloudWatch 指标是用户正在监控的其中一个资源或应用程序中的特定数据点。可将指标视为要监控的变量，而数据点代表该变量随时间变化的值。例如，特定 EC2 实例的 CPU 使用率是 Amazon EC2 提供的一个指标。许多亚马逊云科技资源与服务自动向 Amazon CloudWatch 提交指标，作为服务的一部分，而用户可将自定义指标发送给 Amazon CloudWatch。

4. Amazon CloudWatch 警报

Amazon CloudWatch 警报在指定的时间段内监控单个指标。当跟踪的指标在指定时间段内达到指定值时，Amazon CloudWatch 警报会向 Amazon SNS 主题或 Auto Scaling 策略发送通知。

创建警报时，应选择一个大于或等于指标的监控周期的警报监控周期。例如，对 Amazon EC2 进行的基本监控每隔 5min 提供一次实例指标。为基本监控指标设置警报时，选择的时间段至少应为 300s（5min）。对 Amazon EC2 的详细监控每隔 1min 提供一次实例指标。当为详细监控指标设置警报时，选择的时间段至少为 60s（1min）。如果对高精度指标（数据粒度为 1s）设置警报，可以指定 10s 或 30s 时间段的高精度警报，也可以设置 60s 的任意倍数时间段的定期警报。

5. Amazon CloudWatch 日志

Amazon CloudWatch 日志是 Amazon CloudWatch 的一项功能，用户可以使用 Amazon CloudWatch 日志来监控、存储和访问来自 Amazon EC2 实例、Amazon CloudTrail、Route 53 和其他来源的日志文件。通过使用 Amazon CloudWatch 日志，用户可以在一个高度可扩展的服务中集中管理使用的所有系统、应用程序和亚马逊云科技服务的日志。另外，可以轻松查看这些日志，搜索这些日志以查找特定的错误代码或模式，根据特定字段筛选这些日志，或者安全地存档这些日志以供将来分析。

6. Amazon CloudWatch 事件

Amazon CloudWatch 事件可以监控亚马逊云科技资源并提供描述资源更改的近乎实时的事件流。这些系统事件描述亚马逊云科技资源的变化，通过使用可快速设置的简单规则，可以匹配事件并将事件路由到一个或多个目标函数或流。Amazon CloudWatch 事件会在发生操作更改时感知到这些更改。Amazon CloudWatch 事件将响应这些操作更改并在必要时采取纠正措施，方式是发送消息以响应环境、激活函数、进行更改并捕获状态信息。

7. 方案设计

本项目使用 Amazon CloudWatch 服务对 EC2 实例 Linux_Server 的运行指标进行监控，实例的 CPU 利用率触发指标后进行警报并执行相应的操作，收集实例的日志以便于运行维护，以及通过事件记录实例的状态。其中，实例的区域为中国（北京）区域（cn-north-1），操作系统为 Amazon Linux 2，实例类型为“t2.micro”，vCPU 为 1，内存为 1GB，名称为 Linux_Server，实例的详细信息（网络、存储、安全组等）均为默认值，标签“Name”为“Linux_Server”。

任务 8.1.2 使用 Amazon CloudWatch 监控 EC2 实例的指标

用户在使用亚马逊云科技服务时，需要对关键服务的性能、可靠性等指标进行实时监控。在出现监控指标异常时，需要及时通知云管理人员，对异常服务进行查看并修复。越来越多的用户把生产环境部署在云端，这就要求云端业务需要 7 × 24h 处于可用状态。本任务将使用 Amazon CloudWatch 对亚马逊云科技 EC2 实例的指标进行详细监控，掌握实例的运行情况。实例的名称为 Linux_Server。

默认情况下，亚马逊云科技已对实例启用基本监控。基本监控数据在 5min 期间内自动可用，无须收费。详细监控提供时长为 1min 的数据，需要额外付费。要获得此级别的数据，必须为实例专门启用此监控。

1. 选择所需实例

如图 8-1 所示，在实例列表中选择所需的实例“Linux_Server”，选择“操作”→“监控和故障排除”→“管理详细监控”命令。

图 8-1　选择实例

2. 启用详细监控

如图 8-2 所示，选择"启用"复选框，单击"保存"按钮，启用详细监控。

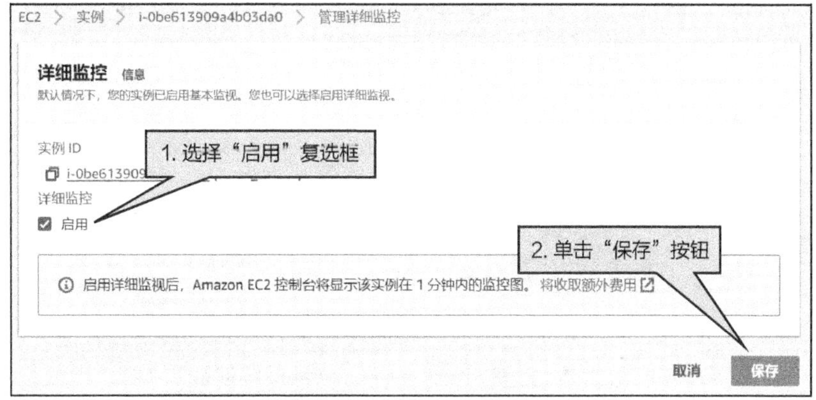

图 8-2　启用详细监控

3. 查看实例的详细监控

如图 8-3 所示，选择查看的实例复选框，选择"监控"选项卡，查看实例的详细监控。

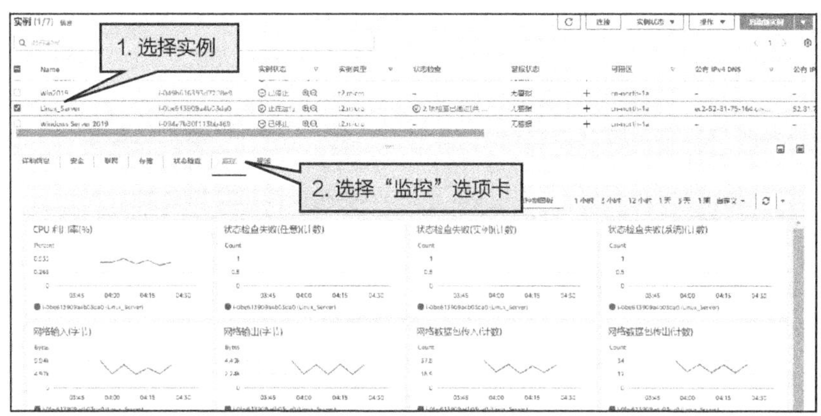

图 8-3　查看详细监控

任务 8.1.3　使用 Amazon CloudWatch 监控 EC2 实例指标并发布警报

本任务将为 EC2 实例 Linux_Server 创建 Amazon CloudWatch 警报，监控实例的 CPU 利用率，

监控周期为 6h。当 CPU 的利用率在监控周期内的平均值低于 10% 时，将发布警报并执行“停止实例”的操作。

要创建 Amazon CloudWatch 警报，可以使用 Amazon EC2 控制台创建，或者使用 Amazon CloudWatch 控制台创建。这里介绍使用 Amazon CloudWatch 控制台创建警报。

1. 打开 Amazon CloudWatch 控制台

如图 8-4 所示，在窗口右上角选择“北京（cn-north-1）”区域，则实例将在北京的数据中心上运行。再选择“服务”→“CloudWatch”命令，或在“Find Services”文本框中输入“CloudWatch”。

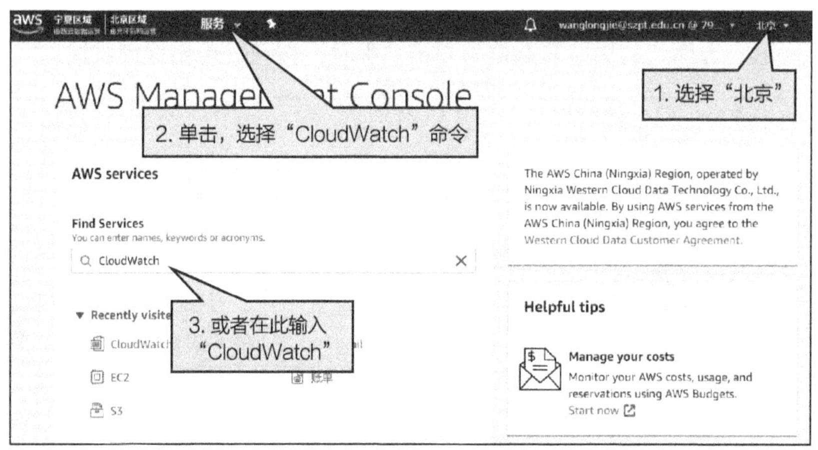

图 8-4　打开 Amazon CloudWatch 控制台

2. 创建警报

如图 8-5 所示，在导航窗格中单击“警报”选项，在右侧区域单击“创建警报”按钮。

图 8-5　创建警报

3. 选择指标

1）此时进入“指定指标和条件”界面。如图 8-6 所示，单击“选择指标”按钮，进入“选择指标”界面。

2）选择实例的指标和 CPUUtilization 指标。如图 8-7 和图 8-8 所示，在“选择指标”界面选择“EC2”“每个实例的指标”。如图 8-9 所示，在指标列表中选择包含实例和 CPUUtilization 指标的行，单击“选择指标”按钮。

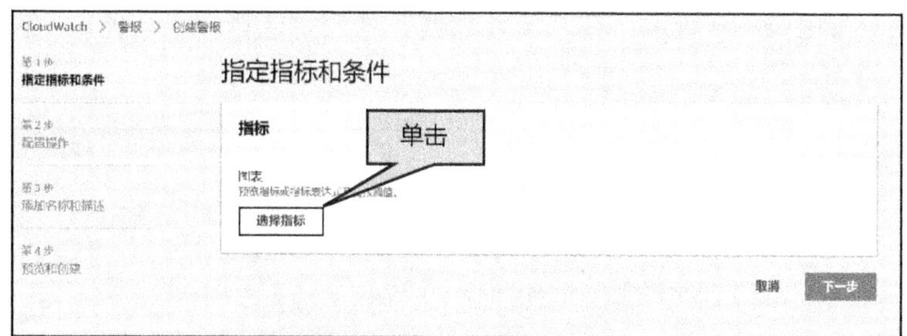

图 8-6　单击“选择指标”按钮

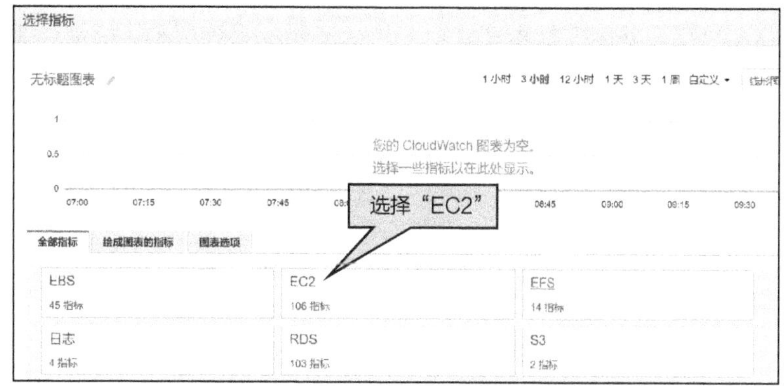

图 8-7　选择“EC2”

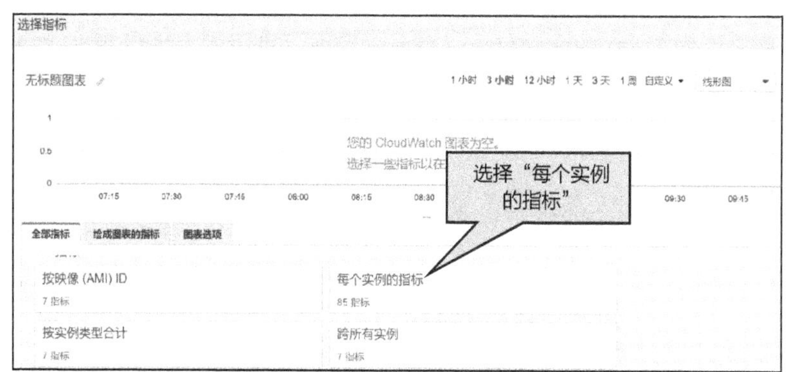

图 8-8　选择“每个实例的指标”

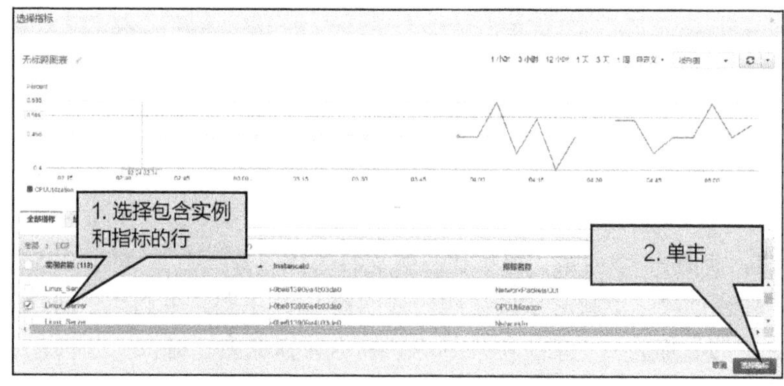

图 8-9　选择包含实例和指标的行

3）指定指标。如图 8–10 所示，在“统计数据”列表中选择“平均值”，在“周期”列表中选择“6 小时”。

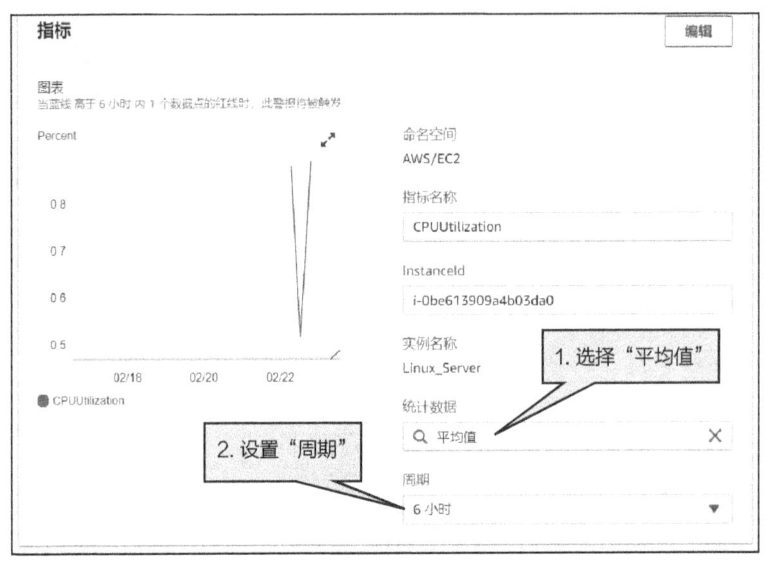

图 8–10　指定指标

4）指定条件。如图 8–11 所示，阈值类型选择“静态”类型，警报条件设置为“每当 CPU 利用率小于 10%”，单击“下一步”按钮。

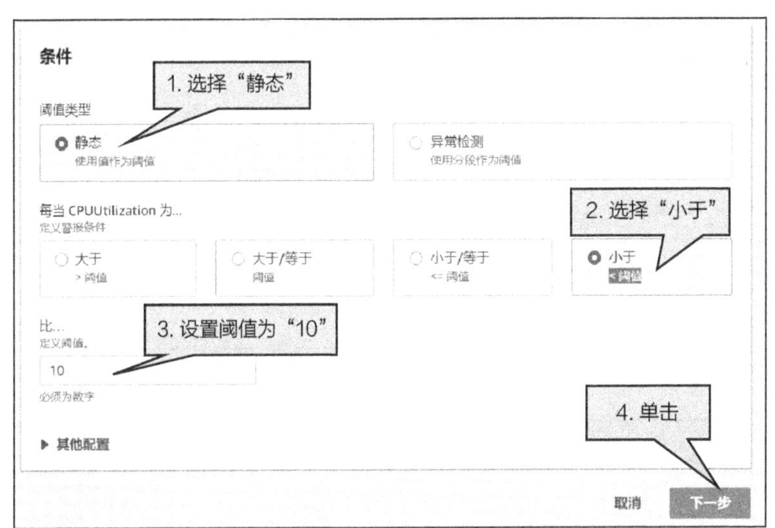

图 8–11　指定条件

4. 配置操作

1）配置通知。如图 8–12 所示，警报状态触发器选择“警报中”，对于 SNS 主题，可以选择一个现有 SNS 主题或创建一个新的 SNS 主题。要创建 SNS 主题，可选择“创建新主题”单选按钮，输入 SNS 主题的名称。对于电子邮件列表，输入警报变为“警报中”状态时，将通知发送到的电子邮件地址列表（多个邮件地址以逗号分开），最后单击“创建主题”按钮。

配置完成后，将向每个电子邮件地址发送一封主题订阅确认电子邮件。用户必须先登录邮箱确认订阅，然后通知才能发送到电子邮件地址。

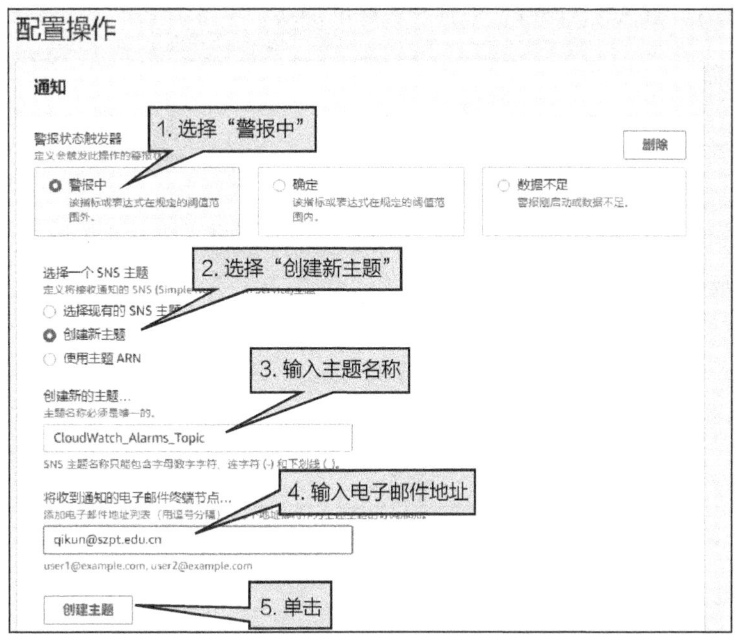

图 8–12　配置通知

2）配置 EC2 操作。如图 8–13 所示，在“EC2 操作”界面下，警报状态触发器选择“警报中”，操作选择“停止此实例”，单击“下一步”按钮。

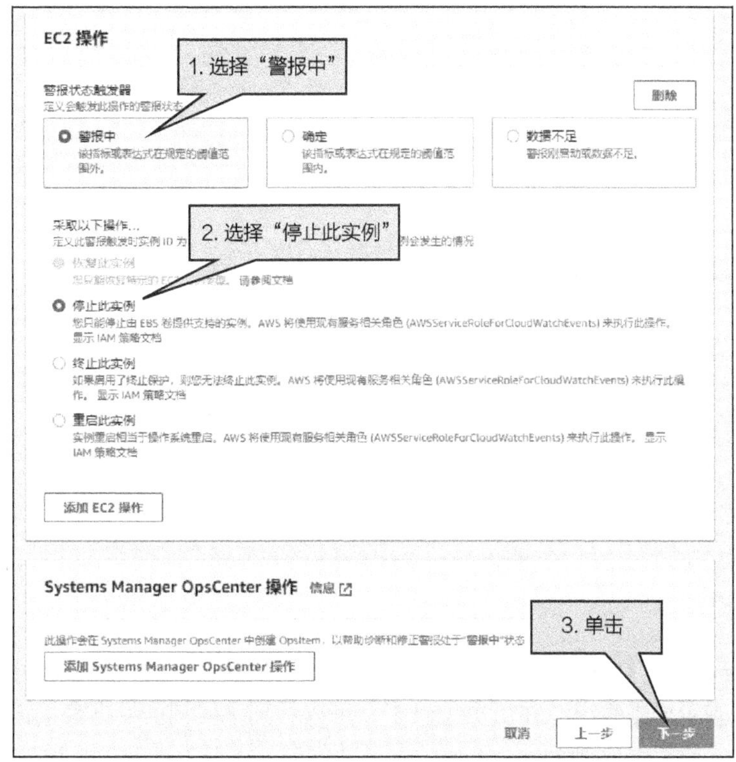

图 8–13　配置 EC2 操作

5. 定义警报的名称和描述

如图 8-14 所示，输入警报的唯一名称和警报的描述，单击“下一步”按钮。

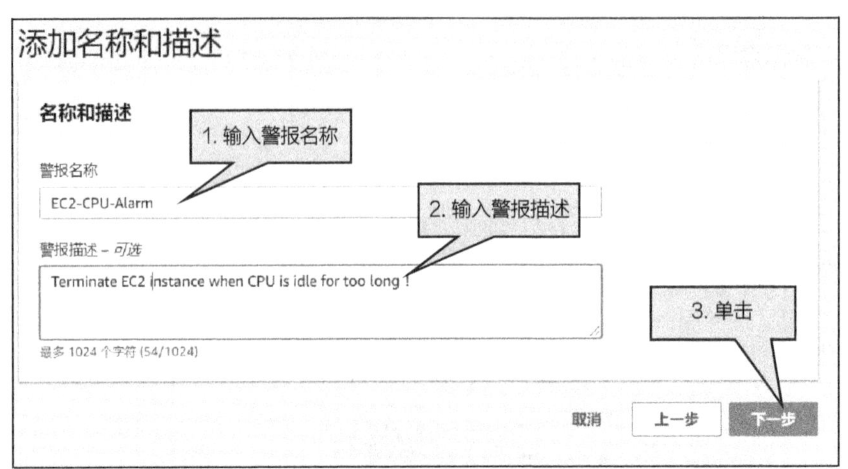

图 8-14　定义警报的名称和描述

6. 确认信息并完成创建

如图 8-15 所示，再次查看警报的配置信息，确认无误后单击“创建警报”按钮。

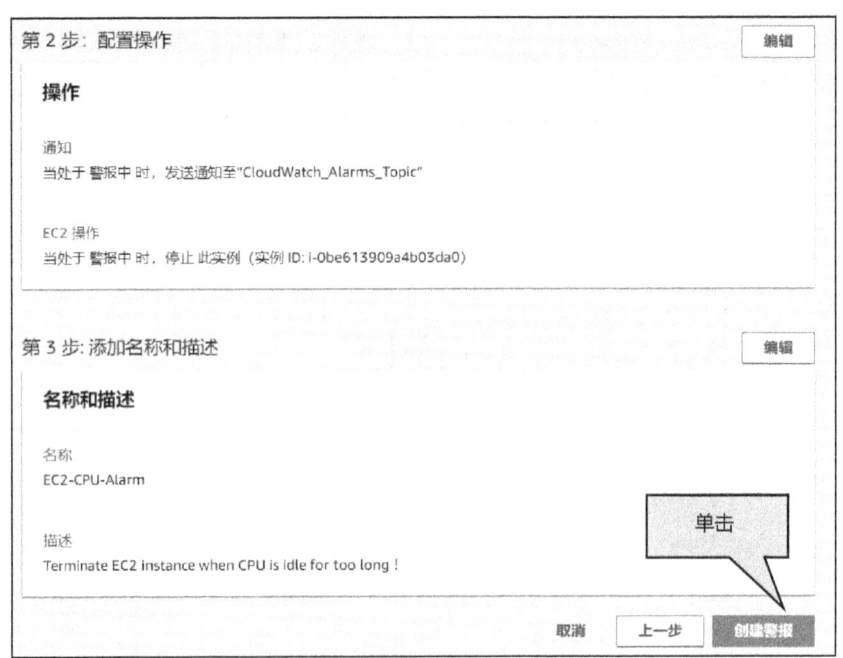

图 8-15　确认信息并完成创建

7. 查看警报

如图 8-16 所示，在 CloudWatch 控制面板中单击“警报”选项，之后选择创建的警报名称（EC2-Alarm）来查看详细情况。在历史记录中，可以看到该实例已发出警报，并执行了“停止此实例”的操作，如图 8-17 所示。

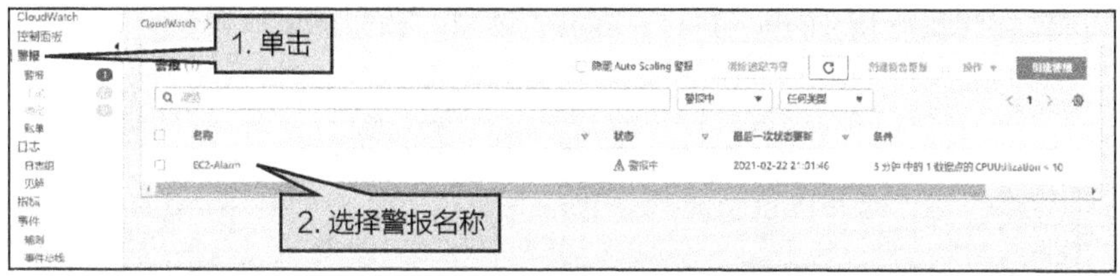

图 8-16　选择要查看的警报

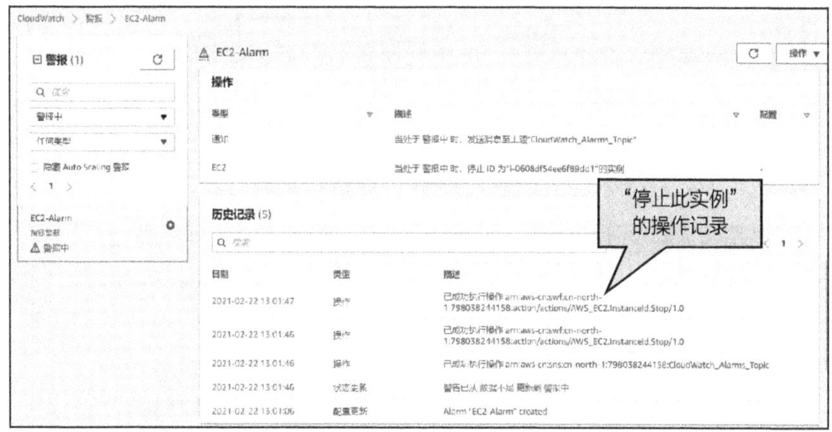

图 8-17　查看警报详情

任务 8.1.4　使用 Amazon CloudWatch 收集 EC2 实例日志

本任务在 EC2 实例 Linux_Server 上安装了 CloudWatch Logs 代理，通过 CloudWatch Logs 代理，将 EC2 实例的 messages 日志推送至 CloudWatch 日志组，可在 CloudWatch 日志组中查看和监控日志。

1. 为 EC2 分配 IAM 角色

1）打开 IAM 控制台。如图 8-18 所示，选择“服务”→“IAM”命令，或在“Find Services”文本框中输入“IAM”。

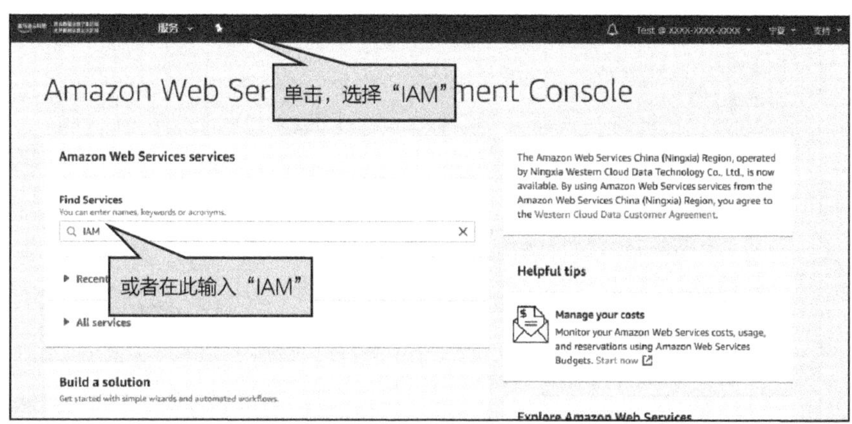

图 8-18　打开 IAM 控制台

2）创建角色。如图 8-19 所示，单击“角色”选项，在右侧区域单击“创建角色”按钮。

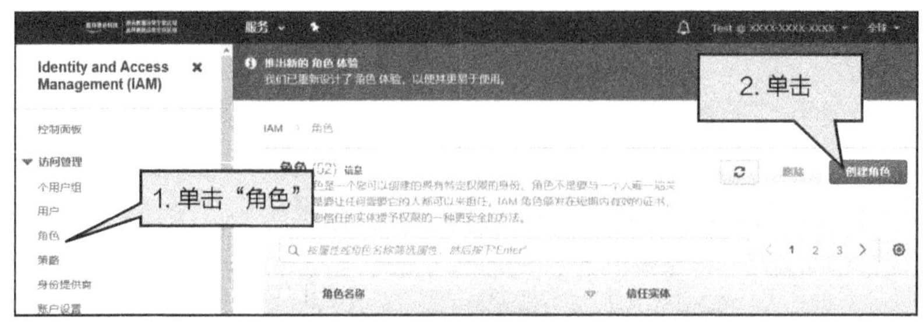

图 8-19　创建角色

3）选择实体类型和案例。如图 8-20 所示，受信任实体的类型选择“亚马逊云科技产品”，常见使用案例选择“EC2”，单击“下一步：权限”按钮。

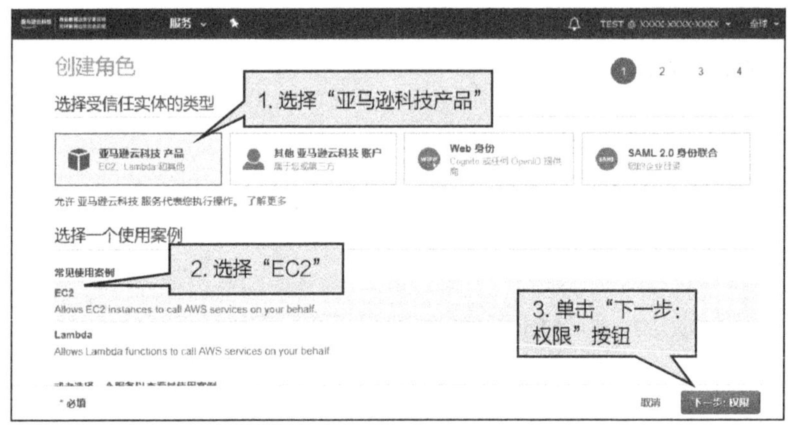

图 8-20　选择实体类型和案例

4）附加策略。如图 8-21 所示，搜索并选择“CloudWatchAgentServerPolicy”策略，单击“下一步：标签”。

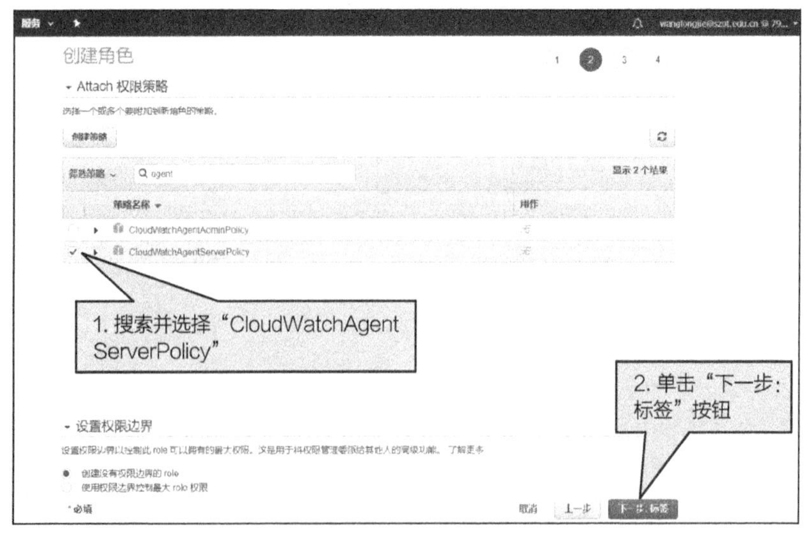

图 8-21　附加策略

5）配置标签（可选）。如图 8-22 所示，输入标签的“键”和“值”，单击“下一步：审核”按钮。

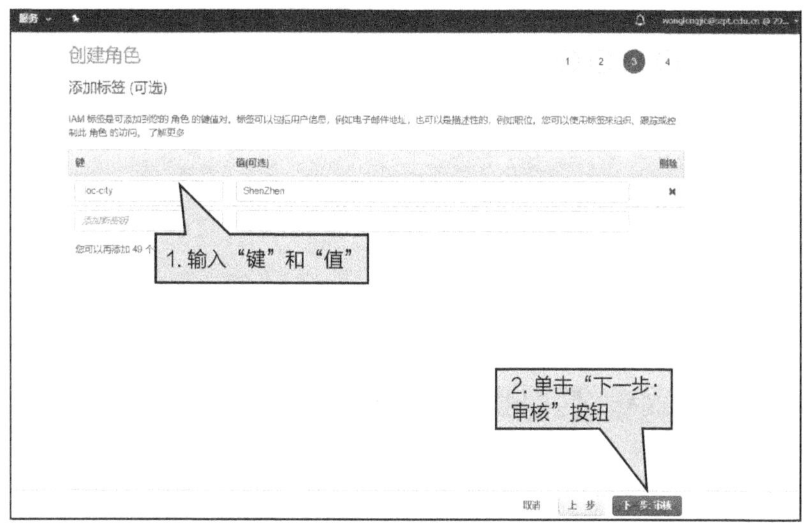

图 8-22　配置标签（可选）

6）完成角色创建。如图 8-23 所示，输入角色名称、角色描述信息，单击“创建角色”按钮，完成 IAM 角色创建。

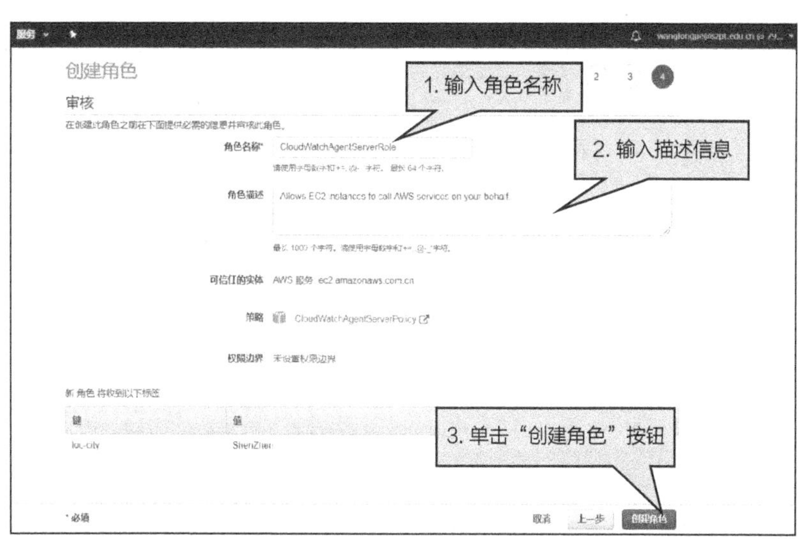

图 8-23　完成角色创建

7）将 IAM 角色附加到 EC2。回到 EC2 管理控制台，将上面创建的 IAM 角色附加到 EC2 上。如图 8-24 所示，选择要附加的 EC2 实例“Linux_Server”，选择“操作”→“安全”→“修改 IAM 角色”命令，打开“修改 IAM 角色”对话框。如图 8-25 所示，在“IAM 角色”文本框中选择上面创建的 IAM 角色“CloudWatchAgentServerPolicy”，单击“保存”按钮，完成附加角色。

至此，为 EC2 分配了 IAM 角色，赋予 EC2 创建日志组且将日志发送至日志组等权限。

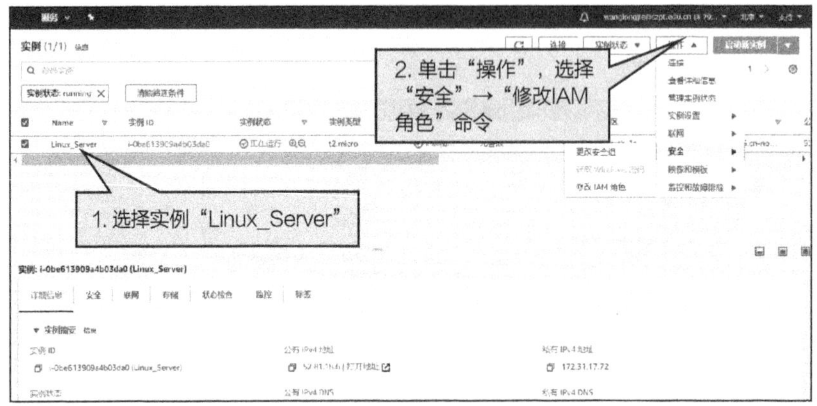

图 8-24　角色附加到 EC2

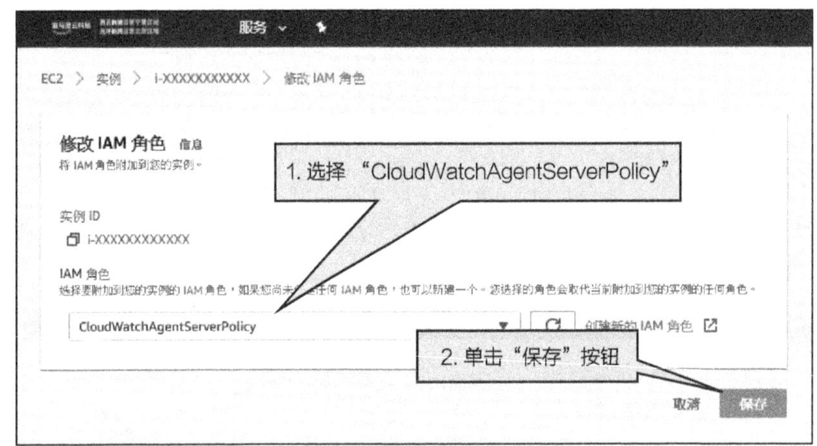

图 8-25　将 IAM 角色附加到 EC2

2. 在 EC2 上安装和配置 CloudWatch Logs 代理

登录 EC2 实例 Linux_Server，这里使用的是 Amazon Linux 2 操作系统。如果实例使用的是其他版本的 Linux，如 Ubuntu Server、CentOS 或 Red Hat 的 IAM，则可根据实例上的 Linux 版本采用适当的步骤，这些步骤可通过查阅亚马逊云科技官方的文档获得。

1）更新 Amazon Linux 实例。

```
sudo yum update -y
```

2）安装 awslogs 软件包。

```
sudo yum install -y awslogs
```

3）编辑 /etc/awslogs/awslogs.conf 文件以配置要跟踪的日志，默认跟踪 messages 日志。如果还需要将其他日志内容推送至 CloudWatch，则只需要在 awslogs.conf 文件中新增配置内容，将日志内容配置成推送至不同名称的日志组即可。

4）默认情况下，/etc/awslogs/awscli.conf 指向 us-east-1 区域。要将日志推送到其他区域，可编辑 awscli.conf 文件并指定该区域。这里配置将日志文件推送至“北京”区域（cn-north-1）。

```
region = cn-north-1
```

5）启动 awslogsd 服务。

```
sudo systemctl start awslogsd
```

6）每次系统启动时自动启动 awslogsd 服务。

```
sudo systemctl enable awslogsd.service
```

3. 查看 CloudWatch 日志组

如图 8-26~ 图 8-28 所示，在代理运行一段时间后，可以在 CloudWatch 控制台看到新创建的日志组 /var/log/messages、日志流及日志事件。

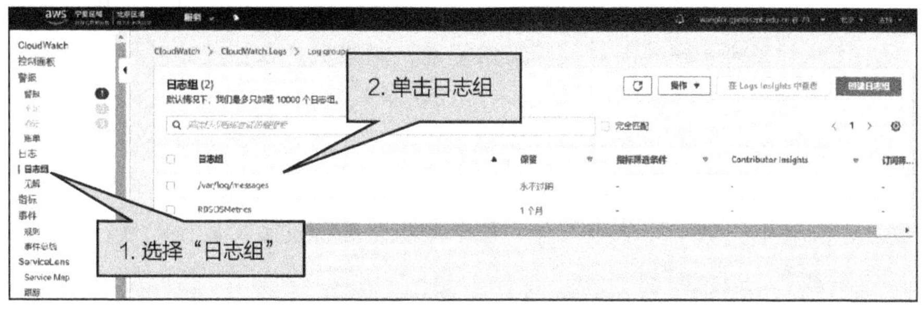

图 8-26　查看日志组

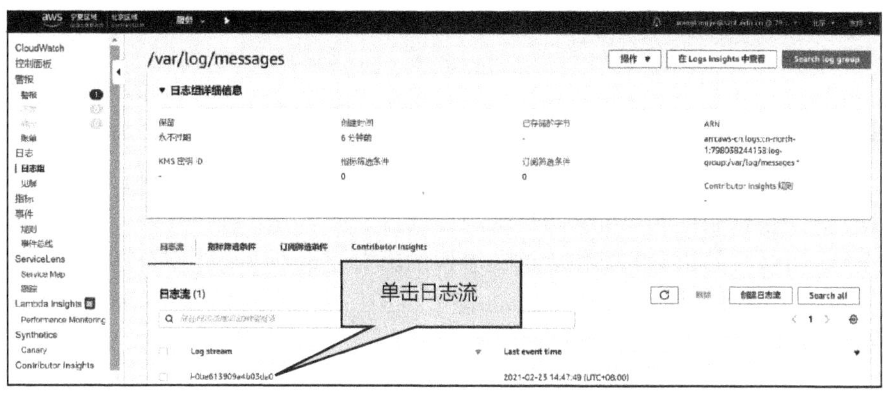

图 8-27　查看日志流

图 8-28　查看日志事件

项目 8.2 使用 Amazon CloudTrail 服务

项目描述

审计（Audit）是所有平台都需要的一个非常重要的基础功能。云计算平台的用户众多，需要审计每个用户的操作，Amazon CloudTrail 就是用来审计用户行为的一项服务。Amazon CloudTrail 通过记录 Amazon API 调用，提高了对用户活动的可见性。例如，特定用户在特定时间内执行了哪些操作？对于特定的资源，哪些用户在特定的时间内对它执行了操作？哪些活动因权限不足而失败？同时，Amazon CloudTrail 使用 Amazon S3 存储和传送日志文件，使得日志文件的存储既牢靠又经济实惠。本项目将使用 Amazon CloudTrail 服务为亚马逊云科技账户创建跟踪、记录账户的全球服务事件，便于对账户进行监管、操作审核、合规性检查等。

任务 8.2.1 知识预备与方案设计

Amazon CloudTrail 是一项支持对亚马逊云科技账户进行监管、合规性检查、操作审核和风险审核的服务。借助 Amazon CloudTrail，用户可以记录日志、持续监控并保留与整个亚马逊云科技基础设施中的操作相关的账户活动。Amazon CloudTrail 可提供亚马逊云科技账户活动的事件历史记录，其中包括通过亚马逊云科技管理控制台、亚马逊云科技开发工具包、命令行工具和其他亚马逊云科技产品执行的操作。这一事件的历史记录可以简化安全性分析、资源更改跟踪和故障排除工作。此外，还可以使用 Amazon CloudTrail 来检测亚马逊云科技账户中的异常活动，这些功能可帮助用户简化分析和排查问题。

1. CloudTrail 事件

CloudTrail 中的事件是亚马逊云科技账户中活动的记录。此活动可以是用户、角色或可由 CloudTrail 监控的服务所执行的操作。CloudTrail 事件提供通过亚马逊云科技管理控制台、Amazon 开发工具包和其他亚马逊云科技服务执行的 API 和非 API 账户活动的历史记录。有 3 类事件可以记录在 CloudTrail 中：管理事件、数据事件和见解事件。默认情况下，跟踪记录管理事件，但不记录数据事件。

（1）管理事件

管理事件提供在亚马逊云科技账户内的资源上执行的管理操作的有关信息，这些也称为控制层面操作。示例管理事件包括：

- 配置安全性（如 IAM AttachRolePolicy API 操作）。
- 注册设备（如 Amazon EC2 CreateDefaultVpc API 操作）。
- 配置传送数据的规则（如 Amazon EC2 CreateSubnet API 操作）。

- 设置日志记录（如 Amazon CloudTrail CreateTrail API 操作）。

同时，管理事件还包括在亚马逊云科技账户中发生的非 API 事件。

（2）数据事件

数据事件提供在资源上或资源内执行的资源操作的有关信息，这些也称为数据层面操作。数据事件通常是高容量活动。示例数据事件包括：

- Amazon S3 对象级别 API 活动（如 GetObject、DeleteObject 和 PutObject API 操作）。
- Amazon Lambda 函数执行活动（Invoke API）。

默认情况下，在用户创建跟踪时，数据事件处于禁用状态。要记录 CloudTrail 数据事件，用户必须明确将要为其收集活动的受支持的资源或资源类型添加到跟踪。

（3）见解事件

CloudTrail 见解事件（Insights Events）会捕获亚马逊云科技账户中的异常活动。如果已启用见解事件且 CloudTrail 检测到异常活动，那么见解事件将记录到跟踪的目标 S3 存储桶中的另一个文件夹或前缀中。当用户在 CloudTrail 控制台上查看见解事件时，还可以查看见解的类型和事件时间段。见解事件提供相关信息，如关联的 API、事件时间和统计信息，以帮助用户了解异常活动并对其采取措施。与在 CloudTrail 跟踪中捕获的其他类型的事件不同，仅在 CloudTrail 检测到账户的 API 使用情况的更改与账户的典型使用模式有显著差异时，才记录见解事件。可能生成见解事件的活动的示例包括：

1）账户通常每分钟记录不超过 20 次对 Amazon S3 deleteBucket API 的调用，但是用户账户一开始就平均每分钟记录 100 次对 deleteBucket API 的调用。在异常活动开始时记录一个见解事件，并记录另一个见解事件以标记异常活动的结束。

2）账户通常每分钟记录 20 次对 Amazon EC2 AuthorizeSecurityGroupIngress API 的调用，但是用户账户一开始记录对 AuthorizeSecurityGroupIngress 的零次调用。在异常活动开始时记录一个见解事件，10min 后，当异常活动结束时，将记录另一个见解事件以标记异常活动的结束。

这些示例仅用于说明用途。根据使用案例的不同，结果可能会有所不同。

默认情况下，在用户创建跟踪时，见解事件处于禁用状态。要记录 CloudTrail 见解事件，必须在新的或现有的跟踪上显式启用见解事件收集。

2. 跟踪

跟踪是一种配置，可用于将 CloudTrail 事件传送到 Amazon S3 存储桶、CloudWatch Logs 和 CloudWatch Events。用户可以使用跟踪来筛选希望传送的 CloudTrail 事件，使用 Amazon Key Management Service（KMS）密钥加密 CloudTrail 事件日志文件，并设置日志文件传送的 Amazon SNS 通知。

3. 方案设计

本项目在中国（北京）区域（cn-north-1）为账户创建名称为“My_trail”的跟踪，记录账户的管理事件、数据事件和见解事件日志，并将日志传送到新建的 S3 存储桶“aws_cloudtrail_s3_bucket”中。

任务 8.2.2 使用 Amazon CloudTrail 监控亚马逊云科技账户

本任务将在 CloudTrail 服务中查看账户的事件历史记录，便于用户了解账户的操作信息；为账户创建跟踪，将 CloudTrail 事件日志传送到 Amazon S3 存储桶，便于用户了解账户控制层面操作、数据层面操作和异常活动等。

1. 在事件历史记录中查看亚马逊云科技账户活动

1）打开 CloudTrail 控制台，选择 CloudTrail 服务。如图 8-29 所示，在窗口右上角选择“北京（cn-north-1）”区域，则实例将在北京的数据中心上运行。再选择“服务”→“CloudTrail”命令，或在“Find Services”文本框中输入“CloudTrail”。

图 8-29 选择 CloudTrail 服务

2）查看事件历史记录。如图 8-30 所示，单击“≡”按钮展开 CloudTrail 导航窗格。在导航窗格中单击“控制面板”选项，在控制面板中可以查看亚马逊云科技账户中发生的事件历史信息。其中的一个事件应为 ConsoleLogin 事件，显示当前账户刚刚登录到亚马逊云科技管理控制台的事件信息，如图 8-31 所示。

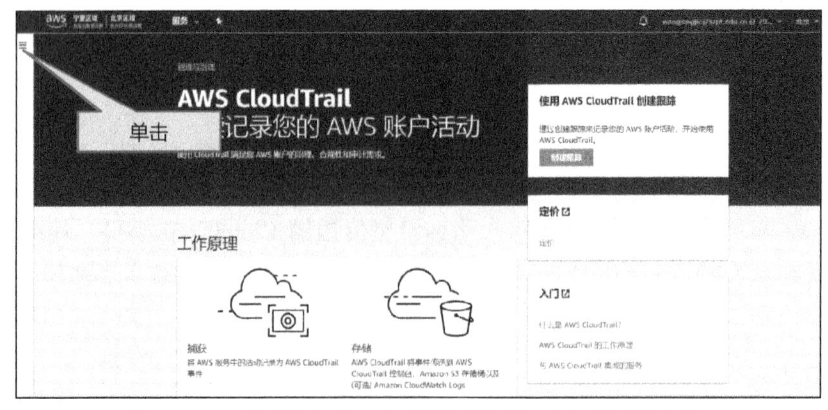

图 8-30 通过单击“≡”按钮展开 CloudTrail 导航窗格

3）查看单个事件详细信息。如图 8-32 所示，单击要查看的单个事件的名称，即可展开该事件的详细信息。

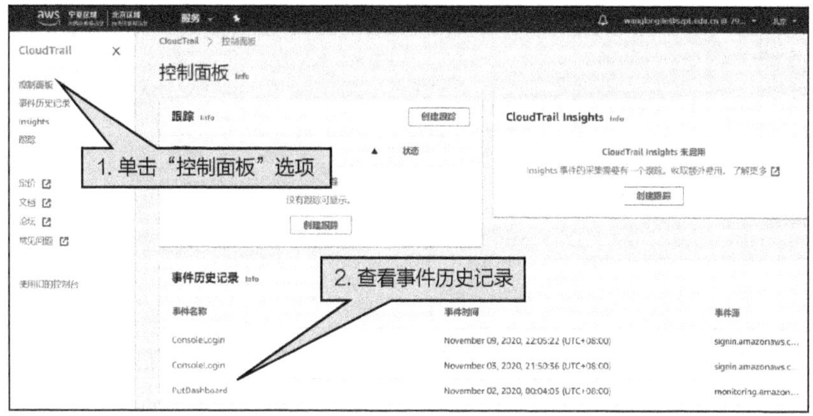

图 8-31　查看事件历史记录

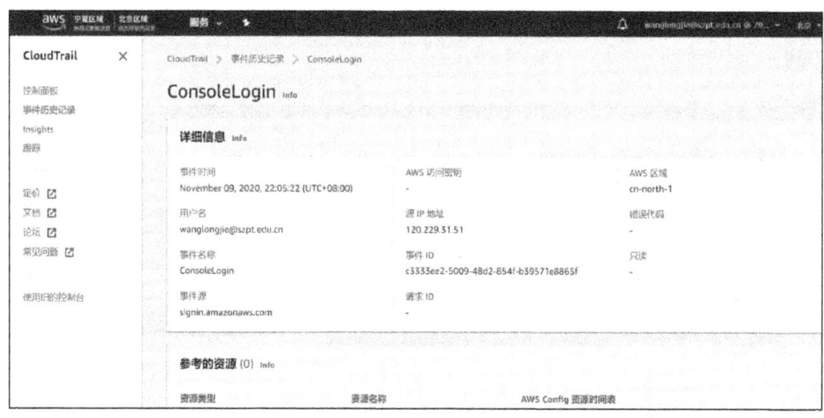

图 8-32　查看单个事件详细信息

4）筛选历史事件。如图 8-33 所示，在导航窗格中单击"事件历史记录"选项，在右侧区域的筛选条件下拉列表框中选择条件，并输入或选择筛选条件值，即可对历史事件进行筛选。

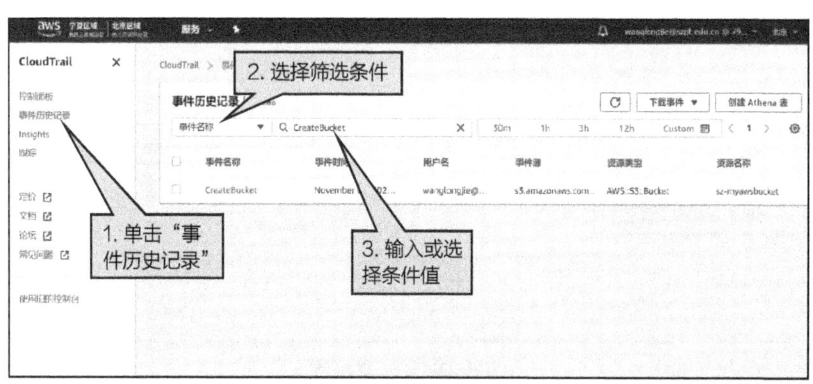

图 8-33　筛选历史事件

5）下载历史事件。如图 8-34 所示，选择"下载事件"→"下载为 CSV"或"下载为 JSON"命令，下载事件历史。

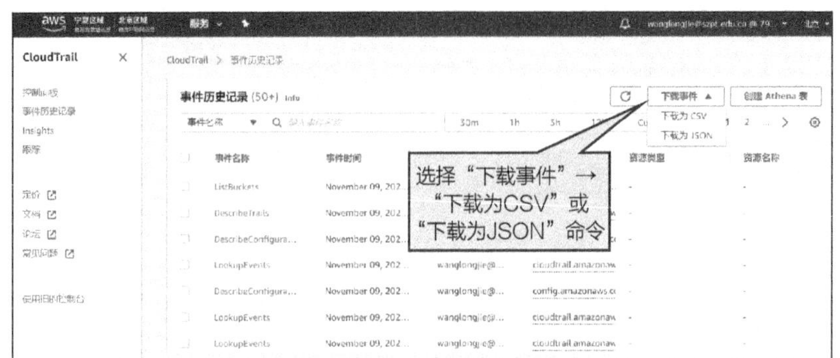

图 8-34　下载历史事件

2. 使用 CloudTrail 为亚马逊云科技账户创建跟踪

1）选择区域。如图 8-35 所示，在窗口右上角选择创建跟踪的亚马逊云科技区域，这里选择“北京”区域。

图 8-35　选择区域

2）创建跟踪。如图 8-36 所示，单击导航窗口中的“跟踪”选项，再单击“创建跟踪”按钮。

图 8-36　创建跟踪

3）配置跟踪的属性，如图 8-37 所示。

①输入跟踪名称。

②选择跟踪日志的存储位置。创建一个新的 S3 存储桶或者使用现有的 S3 存储桶，输入存储桶的名称。如果使用现有的 S3 存储桶，则存储桶策略必须授予 CloudTrail 向其写入的权限。

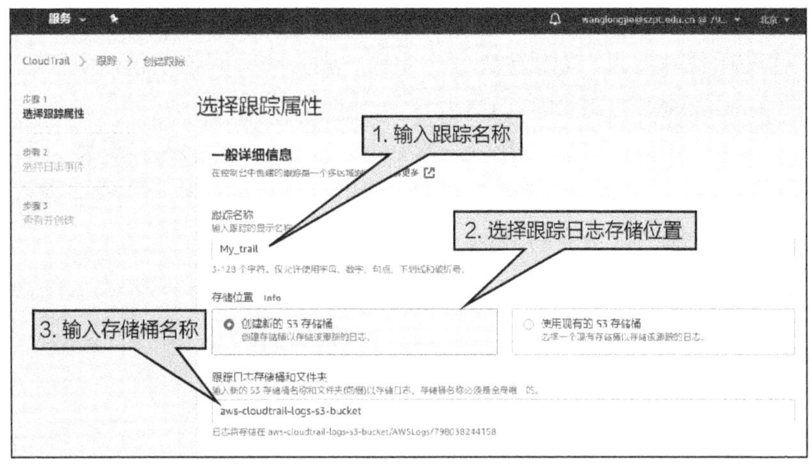

图 8–37　配置跟踪的属性

4）配置高级属性，如图 8–38 所示。

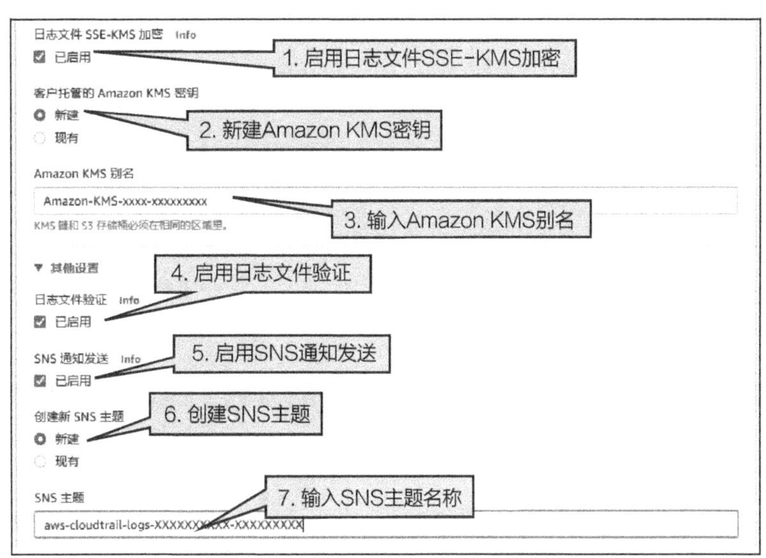

图 8–38　配置高级属性

①启用日志文件 SSE–KMS 加密。如果希望使用 SSE–KMS 而不是 SSE–S3 对日志文件进行加密，则选择“已启用”单选按钮。

②选择创建 Amazon KMS 密钥方式。选择“新建”或“现有”单选按钮，可创建新的 KMS 密钥或者使用现有密钥。

③创建 Amazon KMS 客户主密钥。如果选择“新建”单选按钮，则在“Amazon KMS 别名”文本框中输入别名。CloudTrail 使用该字段加密日志文件。如果选择了“现有”单选按钮，则选择一个现有的 Amazon KMS 客户主密钥。但密钥策略必须允许 CloudTrail 使用此密钥加密日志文件，并允许指定的用户读取未加密形式的日志文件。

④启用日志文件验证。

⑤启用 SNS 通知发送。如果希望每次在日志传输到存储桶时收到通知，则设置“SNS 通知发送”选项为“已启用”。CloudTrail 将多个事件存储在一个日志文件中。SNS 通知针对每个日

志文件而不是每个事件发送。选择“新建”单选按钮创建新 SNS 主题，输入 SNS 主题；或选择“现有”单选按钮使用现有主题。如果创建一个主题，则必须订阅该主题以便获取日志文件传送的通知。可通过 Amazon SNS 控制台进行订阅。

⑥如图 8-39 所示，用户也可以启用 CloudWatch Logs，将 CloudTrail 配置为将日志文件发送到 CloudWatch Logs，以及添加一个或多个标签来协助管理和组织资源（包括跟踪）。配置完成后，单击“下一个”按钮。

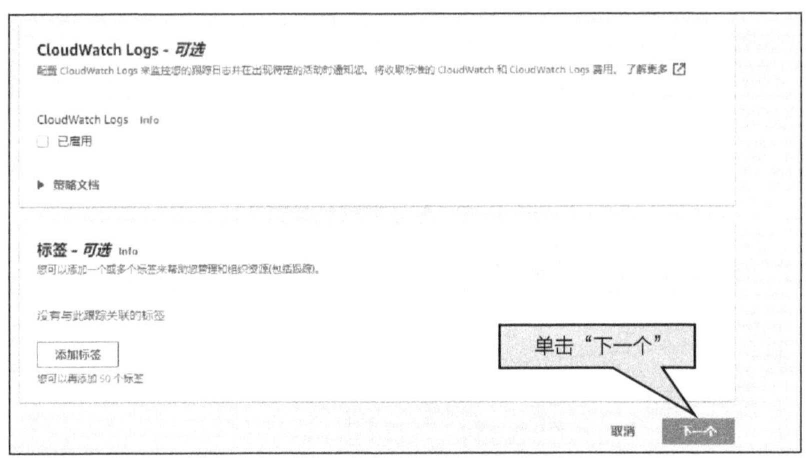

图 8-39　配置可选属性

5）日志事件配置。

①如图 8-40 所示，选择记录事件的类型为管理事件、数据事件和 Insights 事件，选择读取和写入的 API 活动。

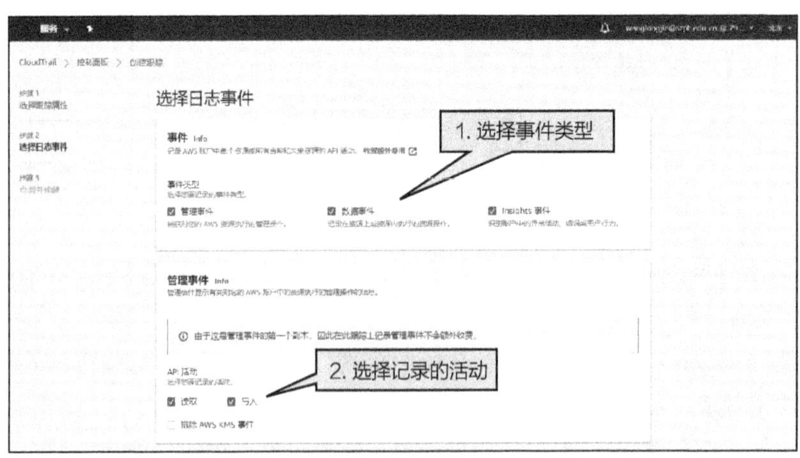

图 8-40　选择事件类型及记录的活动

②如图 8-41 所示，选择数据事件源为“S3”，同时选中“读取”和“写入”复选框。

③如图 8-42 所示，配置完成后，单击“下一个”按钮。

6）如图 8-43 所示，查看配置的信息，单击“创建跟踪”按钮。创建的跟踪如图 8-44 所示。

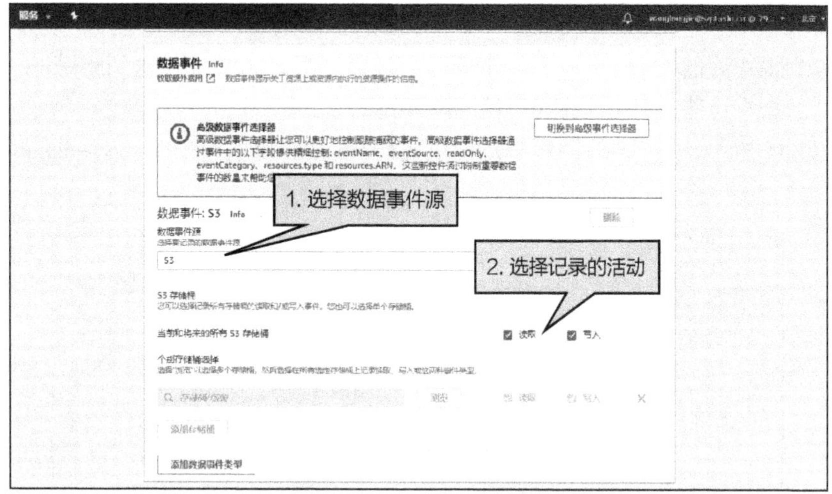

图 8-41　配置数据事件

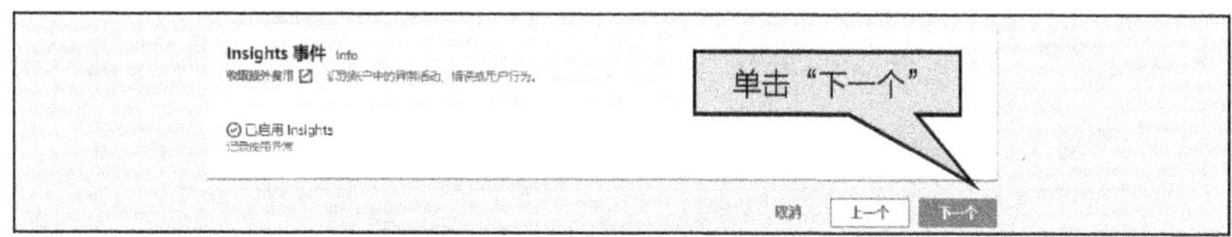

图 8-42　完成日志事件配置

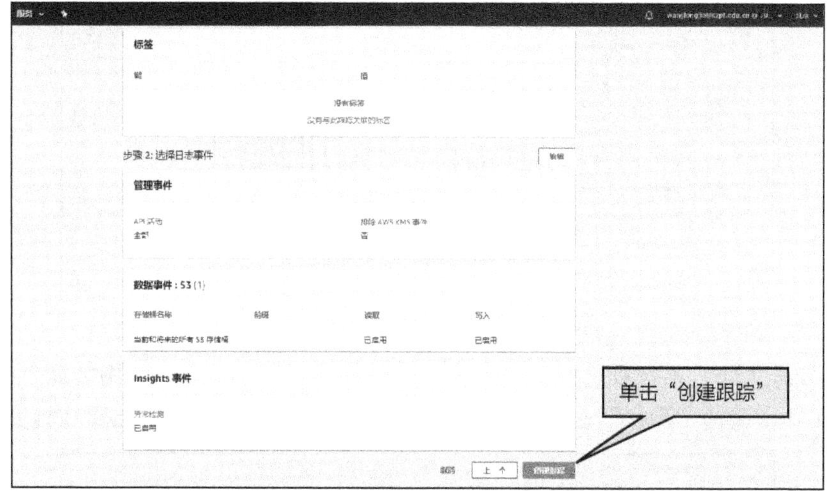

图 8-43　查看配置信息并创建跟踪

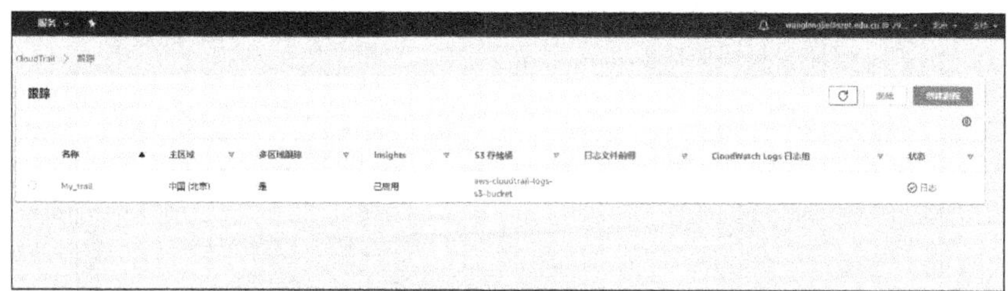

图 8-44　创建的跟踪

3. 查看日志文件

创建第一个跟踪后的 15min 内，CloudTrail 会将第一组日志文件传送到跟踪的 Amazon S3 存储桶。用户可以查看这些文件并了解它们包含的信息。

1）如图 8-45 所示，在 S3 控制台中选择创建跟踪时新建的存储桶（aws-cloudtrail-logs-s3-bucket）。

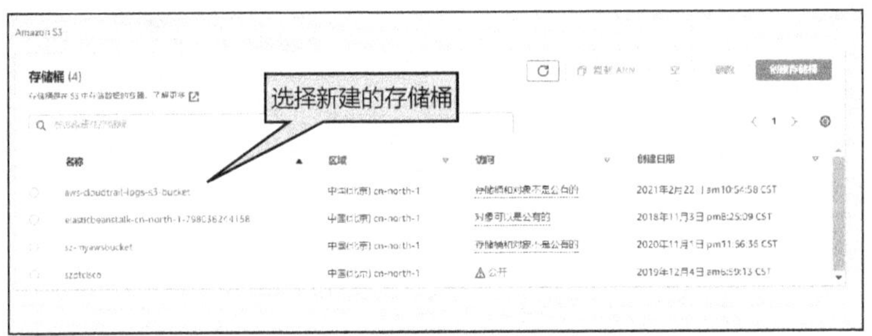

图 8-45　选择新建的存储桶

2）如图 8-46 所示，在对象层次结构中查找需要的日志文件，所有日志文件的扩展名都是“.gz”。

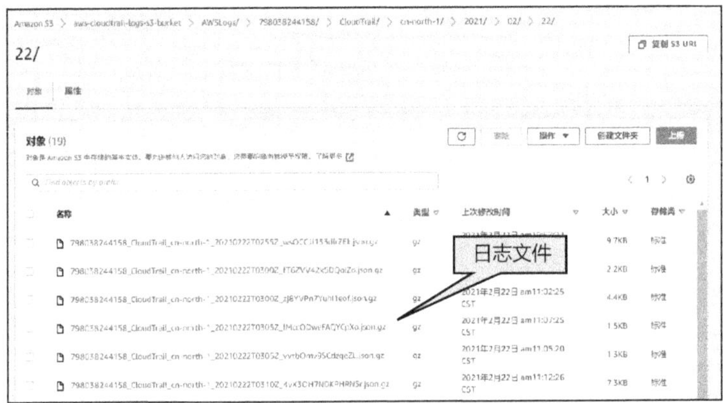

图 8-46　查找日志文件

3）下载日志文件。要查看这些文件内容，可以将日志文件下载。如图 8-47 所示，选择要下载的日志文件，选择“操作”→“下载”命令。下载完成后解压缩，然后在纯文本编辑器或

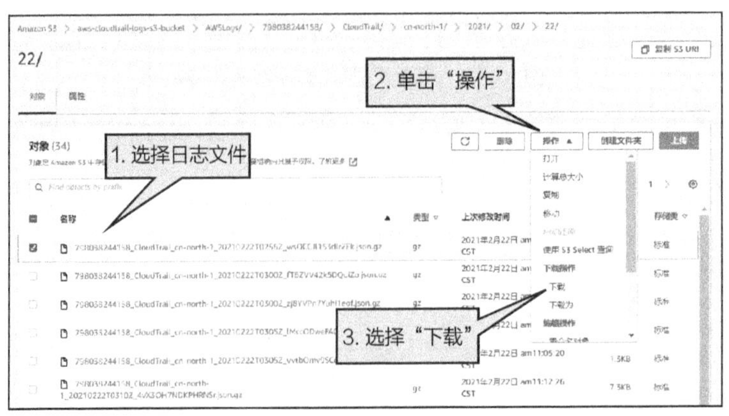

图 8-47　下载日志文件

JSON 文件查看器中查看它们。

习题

1. Amazon CloudWatch 有哪 3 个主要组件？（　　）

A. 指标　　B. 日志

C. 警报　　D. 事件

2. 以下哪些属于 Amazon CloudWatch 的功能？（　　）

A. 跟踪资源和应用程序性能　　B. 收集和监控日志文件

C. 警报触发时收到通知　　D. 记录亚马逊云科技账户的使用情况

3. Amazon CloudWatch 基本监控数据的周期时长是多少？（　　）

A. 1min　　B. 5min

C. 10min　　D. 15min

4. Amazon CloudTrail 管理事件包含以下哪些内容？（　　）

A. 配置安全性　　B. 注册设备

C. 配置传送数据的规则　　D. 设置日志记录

5. Amazon CloudTrail 跟踪可以将 CloudTrail 事件传送到下列哪些服务？（　　）

A. Amazon S3　　B. CloudWatch Logs

C. Amazon EC2　　D. CloudWatch Events

6. 操作题：使用 Amazon CloudTrail 监控亚马逊云科技账户的活动，创建跟踪，将跟踪日志存储至 Amazon S3 存储桶中；使用 Amazon CloudWatch 监控 Amazon EC2 的详细指标，记录 Amazon EC2 停止状态的更改时间，且当 Amazon EC2 的 CPU 利用率 30min 的平均值高于 80% 时发布警告。

架构优化篇

良好的架构框架能够使用户可靠、安全、高效且经济实惠地在云系统运行业务。完善的亚马逊云科技架构建立在六大支柱的基础上，它们是卓越运营、安全性、可靠性、性能效率、成本优化和可持续性。各支柱含义如下。

1）卓越运营：能够有效地支持发展和运行工作负载，获取对运营的洞察，以及不断改进支持流程和程序以实现业务价值。

2）安全性：安全性支柱包括保护数据、系统和资产，利用云技术来改善安全性。

3）可靠性：可靠性支柱涵盖相关工作负载按照计划正确而稳定地执行其预期功能。它包括在其全部生命周期内运行和测试工作负载的能力。

4）性能效率：有效利用计算资源来满足系统要求，并随着需求变化和技术演进保持这种效率。

5）成本优化：以最优化的价格运行系统来交付业务价值。

6）可持续性：最大化地利用以减少所需的资源，并减少下游的影响。

1. 云中实现卓越运营的 5 个设计原则

1）按代码执行操作。在云中，可以将用于应用程序代码的工程规范应用于整个环境；可以将整个工作负载（应用程序、基础设施等）定义为代码，并使用代码进行工作负载更新；可以为运营流程编写脚本，并通过触发机制自动执行这些脚本，以响应事件；按代码执行操作，可以减少人为错误并实现对事件的一致响应。

2）进行频繁、微小、可逆的更改。将工作负载设计为支持组件定期更新，从而增加对工作负载的有益更改。以较小的增量进行更改，如果更改不能帮助识别和解决问题，则可以撤销更改。

3）经常优化运营流程。在使用运营程序时，要寻找机会改进它们。在改进工作负载的同时，用户也要适当改进一下流程。定期演练，检查并验证所有流程是否有效、团队是否熟悉这些流程。

4）预测故障。执行“故障演练”，找出潜在的问题，以便消除和缓解问题。测试故障场景并确认相应影响。测试响应程序以确保它们的有效性，测试团队能否熟练执行。设置定期的实际演练，以测试工作负载和团队对模拟事件的响应。

5）从所有运营故障中吸取经验教训。从所有运营事件和故障中吸取经验教训，推动改进，在多个团队乃至组织范围中分享经验教训。

2. 云中实现安全性的 7 个设计原则

1）健壮的身份验证体系：实施最小权限原则，并通过对每一次与亚马逊云科技资源之间的交互进行适当授权来强制执行职责分离。集中进行身份管理，并努力消除对长期静态凭证的依赖。

2）实现可追溯性：实时监控和审计对环境执行的操作并发送警报。收集系统日志和指标的相关数据，自动采取相应措施。

3）在所有层面应用安全措施：利用多种安全控制措施实现深度防御，并应用到所有层面。

4）自动实施安全最佳实践：基于代码的自动化安全机制，能更快速地实现安全扩展。

5）保护动态数据和静态数据：将数据按敏感程度进行分类，并采用加密、令牌和访问控制等机制。

6）限制对数据的访问：使用相关机制和工具来减少及消除直接访问或人工处理数据的需求，这样可以降低错误的风险。

7）做好应对安全性事件的准备：制定符合组织要求的事件管理、调查策略和流程，做好应对事件的准备工作。开展事件响应模拟演练并使用具有自动化的工具来提高检测、调查和恢复的速度。

3. 云中实现可靠性的 5 个设计原则

1）自动化故障恢复：通过监控工作负载的关键性能指标（KPI），包括 CPU 使用率、内存使用率、网络吞吐量等指标，可以在指标超过阈值时触发自动化功能。自动化功能包括自动发送故障通知和跟踪故障，以及启动解决或修复故障的自动恢复流程。借助更高级的自动化功能，可以在故障发生之前预测和修复故障。

2）测试恢复过程：在本地环境中，经常会通过执行测试来证明工作负载能够在特定场景中正常运作，但通常不会利用测试来验证恢复策略。在云上则可以通过故障测试来验证恢复的有效性。人们可以采用自动化方式来模拟不同的故障，也可以复现之前导致故障的场景。通过测试可以在实际的故障发生前暴露并修复故障，从而降低架构风险。

3）横向可扩展性：横向扩展是指通过扩展 / 缩小计算资源以满足动态变化的业务流量。相比垂直扩展（指增大单个资源的 CPU 核数、存储空间等）的方式，横向扩展会带来更好的可用性和可维护性。在实际应用中，人们通常会通过横向扩展使用多个小型资源替换一个大型资源来降低单点故障对整个工作负载的影响。小型资源一般是无状态的，大量的请求被会分散到多个较小的资源，这样当单点故障发生时也仅会影响很小的一部分请求。

4）自动化扩容：本地工作负载出现故障的常见原因之一是工作负载的需求超过该工作负载的容量（这通常是拒绝服务攻击的目标）。在云中，人们可以监控需求和工作负载利用率，并自动添加或删除资源，以保持最佳水平来满足需求，而不会出现超额预置或预置不足的问题。

5）自动化变更管理：应利用自动化功能对基础设施进行更改。需要管理的变更包括对自动化的变更，可对其进行跟踪与审查。

4. 云中实现性能效率的 5 个设计原则

1）普及先进技术：普及先进技术的方法是将复杂的任务委派给云供应商，降低团队实施先进技术的难度。与要求团队学习的有关托管和运行新技术的知识相比，考虑将新技术作为服务使用是一种更好的选择。

2）数分钟内实现全球化部署：使用 Amazon Web Services 可以在全球多个区域中部署工作负载，以最低的成本为客户提供更低的延迟和更好的体验。

3）使用无服务器架构：借助无服务器架构，无须运行和维护物理服务器即可执行传统计算活动。例如，无服务器存储服务可以充当静态网站（从而无须再使用 Web 服务器）。这不仅能够消除管理物理服务器产生的运行负担，还可以降低业务成本。

4）提升试验频率：利用虚拟和可自动化的资源，可以快速利用各种类型的实例、存储或配置执行对比测试。

5）考虑软硬件协同编程：使用最符合目标的技术方法，例如，在选择数据库或存储方法时考虑数据访问模式。

5. 云中实现成本优化的 5 个设计原则

1）践行云财务管理。为获得财务上的成功并加速在云中实现业务价值，必须投资云财务管理。组织必须投入必要的时间和资源增强自身在这个新技术和使用管理领域中的能力。需要通过增强自身能力来成为一家具有成本效益的组织。

2）采用合适的消费模型。仅为所用的计算资源付费，并可根据业务需求增加或减少使用量。例如，开发和测试环境通常只需要在每个工作日运行 8 个小时，可以在不需要的时候停用这些资源，这样可以节省成本。

3）衡量整体效率。衡量工作负载的业务产出及其交付成本。使用此数据可了解通过提高产出、增加功能和降低成本获得的收益。

4）不再将资金投入到无差别的繁重任务上。Amazon Web Services 会负责繁重的数据中心运营任务，如服务器的上架、堆叠和供电。它还消除了使用托管服务管理操作系统和应用程序的运营负担。因此，用户可以集中精力处理客户和业务项目而非 IT 基础设施。

5）分析并划分支出属性。使用云，可以更轻松地准确了解工作负载的成本和使用量，从而将 IT 成本透明地归属到收入来源和各个工作负载拥有者。这有助于衡量投资回报率（Return on Investment，ROI），并让工作负载拥有者能够据此优化资源和降低成本。

关于可持续性的设计原则，本书不介绍。

限于篇幅，本篇将介绍密钥管理服务 Amazon KMS、负载均衡器 ELB、云函数服务 Amazon Lambda、消息推送服务 Amazon SNS、计费与成本管理服务 Amazon Billing and Cost Management。通过这些服务，可实现架构的部分优化。

单元 9 自动化部署、数据加密服务

单元概述

本单元将介绍如何使用 Amazon CloudFormation 的模板实现云架构基础设施的自动化部署。模板是事先定义好的 JSON 或者 YAML 格式的文件。通过模板很容易重复部署云架构，因而可以将云架构的基础设施视为代码。数据加密是实现云架构安全的一种重要手段，本单元也将介绍如何创建密钥，并且使用密钥来加密块存储设备、文件系统、存储桶和数据库。

学习目标

通过学习本单元，读者应掌握以下知识点和技能点。

知识点：

- Amazon CloudFormation 服务
- 模板、堆栈
- Amazon Key Management Service 服务
- 客户主密钥（CMK）

技能点：

- 部署网络层
- 部署应用层
- 更新堆栈
- 使用 CloudFormation Designer 浏览模板
- 删除堆栈
- 创建对称式客户主密钥（CMK）
- 加密 EBS 卷
- 加密 EFS 文件系统
- 加密 S3 存储桶
- 加密 RDS

项目 9.1　自动化部署基础设施

项目描述

本项目将利用 Amazon CloudFormation 工具部署多层基础设施（网络层和应用层），更新 Amazon CloudFormation 堆栈及删除堆栈。

任务 9.1.1　知识预备与方案设计

1. Amazon CloudFormation

Amazon CloudFormation 是一项服务，通过将基础设施视为代码，提供一种简单的方式来为一系列相关亚马逊云科技资源和第三方资源建模，快速而又一致地对这些资源进行预置，并在它们的整个生命周期内对其进行管理。这项服务给人们带来以下好处：

1）能简化基础设施管理：通过使用 CloudFormation 可以轻松地将一组资源作为一个单元进行管理，从而简化基础设施的管理。

2）快速复制基础设施：可以重复使用 CloudFormation 模板，从而以一致且可重复的方式在多个区域中创建资源。

3）轻松控制和跟踪用户对基础设施所做的更改：CloudFormation 模板准确描述了所配置的资源及其设置。这些模板是文本文件，因此只需跟踪模板中的区别即可跟踪对基础设施所做的更改，其方式类似于开发人员控制对源代码所做的修订的方式。

2. 模板

Amazon CloudFormation 服务由模板和堆栈组成。Amazon CloudFormation 模板是 JSON 或 YAML 格式的文本文件，模板文件的扩展名可以是 .json、.yaml、.template 或 .txt。它用 JavaScript 对象表示法（JSON）或 YAML 编写。YAML 是一种类似于 JSON 的标记语言，但更容易阅读和编辑。模板是 CloudFormation 构建 Amazon 资源的蓝图。可以使用 Amazon CloudFormation 中的可视化设计器、第三方工具或文本编辑器创建模板，本书不详细介绍模板的创建过程。

例如，通过模板创建 Amazon EC2 实例，在模板中描述实例类型、AMI ID、块存储设备映射和 Amazon EC2 密钥对名称等属性信息。CloudFormation 将使用 ami-0ff8a91507f77f867 AMI ID、t2.micro 实例类型、testkey 密钥对名称和 Amazon EBS 卷来配置实例，代码如下：

```
{
  "AWSTemplateFormatVersion" : "2010-09-09",     // 版本
  "Description" : "A sample template",            / 描述
  "Resources" : {                                  // 堆栈资源
    "MyEC2Instance" : {                            // 实例名称
      "Type" : "AWS:: EC2:: Instance",             // 类型
```

```
      "Properties" : {                          // 实例属性
        "ImageId" : "ami-0ff8a91507f77f867",    // 系统映像
        "InstanceType" : "t2.micro",            // 实例类型
        "KeyName" : "testkey",                  // 密钥对名称
        "BlockDeviceMappings" : [               // 块设备
          {
            "DeviceName" : "/dev/sdm",          // 块设备名称
            "Ebs" : {                           // 弹性块存储设备
              "VolumeType" : "io1",             // 卷类型
              "Iops" : 200,                     // 卷性能
              "DeleteOnTermination" : false,
              "VolumeSize" : 20                 // 卷的大小
            }
          }
        ]
      }
    }
  }
}
```

3. 堆栈

堆栈就是用 CloudFormation 模板创建的一组资源集合，可通过创建、更新和删除堆栈来对这样的一组资源进行操作。例如，创建了一个模板，包括 Auto Scaling 组、Elastic Load Balancing 负载均衡器和 Amazon Relational Database Service（Amazon RDS）数据库实例，这些资源就构成了一个堆栈。可以通过使用 CloudFormation 控制台、API 或 Amazon CLI 来使用堆栈。

4. Amazon CloudFormation 如何运行

创建堆栈时，Amazon CloudFormation 需要调用亚马逊云科技基础服务来配置资源，这就需要权限。CloudFormation 只能执行有权限的操作。例如，要使用 CloudFormation 创建 EC2 实例，就需要具有创建实例的权限。

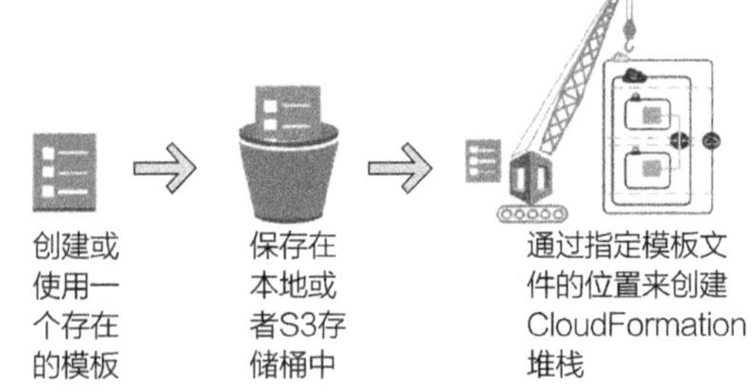

图 9-1　CloudFormation 创建堆栈工作流程

CloudFormation 进行的调用全部由模板文件实现。CloudFormation 创建堆栈的工作流程如图 9-1 所示。

1）使用 Amazon CloudFormation Designer 或文本编辑器创建或修改现有的模板文件。

2）模板文件保存在本地或 S3 存储桶中。

3）通过指定模板文件的位置（如本地计算机上的路径或 Amazon S3 URL）来创建 CloudFormation 堆栈。

5. 方案设计

使用 CloudFormation 模板 lab-network.yaml（文件见本书配套资源）部署 Virtual Private Cloud（VPC）网络层；使用模板 lab-application.yaml 部署应用层，应用层的 EC2 主机是一个 Web 服务器，配置完成后，客户可以通过浏览器访问该 Web 服务器，Web 服务器主页内容如图 9-17 所

示；该 Web 服务器安全组只有一条允许访问 HTTP 协议的规则，用新模板 lab-application2.yaml 修改 EC2 的安全组，增加一条允许通过 TCP 端口 22 的 SSH 入站规则；通过 CloudFormation Designer 浏览模板内容；最后删除堆栈 lab-application。

任务 9.1.2　部署网络层

根据项目要求用模板 lab-network.yaml 创建 VPC 的步骤如下：

1）登录亚马逊云科技管理控制台，在服务界面选择 CloudFormation，打开的堆栈界面如图 9-2 所示。

图 9-2　堆栈界面

2）上传模板文件。单击图 9-2 中的“创建堆栈”按钮，在打开的图 9-3 所示的界面中选择“模板已就绪”单选按钮，并把已经准备好的模板 lab-network.yaml 上传，单击“下一步”按钮。

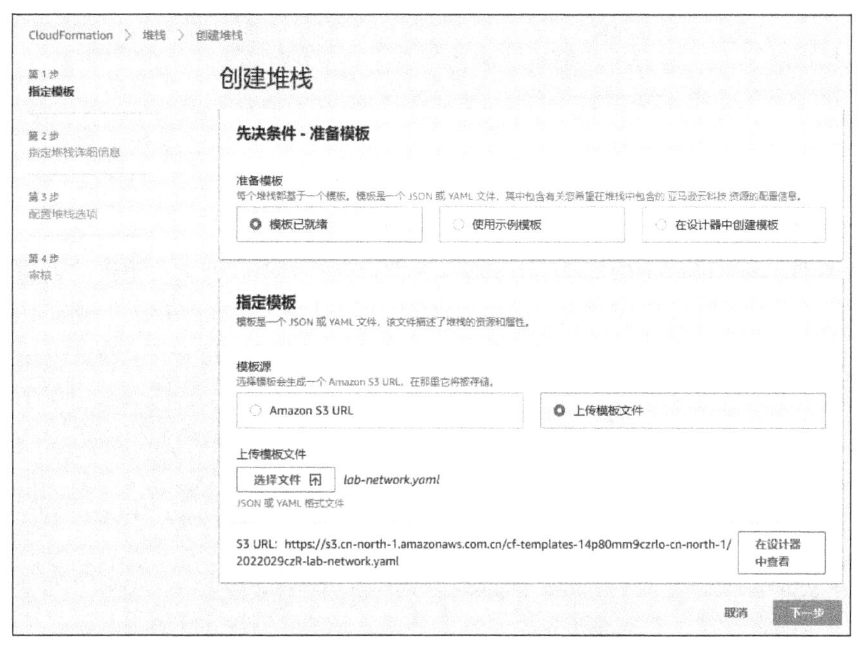

图 9-3　创建堆栈第 1 步：指定模板

3）指定堆栈详细信息。如图 9-4 所示，填写堆栈名称“lab-network”，单击“下一步”按钮。

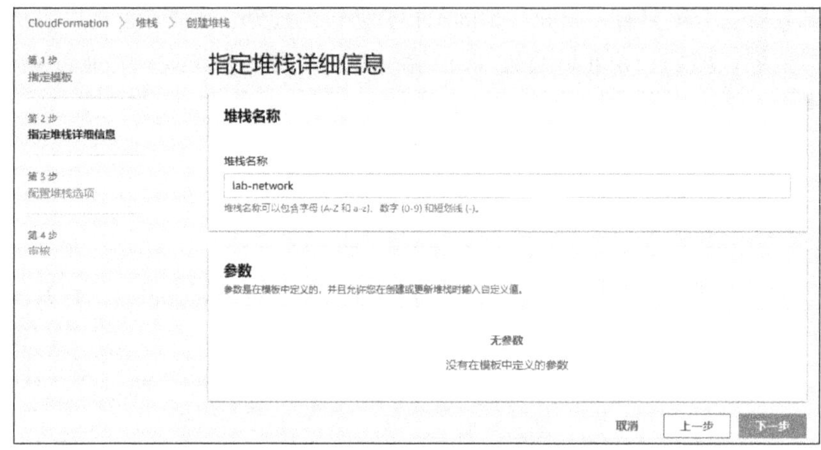

图 9-4　创建堆栈第 2 步：指定堆栈详细信息

4）配置堆栈选项。如图 9-5 所示，添加堆栈标签，如果有需要，则可以设置权限及其他高级选项，单击“下一步”按钮（该按钮图中未显示）。

图 9-5　创建堆栈第 3 步：配置堆栈选项

5）审核堆栈。如图 9-6 所示，检查前面各步骤设置的选项，确认后单击“创建堆栈”按钮（该按钮图中未显示）。CloudFormation 将使用该模板在亚马逊云科技账户中生成资源堆栈。

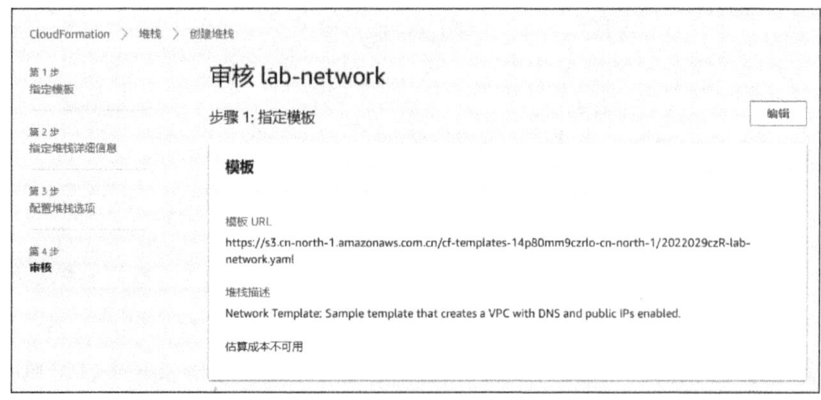

图 9-6　创建堆栈第 4 步：审核堆栈

6）查看堆栈 lab-network 信息。创建过程需要花几分钟时间，完成后堆栈状态显示为 CREATE_COMPLETE，如图 9-7 所示。

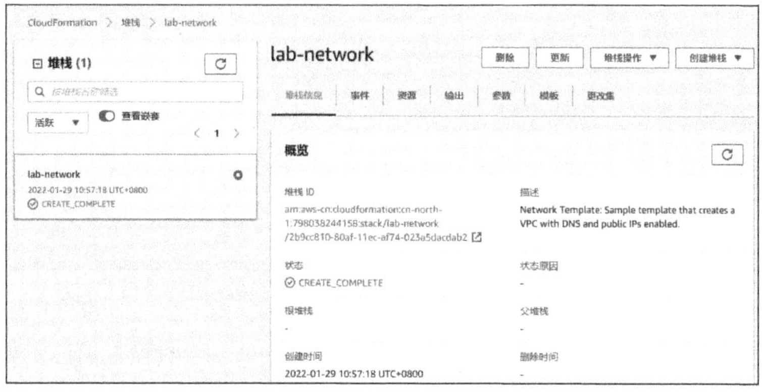

图 9-7　查看堆栈信息

7）查看堆栈资源。选择图 9-7 中的“资源”选项卡，可以看到堆栈 lab-network 包含 8 个资源，如图 9-8 所示。

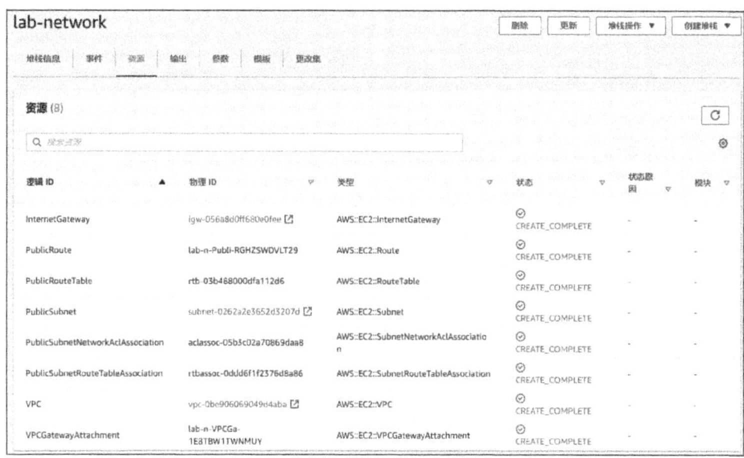

图 9-8　查看堆栈资源

8）查看事件。在图 9-7 中选择“事件”选项卡，即可查看事件，如图 9-9 所示。

图 9-9　查看事件

9）查看输出。在图 9-7 中选择“输出”选项卡，如图 9-10 所示，可以看到两个输出项：PublicSubnet（公有子网）和 VPC。

图 9-10　查看输出

10）查看模板信息。在图 9-7 中选择“模板”选项卡，可以查看模板信息，如图 9-11 所示。

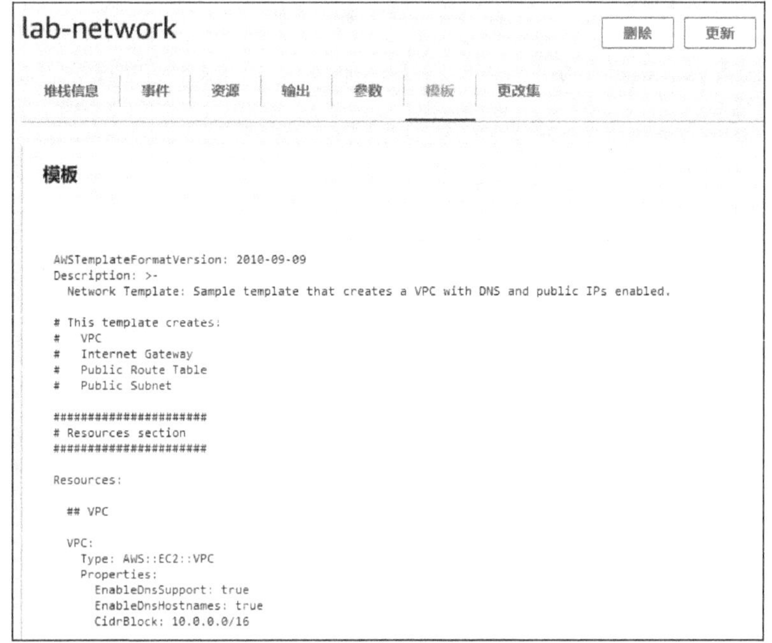

图 9-11　查看模板信息

任务 9.1.3　部署应用层

本任务将部署包含 Amazon Elastic Compute Cloud（Amazon EC2）实例和安全组的应用层堆栈“lab-application”。CloudFormation 模板 lab-application.yaml（见本书配套资源）将从现有 lab-network 堆栈（任务 9.1.2 部署的）的输出中导入 VPC 和子网 ID，然后它将使用此信息在 VPC 中创建安全组，在子网中创建 EC2 实例。参见任务 9.1.2 部署网络层的步骤。

1）打开 CloudFormation 控制台，创建堆栈。

2）选择模板，此处模板的名字为 lab-application.yaml。

3）输入堆栈名称“lab-application”，单击“下一步”按钮，如图 9-12 所示。

4）配置堆栈选项，添加标签，如图 9-13 所示。

5）审核 lab-application。

指定堆栈详细信息
堆栈名称
堆栈名称
lab-application
堆栈名称可以包含字母 (A-Z 和 a-z)、数字 (0-9) 和短划线 (-)。
参数
参数是在模板中定义的，并且允许您在创建或更新堆栈时输入自定义值。
AmazonLinuxAMIID
/aws/service/ami-amazon-linux-latest/amzn2-ami-hvm-x86_64-gp2
NetworkStackName
Name of an active CloudFormation stack that contains the networking resources, such as the VPC and subnet that will be used in this stack
lab-network
取消　上一步　下一步

图 9-12　输入应用层堆栈名称

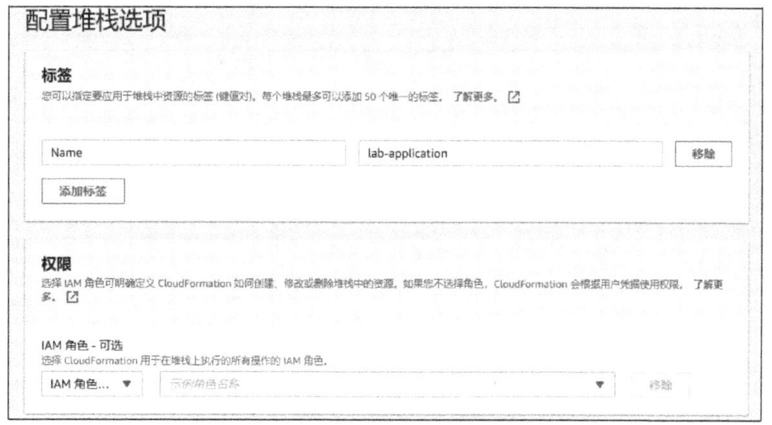

图 9-13　添加标签

6）等待堆栈状态更改为 CREATE_COMPLETE，堆栈创建完成后的信息如图 9-14 所示。

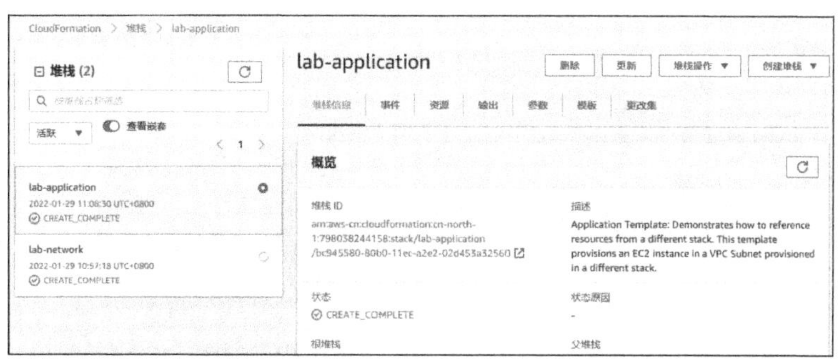

图 9-14　堆栈 lab-application 信息

7）查看堆栈资源。在堆栈的“资源”选项卡中可以看到堆栈中包含 Web 服务器和该服务器的安全组等，如图 9-15 所示。

8）打开“输出”选项卡，复制 Web 服务器的 URL，如图 9-16 所示。

9）在新的浏览器窗口中粘贴图 9-16 中的 URL，访问 Web 服务器。Web 服务器主页内容如图 9-17 所示。

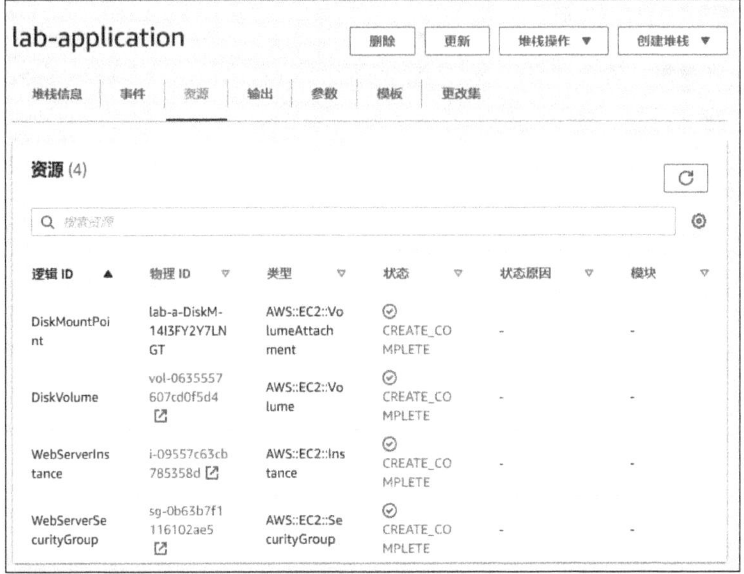

图 9-15 查看堆栈 lab-application 资源

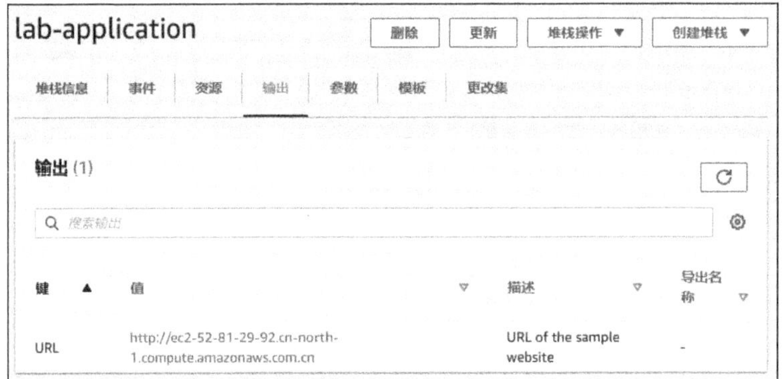

图 9-16 堆栈 lab-application 输出

图 9-17 堆栈 lab-application 中 Web 服务器主页内容

任务 9.1.4 更新堆栈

利用 CloudFormation 可以使用新的模板更新已部署的堆栈。更新堆栈时，CloudFormation

将仅修改或替换需要更改的资源，任何未更改的资源将保留原样。本任务将使用模板 lab-application2.yaml（见本书配套资源）更新 lab-application 堆栈，以修改安全组中的设置。

更新堆栈的步骤如下：

1）在亚马逊云科技管理控制台上，选择"服务"→"EC2"命令。

2）在左侧导航窗格中单击"安全组"选项。

3）如图 9-18 所示，选中安全组 lab-application-WebServerSecurityGroup 选择"入站规则"选项卡。该入站规则只有一条信息，即允许 HTTP 流量。

图 9-18　安全组的入站规则

4）如图 9-19 所示，返回 CloudFormation，选择 lab-application 堆栈，单击"更新"按钮。

图 9-19　更新 lab-application

5）如图 9-20 所示，新模板是 lab-application2.yaml，用来更新堆栈 lab-application 的安全组规则，单击"下一步"按钮。

6）在随后的"第 2 步　指定堆栈详细信息"界面、"第 3 步 配置堆栈选项"界面中单击"下一步"按钮。在"第 4 步　审核"界面中单击"更新堆栈"按钮，等待一段时间，堆栈更新完成，如图 9-21 所示。

7）查看修改结果。返回到 Amazon EC2 控制台，从左侧导航窗格中单击"安全组"选项，在右侧窗格中选择 lab-application-WebServerSecurityGroup，选择"入站规则"选项卡。如图 9-22 所示，规则被修改，添加了允许通过 TCP 端口 22 的 SSH 流量的附加规则。

图 9-20 更新堆栈 lab-application 安全组规则

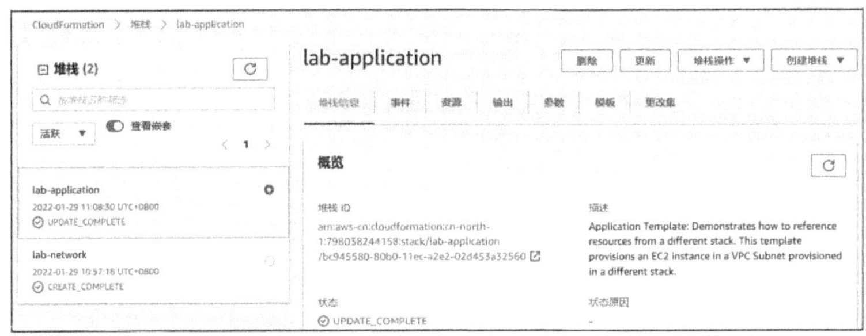

图 9-21 堆栈更新完成

图 9-22 安全组规则被修改

任务 9.1.5 使用 CloudFormation Designer 浏览模板

亚马逊云科技 CloudFormation Designer 是一种图形工具，用于创建、查看和修改 CloudFormation 模板。借助 CloudFormation Designer，可以通过拖放界面绘制模板资源图，然后通过集成的 JSON 和 YAML 编辑器编辑模板资源的详细信息。

1）选择“服务”→“CloudFormation”命令。

2）在图 9–2 所示的左侧导航窗格中单击“设计器”选项。

3）选择“文件”→“打开”→“本地文件”命令，然后选择 lab-application2.yaml 模板，如图 9–23 所示。

4）使用 CloudFormation Designer 编辑模板。

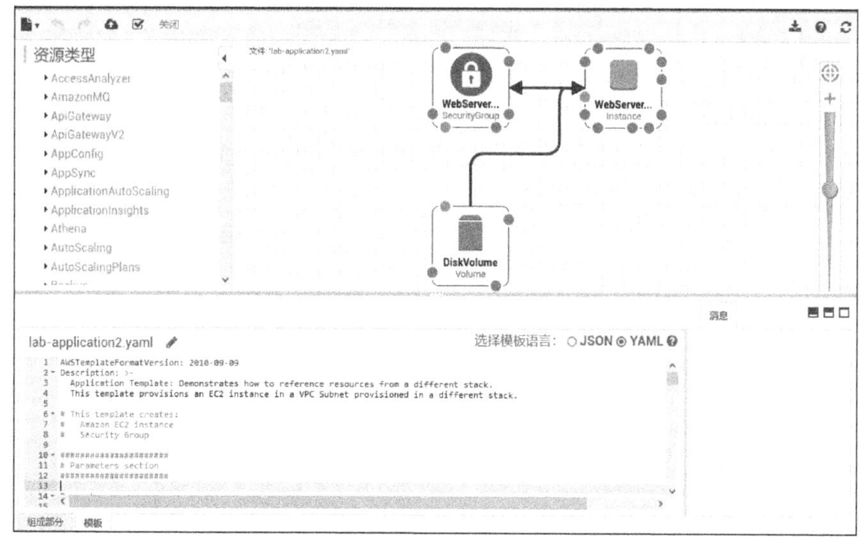

图 9–23　用 CloudFormation Designer 打开 lab-application2.yaml 模板

任务 9.1.6　删除堆栈

当堆栈的资源不再使用时，CloudFormation 可以将这些资源删除。删除 lab-application 堆栈并查看结果的步骤如下：

1）在图 9–23 中单击页面顶部的“关闭”按钮，返回 CloudFormation 控制台。

2）在堆栈列表中选择“lab-application”。

3）单击“删除堆栈”按钮。可以在堆栈的“事件”选项卡中监控删除过程，选择“刷新”来更新屏幕。

4）删除后，它将从堆栈列表中消失。删除操作需要一段时间，需耐心等待。

项目 9.2　加密数据

项目描述

Amazon Key Management Service（Amazon KMS）是亚马逊安全与身份认证的服务之一。在这个项目中，首先介绍数据加密的相关知识，然后介绍如何创建客户主密钥（Customer Master Key，CMK）并用它加密亚马逊云科技组件。

任务 9.2.1 知识预备与方案设计

1. KMS

Amazon Key Management Service（KMS）是一项托管式服务，可以集中创建和控制用于保护数据的加密密钥。这些加密密钥也称为 Amazon KMS 密钥，是亚马逊云科技账户中的资源。用户可以创建新的 KMS 密钥，并且可以控制这些密钥的使用或管理权限。KMS 与其他亚马逊云科技服务集成，从而轻松加密存储在这些服务中的数据，同时控制对用于加密和解密数据的密钥的访问。

可以从亚马逊云科技管理控制台、亚马逊云科技开发工具包（SDKs）或亚马逊云科技命令行界面（CLI）管理 KMS 密钥。由于 KMS 与 CloudTrail 集成，因此可以审计谁使用了密钥、何时使用了密钥以及在哪些资源上使用了密钥。

2. CMK

CMK 可以用来对数据进行加密、解密和重新加密，或进行数字签名。它还可以生成数据密钥，CMK 既可以是对称的，也可以是非对称的。ARN（Amazon Resource Name）唯一标识 CMK，CMK 还可以有别名，别名便于识别 CMK。KMS 支持 3 种类型的 CMK：客户托管 CMK、Amazon 托管 CMK 和 Amazon 拥有的 CMK。

3. 数据密钥

数据密钥（Data Key）是只用于加密或解密数据（Data）而不用于加密或解密其他密钥的密钥（Key）。用户可以使用对称 KMS CMK 来生成、加密和解密数据密钥。但是，KMS 不会存储、管理或跟踪密钥，也不会使用数据密钥执行加密操作，必须在 KMS 之外使用和管理数据密钥。

数据密钥生成：调用 GenerateDataKeyoperation，KMS 使用用户指定的对称 CMK 来创建“明文数据密钥”和“加密数据密钥”，KMS 可以解密“加密数据密钥”。数据密钥生成如图 9-24 所示。

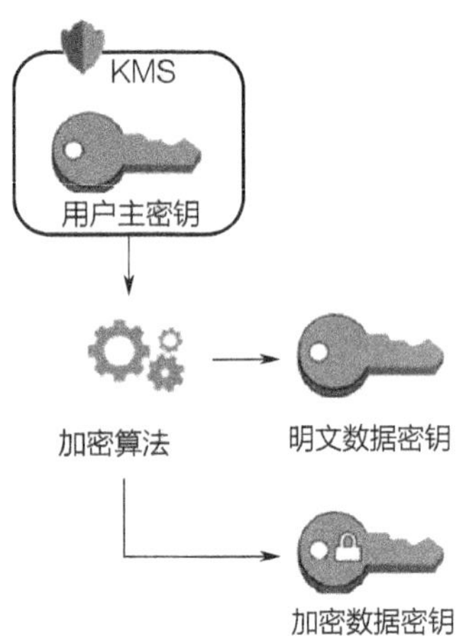

图 9-24 数据密钥生成

数据密钥加密：在使用明文数据密钥加密数据后，应尽快从内存中将其删除。用户可以安全地存储加密数据密钥及加密数据。数据密钥加密如图 9-25 所示。

数据密钥解密：将“加密数据密钥”和用户的 CMK 传递至 Decrypt 操作，返回“明文数据密钥”，使用“明文数据密钥”解密数据。数据密钥解密如图 9-26 所示。

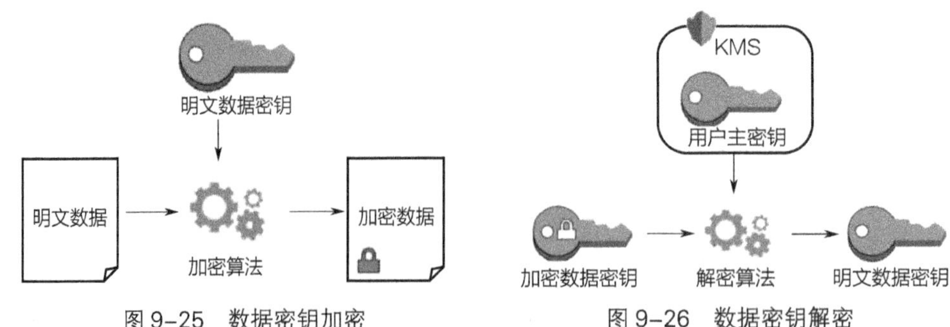

图 9-25 数据密钥加密

图 9-26 数据密钥解密

4. 数据密钥对

数据密钥对是由数学上相关的公有密钥和私有密钥组成的非对称数据密钥。它们用于外部的客户端加密和解密，或进行数字签名和验证。KMS 支持的数据密钥对有 RSA 密钥对和椭圆曲线密钥对。

KMS 调用 GenerateDataKeyPair 或 GenerateDataKeyPairWithoutPlaintext 来创建数据密钥对。一个 CMK 通过 GenerateDataKeyPair 产生一个明文公有密钥、一个明文私有密钥和一个加密的私有密钥；而一个 CMK 使用 GenerateDataKeyPairWithoutPlaintext 返回一个明文公有密钥和一个加密的私有密钥。

5. 密钥用法

密钥用法是一种 CMK 属性，用于确定 CMK 是用于加密和解密，还是用于签名和验证。两者不能同时选择。对称 CMK 的密钥始终用于加密和解密；椭圆曲线（ECC）CMK 的密钥始终用于签名和验证；具有 RSA 密钥对的非对称 CMK 可以用于加密、解密、签名和验证。

6. 信封加密

信封加密将加密数据的数据密钥封入信封中进行存储、传递和使用，不再使用主密钥直接加解密数据。操作过程是，使用明文的数据密钥加密文件，产生密文文件，然后将密文数据密钥和密文文件一同存储到持久化存储设备或服务中。

解密时，用户从持久化存储设备或服务中读取密文数据密钥和密文文件，调用 KMS 服务的 Decrypt 接口，解密数据密钥，取得明文数据密钥；使用明文数据密钥解密文件。

7. 方案设计

在亚马逊云科技的北京区创建一个对称式客户主密钥（CMK），CMK 的别名为 first_cmk_szpt，然后用这个 CMK 来创建加密 EBS 卷、创建静态加密的 EFS 文件系统、重新设置 S3 密钥和创建加密 RDS。

任务 9.2.2　创建对称式客户主密钥（CMK）

创建客户主密钥（CMK）的步骤如下：

1）登录亚马逊云科技管理控制台，指定区域为“北京”。选择“服务”→“Key Management Service”命令，打开 KMS 控制台，如图 9-27 所示，单击“创建密钥”按钮。

图 9-27　打开 KMS 控制台

2）配置密钥。如图 9-28 所示，选择“对称”密钥类型，单击“下一步”按钮。

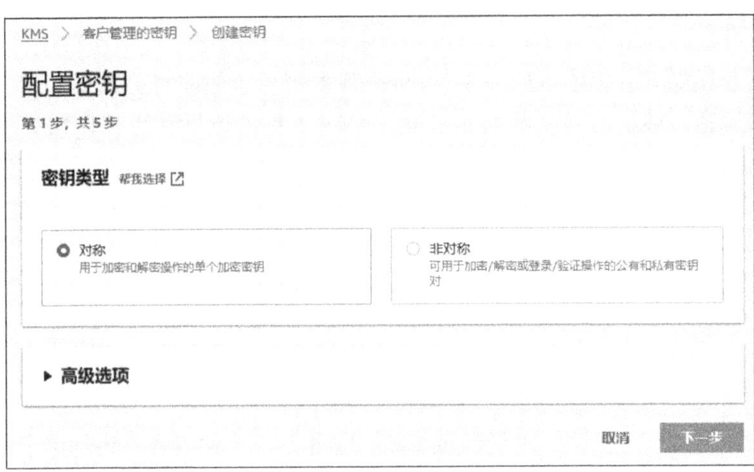

图 9–28　配置密钥

3）添加标签。如图 9–29 所示，给 CMK 取别名为 first_cmk_szpt，可以根据需要添加描述和标签。设置完成后单击“下一步”按钮。

图 9–29　添加标签

4）定义密钥管理权限。如图 9–30 所示，选择可管理 CMK 的 IAM 用户和角色，单击“下一步”按钮。

5）定义密钥使用权限。如图 9–31 所示，选择可在加密操作中使用 KMS 密钥的 IAM 用户和角色，单击“下一步”按钮（该按钮图中未显示）。

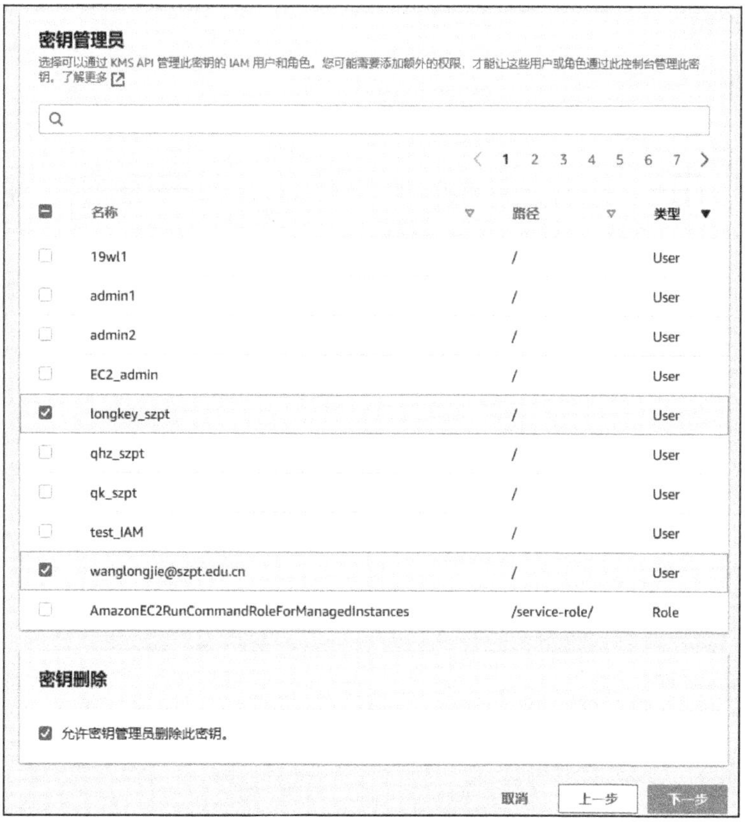

密钥管理员

选择可以通过 KMS API 管理此密钥的 IAM 用户和角色。您可能需要添加额外的权限，才能让这些用户或角色通过此控制台管理此密钥。了解更多

〈 1 2 3 4 5 6 7 〉

	名称	路径	类型
☐	19wl1	/	User
☐	admin1	/	User
☐	admin2	/	User
☐	EC2_admin	/	User
☑	longkey_szpt	/	User
☐	qhz_szpt	/	User
☐	qk_szpt	/	User
☐	test_IAM	/	User
☑	wanglongjie@szpt.edu.cn	/	User
☐	AmazonEC2RunCommandRoleForManagedInstances	/service-role/	Role

密钥删除

☑ 允许密钥管理员删除此密钥。

取消　上一步　下一步

图 9-30　定义密钥管理权限

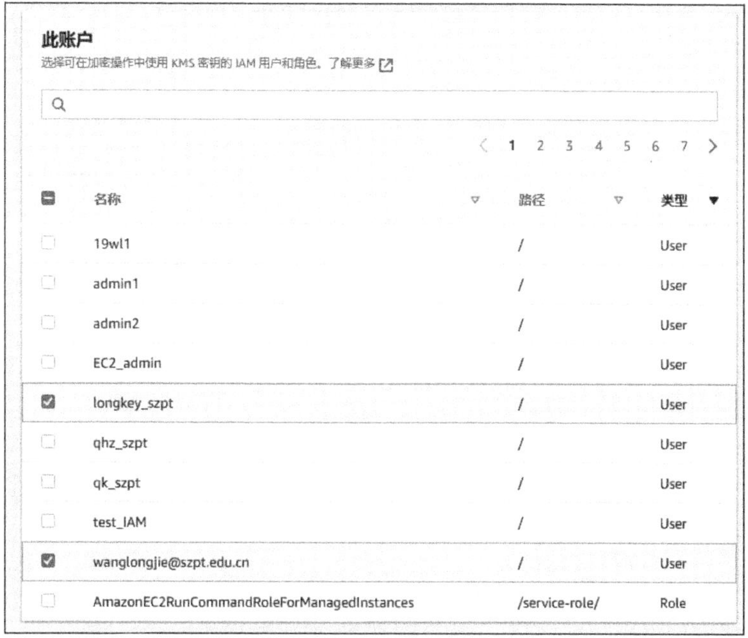

图 9-31　定义密钥使用权限

6）审核。如图 9-32 所示，确认前面步骤的设置参数是否正确，确认无误后单击“完成”按钮。

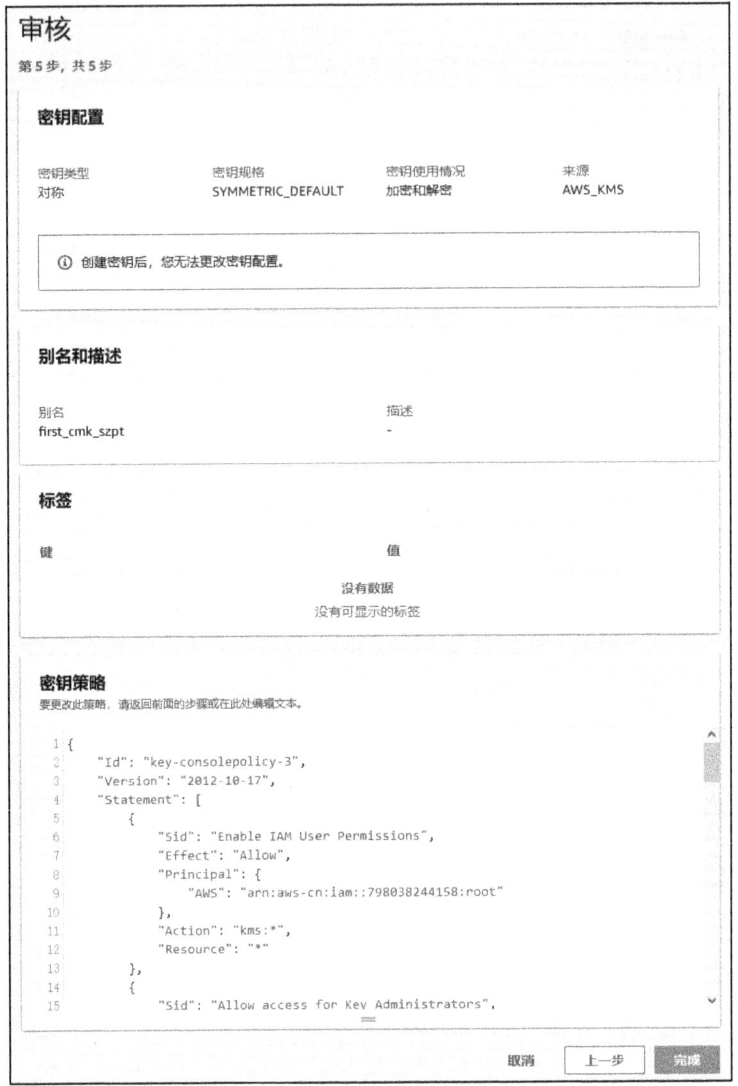

图 9-32　审核

7）查看新创建的 CMK。在 KMS 控制台左侧的导航栏中单击“客户管理的密钥”选项，单击 first_cmk_szpt 的密钥 ID，可以查看该密钥的详细信息，如图 9-33 所示。其 ARN 格式为 arn:aws-cn:kms:cn-north-1:XXXX 格式。

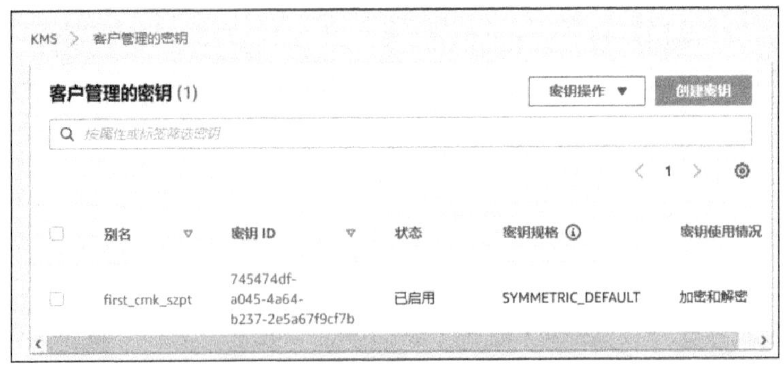

图 9-33　查看新创建的 CMK

任务 9.2.3　加密 EBS 卷

Amazon EBS 自动在存储 Amazon 资源的每个区域中创建唯一的 Amazon 托管密钥。此 KMS 密钥具有 /aws/XXX 格式，如 /aws/ebs、aws/sns 等。默认情况下，Amazon EBS 使用 /aws/ebs 密钥进行块存储设备的加密，也可以将创建的对称密钥指定为 EBS 加密的默认 KMS 密钥。

下面将配置账户属性的 EBS 加密，然后创建加密卷，使用任务 9.2.2 创建的密钥作为新卷的默认 KMS 密钥。步骤如下：

1）登录亚马逊云科技管理控制台，选择 EC2 服务，在页面的右上角选择区域“北京”。任务 9.2.2 也是在“北京”区域中创建了密钥。

2）拖动滚动条，找到图 9-34 所示的“账户属性”选项区，然后选择“EBS 加密”。

图 9-34　“账户属性”选项区

3）如图 9-35 所示，启用“始终加密新的 EBS 卷”，此时，默认的加密密钥是 aws/ebs，在下拉列表中选择任务 9.2.2 中创建的密钥 first_cmk_szpt。设置完成后单击“更新 EBS 加密”按钮。

图 9-35　EBS 加密

4）在 EC2 左侧导航窗格中单击“Elastic Block Store”→“卷”选项，单击“创建卷”按钮。

5）如图 9-36 所示，设置卷的属性。KMS 密钥使用任务 9.2.2 中创建的 CMK（first_cmk_szpt），其他设置保持默认值。设置完成后单击“创建卷”按钮（该按钮图中未显示）。

图 9–36 设置卷属性

6）查看加密结果。在卷列表中选择新创建的卷，该卷的描述信息显示已加密，如图 9–37 所示。

7）将该加密卷添加到实例上。此后存放在该卷的数据将自动加解密，加解密的密钥为 first_cmk_szpt。

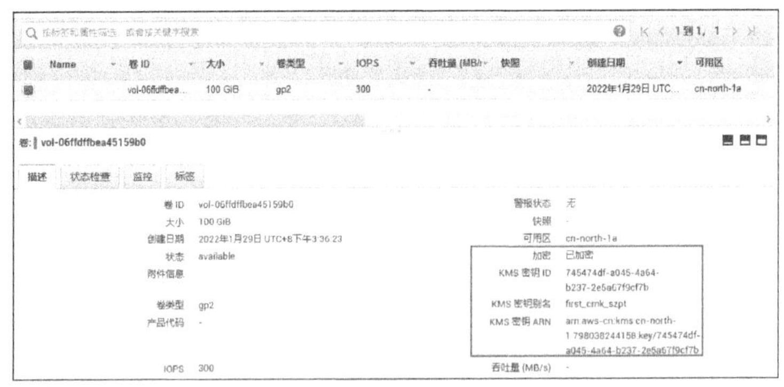

图 9–37 查看加密结果：卷已加密

任务 9.2.4 加密 EFS 文件系统

Amazon EFS 支持两种形式的文件系统加密：传输中的数据加密和静态加密。可以在创建 Amazon EFS 文件系统时启用静态加密。也可以在挂载文件系统时启用传输中的数据加密。在加密的文件系统中，系统自动完成加密、解密过程。

创建静态加密的 Amazon EFS 步骤如下：

1）访问 https://console.amazonaws.cn/efs/，打开 Amazon Elastic File System 控制台，单击“创建文件系统”按钮。

2）EFS 文件系统创建的详细步骤参见单元 6。文件系统设置如图 9-38、图 9-39 所示。选择“启用静态数据的加密”复选框，在“KMS 密钥”下拉列表中选择任务 9.2.2 创建的 CMK（first_cmk_szpt），单击“下一步”按钮。

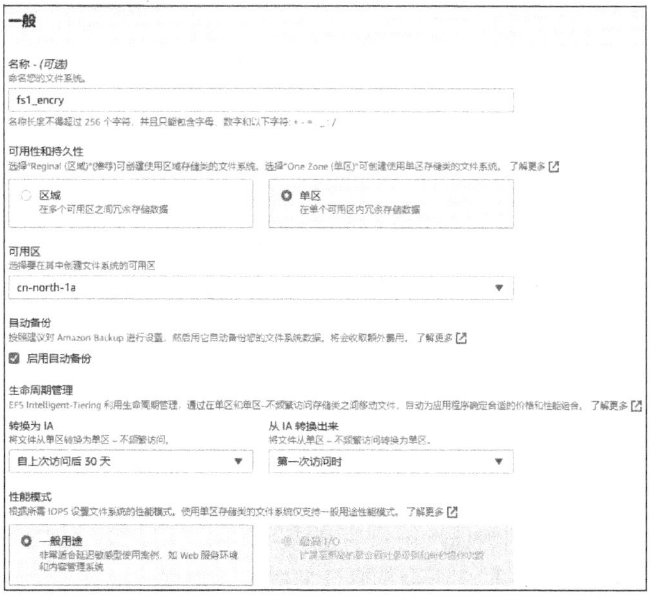

图 9–38　文件系统设置（1）

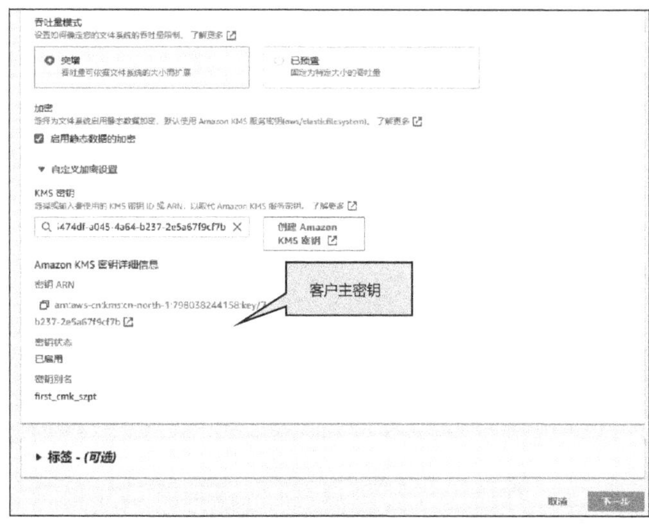

图 9–39　文件系统设置（2）

3）设置网络访问，使用默认值，单击“下一步”按钮。

4）设置文件系统策略，使用默认值，单击“下一步”按钮。

5）在“审核和创建”步骤中，确认前面步骤设定的参数是否正确，单击“创建”按钮。

6）图 9-40 所示为新创建的加密文件系统。

7）挂载系统，参见单元 6。

图 9-40　新创建的加密文件系统

任务 9.2.5　加密 S3 存储桶

Amazon S3 中保护静态数据的方式有两种：服务器端加密（SSE）和客户端加密。

服务器端加密：要求 Amazon S3 先加密对象，再将它保存到数据中心的磁盘上。下载对象时，系统自动进行解密。

客户端加密：在客户端加密数据并将加密的数据上传到 Amazon S3。在这种情况下，需要管理加密过程、加密密钥和相关的工具。

服务器端加密是指由接收数据的应用程序或服务在目标位置对数据进行加密。Amazon S3 在将数据写入数据中心内的磁盘时会在对象级别加密这些数据，用户访问这些数据时，系统解密这些数据。只要用户的请求得到验证且用户拥有访问权限，用户访问加密和未加密对象的方式就没有区别。KMS 只加密对象数据，不会加密任何对象元数据。

创建新的 KMS 加密存储桶与修改一个现有 S3 密钥的操作类似。下面的实例是修改一个现有 S3 密钥为 first_cmk_szpt，步骤如下：

1）打开 S3 控制台。

2）如图 9-41 所示，选择存储桶 longkey20210307。

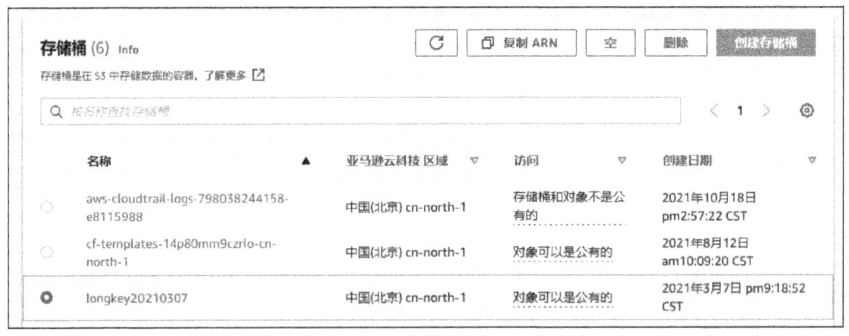

图 9-41　选择存储桶

3）选择存储桶的“属性”选项卡，找到“默认加密”选项区，单击“编辑”按钮，如图 9-42 所示。

4）如图 9-43 所示，在“Amazon KMS 密钥”选项组中选择“从您的 Amazon KMS 密钥中进行选择”单选按钮，在“Amazon KMS 密钥”下拉列表中选择任务 9.2.2 中创建的密钥 first_cmk_szpt，单击“保存更改”按钮。

5）如图 9-44 所示，在存储桶的“属性”选项卡的“默认加密”选项区中可以看到，已经使用指定的密钥进行加密。

图 9-42　默认加密

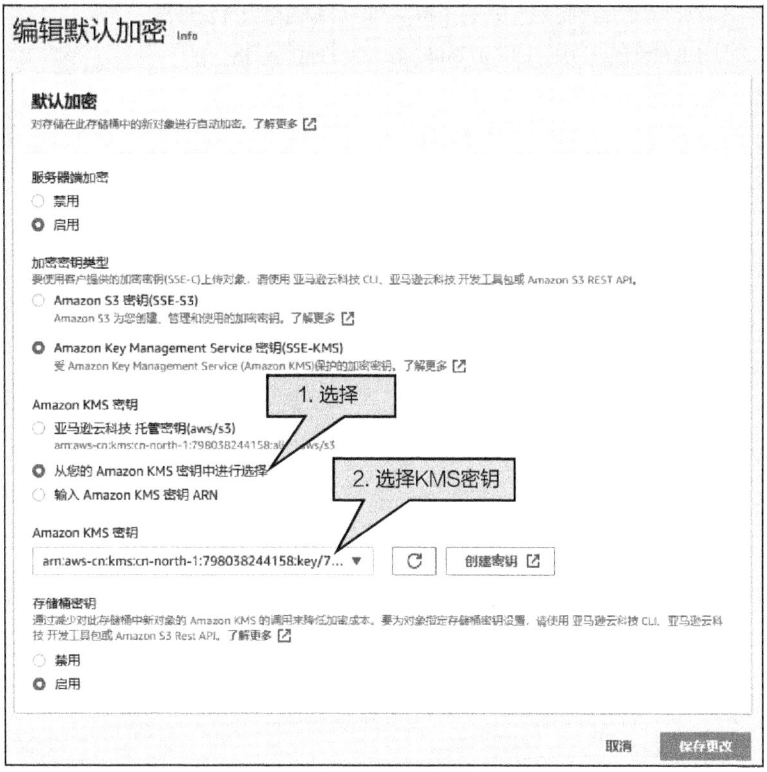

编辑默认加密 Info

默认加密

对存储在此存储桶中的新对象进行自动加密。了解更多

服务器端加密

禁用

启用

加密密钥类型

要使用客户提供的加密密钥(SSE-C)上传对象，请使用 亚马逊云科技 CLI、亚马逊云科技 开发工具包或 Amazon S3 REST API。

Amazon S3 密钥(SSE-S3)

Amazon S3 为您创建、管理和使用的加密密钥。了解更多

Amazon Key Management Service 密钥(SSE-KMS)

受 Amazon Key Management Service (Amazon KMS)保护的加密密钥。了解更多

Amazon KMS 密钥

亚马逊云科技 托管密钥(aws/s3)

arn:aws-cn:kms:cn-north-1:798038244158:al...ws/s3

从您的 Amazon KMS 密钥中进行选择

输入 Amazon KMS 密钥 ARN

Amazon KMS 密钥

arn:aws-cn:kms:cn-north-1:798038244158:key/7...

创建密钥

存储桶密钥

通过减少对此存储桶中新对象的 Amazon KMS 的调用来降低加密成本。要为对象指定存储桶密钥设置，请使用 亚马逊云科技 CLI、亚马逊云科技 开发工具包或 Amazon S3 Rest API。了解更多

禁用

启用

取消　保存更改

1. 选择

2. 选择KMS密钥

图 9-43　编辑默认加密

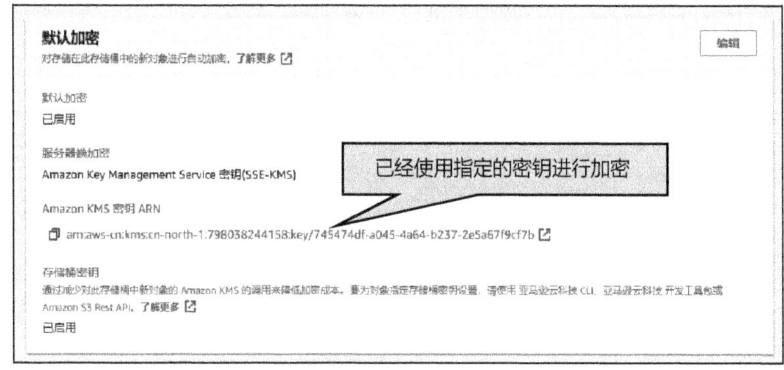

图 9-44　已经使用指定的密钥进行加密

任务 9.2.6 加密 RDS

Amazon RDS 可以加密数据库实例。静态加密的数据包括数据库实例的基础存储、自动化备份、只读副本和快照。在数据加密后，Amazon RDS 将以透明方式处理访问的身份验证和数据的解密，并且对性能产生的影响最小。用户无须修改数据库客户端应用程序来使用加密。

对于 Amazon RDS 加密数据库实例，所有日志、备份和快照都将加密。Amazon RDS 使用 Amazon KMS 客户主密钥（CMK）加密这些资源。如果复制加密快照，则可以使用其他 CMK 来加密目标快照。

Amazon RDS 要加密实例的只读副本，必须使用与主数据库实例相同的 CMK 进行加密，前提是两者在相同的亚马逊云科技区域中。如果主数据库实例和只读副本位于不同的亚马逊云科技区域中，则使用该亚马逊云科技区域的 CMK 对只读副本进行加密。

下面说明如何用 KMS 的 CMK（first_cmk_szpt）加密 RDS。

1）打开 RDS 控制台。

2）在 RDS 控制台单击左侧的“数据库”选项，选择“创建数据库”，这里创建 Microsoft SQL Server 数据库，如图 9-45 所示，按图 9-46 设置属性。

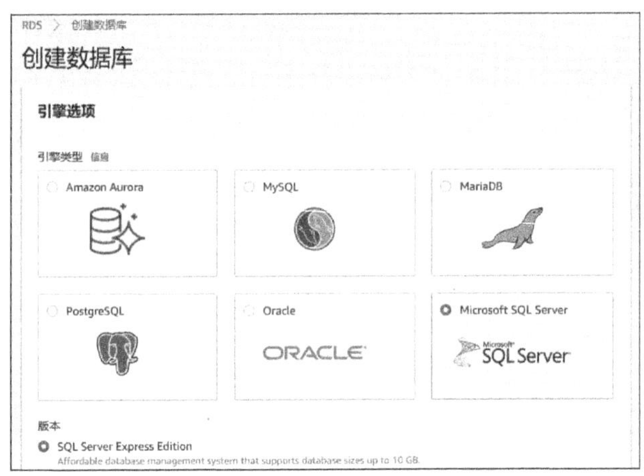

图 9-45 创建 Microsoft SQL Server 数据库

设置

数据库实例标识符 信息
键入数据库实例的名称。此名称在当前 亚马逊云科技 区域中您的 亚马逊云科技 账户拥有的所有数据库实例中必须是唯一的。
database-2
数据库实例标识符不区分大小写，全部存储为小写形式(如"mydbinstance")。限制: 1 到 60 个字母数字字符或连字符。第一个字符必须是字母。不能包含两个连续的连字符。不能以连字符结尾。

▼ 凭证设置

主用户名 信息
为数据库实例的主用户键入登录 ID。
admin
1 到 16 个字母数字字符。第一个字符必须是字母。

自动生成密码
Amazon RDS 可以为您生成密码，您也可以指定自己的密码。

主密码 信息
•••••••••••••
限制: 至少 8 个可打印 ASCII 字符。不能包含以下任何字符: / (斜杠)、' (单引号)、" (双引号)和 @ (at 符号)。

确认密码 信息
•••••••••••••

图 9-46 设置属性

3）如图 9–47 所示，展开“其他配置”选项，设置“Amazon KMS 密钥”为 first_cmk_szpt，单击“创建数据库”按钮（该按钮图中未显示）。

4）查看结果。等待几分钟，数据库创建完毕。在该数据库的“配置”选项卡，会看到 KMS 的 CMK 设置为 first_cmk_szpt，如图 9–48 所示。

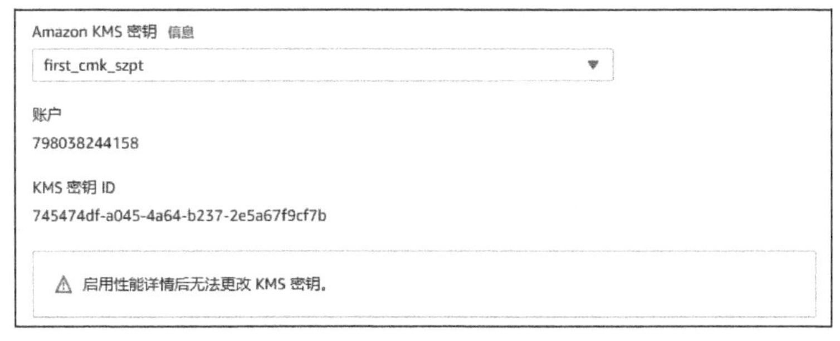

图 9–47　设置 Amazon KMS 密钥

数据库活动流
状态
Amazon KMS 密钥
first_cmk_szpt
Kinesis 数据流
-

图 9–48　查看结果

习题

1. 关于 CloudFormation 服务，描述错误的是哪一个？（　　）
   A. 可以简化基础设施的管理　　B. 可以快速复制基础设施
   C. 可以轻松对基础设施进行更改　　D. 可以提高基础设施的安全性
2. 关于 CloudFormation 的模板，描述错误的是哪两个？（　　）
   A. 通常是 JSON 或者 YAML 格式　　B. 为文本文件
   C. 版本是必选的组成部分　　D. 描述是必选的组成部分
3. CloudFormation 工作流程包含哪 3 个步骤？（　　）
   A. 创建或者使用模板　　B. 保存模板
   C. 使用模板创建堆栈　　D. 删除模板
4. 使用新的模板更新堆栈时，以下描述正确的是哪一个？（　　）
   A. 要先删除堆栈，再使用新模板创建堆栈
   B. 尚未更改的资源在更新过程中会不中断地运行
   C. 对于更新后的资源，均不会更改该资源的物理 ID
   D. 堆栈更新开始后，如果堆栈处于 UPDATE_IN_PROGRESS 状态，则无法取消堆栈更新
5. Amazon KMS 支持哪 3 种类型的 CMK？（　　）
   A. 客户托管 CMK　　B. Amazon 托管 CMK
   C. Amazon 拥有的 CMK　　D. 第三方托管 CMK
6. 以下哪些服务支持加密？（　　）
   A. EBS　　B. EFS
   C. ELB　　D. RDS

单元 10

负载均衡、自动扩展服务

单元概述

可靠性是企业对 IT 设施的基本要求。虽然 EC2 实例和其他相关服务（如 EBS）已经相当可靠，但还是需要在云的架构上考虑可靠性。Amazon 的负载均衡服务可以将应用程序负载或者网络负载分配到分布于不同可用区的目标服务器，这一方面提高了可靠性，另一方面把负载进行分配，提高了性能。Amazon 还提供自动扩展服务，根据设定的跟踪目标（如平均 CPU 利用率）自动增加或者减少 EC2 实例的数量，降低了人工估算 EC2 实例数量的误差，也降低了成本。

学习目标

通过学习本单元，读者应掌握以下知识点和技能点。

知识点：

- 负载均衡服务
- 自动扩展服务

技能点：

- 创建并测试弹性负载均衡器
- 创建并测试 Auto Scaling

项目 10.1　使用负载均衡服务

项目描述

为了提高网站的可用性，本项目在两个实例上部署了网站，利用负载均衡器把用户的访问流量分配到这两个实例上。本项目在中国宁夏区域（cn-northwest-1）创建。

1）创建一个 VPC，命名为 vpc-lab，并在该 VPC 下创建两个公有子网，具体操作步骤可以参照单元 3。

2）创建两个 EC2 操作实例 web1 和 web2，在创建过程中开启公有 IP 分配，并分别通过以下用户数据进行初始化，具体操作步骤可参照单元 2。

实例 web1 的用户数据如下：

```
#!/bin/bash
sudo yum update -y
sudo yum install -y httpd
sudo service httpd start
sudo chkconfig httpd on
sudo touch /var/www/html/index.html
sudo echo "Test Website 1" > /var/www/html/index.html
```

实例 web2 的用户数据如下：

```
#!/bin/bash
sudo yum update -y
sudo yum install -y httpd
sudo service httpd start
sudo chkconfig httpd on
sudo touch /var/www/html/index.html
sudo echo "Test Website 2" > /var/www/html/index.html
```

创建完毕后分别打开 web1 和 web2 的公有 IP 地址，可以看到图 10-1 所示的界面。

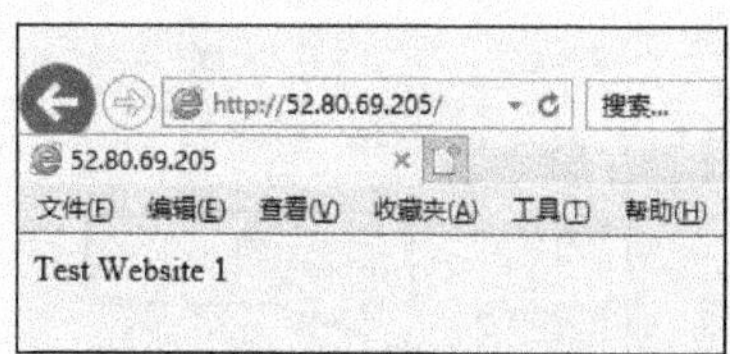

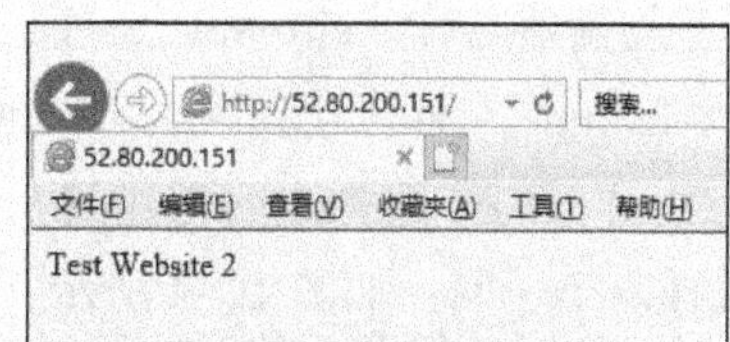

图 10-1　测试服务器界面

3）创建负载均衡器，把流量分配到实例 web1 和 web2 上。

任务 10.1.1 知识预备与方案设计

1. 负载均衡介绍

负载均衡（Elastic Load Balancing）指的是将工作负载在多个目标之间进行分配，采用一定的均衡策略将负载自动分配到需要进行均衡的各资源。负载均衡一般应用于可以进行横向扩展的资源，如 EC2 实例、容器、IP 地址、Lambda 函数和虚拟设备等。负载均衡可以在单个可用区内处理不断变化的应用程序流量负载，也可以跨多个可用区处理负载。负载均衡器有以下 3 种：

1）Application Load Balancer：非常适合 HTTP 和 HTTPS 流量的负载均衡，并提供针对现代应用程序架构（包括微服务和容器）实现的高级请求路由。Application Load Balancer 可根据请求的内容将流量路由到 Amazon VPC 内的目标。

2）Network Load Balancer：非常适合需要极端性能的传输控制协议（TCP）、用户数据报协议（UDP）和传输层安全性（TLS）流量负载均衡。Network Load Balancer 可将流量路由到 Amazon VPC 内的目标，并且能够在保持超低延迟的同时，达到每秒数百万个请求的处理能力。

3）Gateway Load Balancer：让用户能够轻松部署、扩展和运行第三方虚拟网络设备。Gateway Load Balancer 为第三方设备队列提供负载均衡和自动扩展功能，对流量源和目标保持透明。这使其非常适合使用第三方设备来实现安全性、网络分析和其他使用案例。

2. 方案设计

本项目将创建一个网络负载均衡器来为两台 EC2（提供静态网页服务）做网络负载均衡。为了验证网络负载均衡器的作用，通过手动暂停一台 EC2 的方式来模拟服务器故障，从而可以观察到网络负载均衡器起到的效果和作用。

任务 10.1.2 创建负载均衡器

1）首先登录控制台并打开 EC2 页面，从左侧列表中单击“负载均衡器”选项，然后单击“创建负载均衡器”按钮，如图 10-2 所示。在打开的界面中选择“Application Load Balancer”，单击“创建”按钮。如图 10-3 所示，输入负载均衡器名称“elb-web”，模式选择“Internet-facing”（面向互联网），IP 地址类型选择“IPv4”，VPC 选择之前创建的 vpc-lab，映射选择两个子网。如图 10-4 所示，在“侦听器和路由”选项区单击“Create target group”（创建目标组），跳转到新页面。

图 10-2 创建负载均衡器

Basic configuration

Load balancer name

Name must be unique within your 亚马逊云科技 account and cannot be changed after the load balancer is created.

elb-web

A maximum of 32 alph... ...hens are allowed, but the name must not begin or end with a hyphen.

选择模式

Scheme

Scheme cannot be chang... ...er the load balancer is created

Internet-facing

An internet-facing load balancer routes requests from clients over the internet to targets. Requires a public subnet. Learn more

Internal

An internal load balancer routes requests from clients to targets using private IP addresses.

IP address type Info

Select the type of IP addresses that your subnets use

IPv4

Recommended for internal load balancers

Dualstack

Includes IPv4 and IPv6 addresses.

Network mapping Info

The load balancer routes traffic to targets in the selected subnets, and in accordance with your IP address settings.

选择VPC

VPC

Select the virtual private cloud (VPC) for your targets. Only VPCs with an intern... ...y are enabled for selection. The selected VPC cannot be changed after the load balancer is created. To confirm the VPC for your targets, view your target groups

vpc-lab

选择可用区

Mappings

cn-northwest-1a

选择子网

Subnet

subnet-01d07113d3f64f2d4　public

IPv4 settings

IPv4 address

Assigned by 亚马逊云科技

cn-northwest-1b

Subnet

subnet-0f380e2efab65bdbf　subnet2

IPv4 settings

IPv4 address

Assigned by 亚马逊云科技

图 10-3　创建 Application Load Balancer 负载均衡器（1）

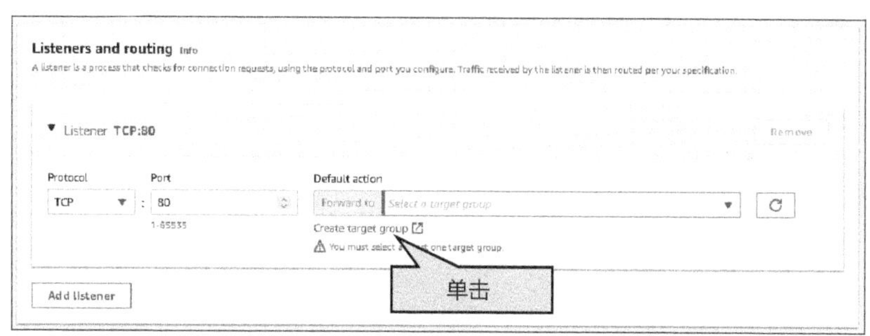

图 10-4　创建 Application Load Balancer 负载均衡器（2）

2）创建目标组。如图 10-5 所示，目标类型选择“实例”，输入目标组名称“lb-targets”，协议选择 TCP，端口为 80，VPC 选择 vpc-lab。

3）如图 10-6 所示，展开“高级运行状况检查设置”，将正常阈值设置为 2，间隔设置为 10s。

基本配置

创建目标组后，无法更改本部分中的设置。

选择目标类型

实例
- 支持将负载均衡到特定 VPC 中的实例。

IP 地址
- 支持将负载均衡到 VPC 和本地资源。
- 促使路由到同一实例上的多个 IP 地址和网络接口。
- 借助基于微服务的架构提供灵活性，简化应用程序间通信。

Lambda 函数
- 促使路由到单个 Lambda 函数。
- 仅可访问 Application Load Balancer。

Application Load Balancer
- 为 Network Load Balancer 提供了在特定 VPC 内接受和路由 TCP 请求的灵活性。
- 有助于通过 Application Load Balancer 使用静态 IP 地址和 PrivateLink。

目标组名称

lb-targets

最多允许使用 32 个字母数字字符(包括连字符)，但名称不能以连字符开头或结尾。

协议 端口

TCP : 80

VPC

选择包含要添加到此目标组的实例的 VPC。

vpc-lab
vpc-55fe393c
IPv4: 172.31.0.0/16

图 10-5 负载均衡器基本配置

图 10-6 高级运行状况检查设置

4）注册目标。在下一页面选择 web1 和 web2 两个实例，单击“在下面以待注册的形式添加”按钮，如图 10-7 所示。单击“创建目标组”按钮并等待约 20s。

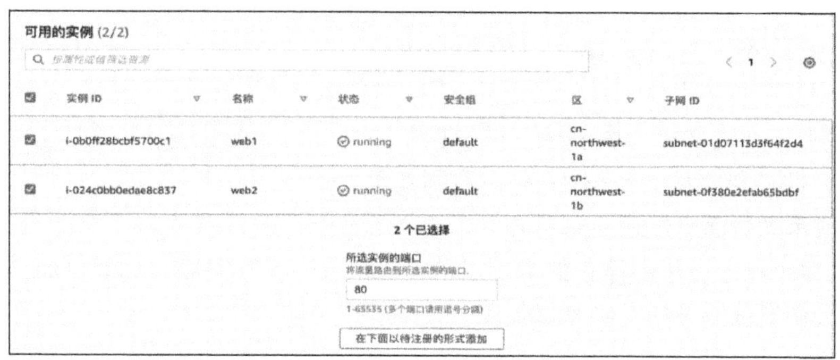

图 10-7　注册目标

5）继续创建负载均衡器。如图 10-8 所示，在“侦听器和路由”选项区，在“默认操作”下拉列表中选择“lb-targets”，单击“创建负载均衡器”按钮（该按钮图中未显示）完成创建。

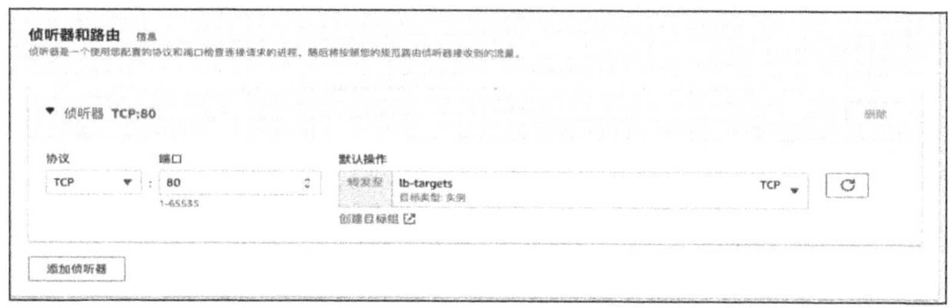

图 10-8　继续创建负载均衡器

任务 10.1.3　测试负载均衡器

1）检查负载均衡器是否工作正常。如图 10-9 所示，在左侧导航栏中单击“负载均衡器”选项，在右侧区域可以看到创建好的负载均衡器相关信息。复制 DNS 名称并在浏览器中打开，可以看到 web1 或 web2 实例返回的页面。

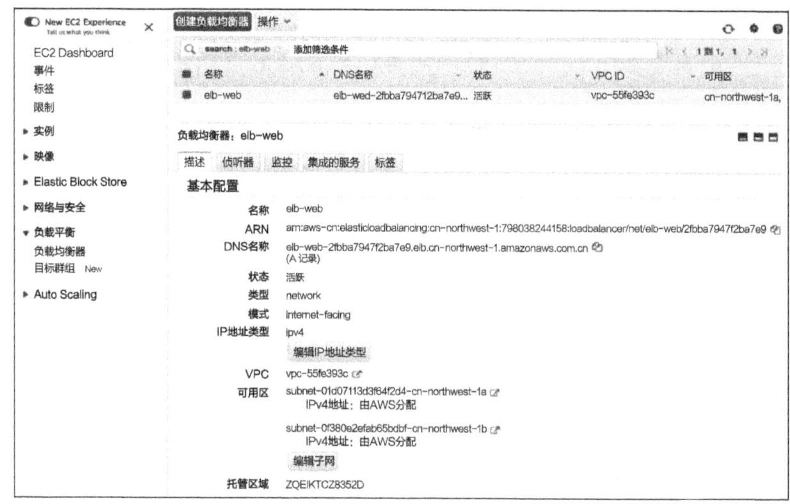

图 10-9　负载均衡器相关信息

2）打开跨区域负载均衡。在描述界面滑动到最下方可以看到负载均衡器“属性”区域，单击“编辑属性”按钮，如图 10-10 所示。如图 10-11 所示，对“跨区域负载均衡”选项选择“启用”并单击“保存”按钮。

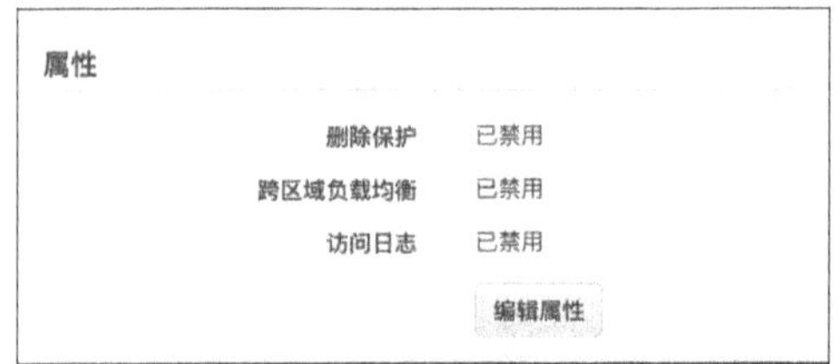

图 10-10　负载均衡器“属性”

3）故障模拟。在实例页面中选择当前返回了正常页面的实例，并停止实例。等待 1min 左右刷新页面，可以看到展示的页面已经切换到另外一个正常的实例上进行服务。

4）故障恢复。将上一步中停止的实例启动，等待状态检查完成。刷新页面，可以看到页面已经恢复到由最初提供服务的实例来提供服务。

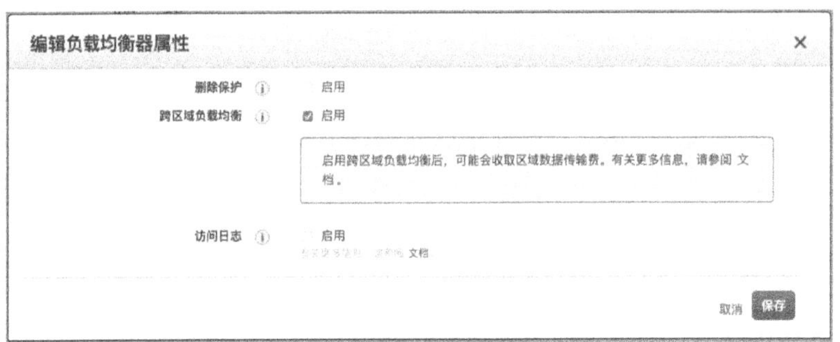

图 10-11　编辑负载均衡器属性

使用自动扩展服务

项目描述

为了降低成本，在实例 CPU 负载较低时减少实例的数量，而在 CPU 负载较高时增加实例数量。本项目将先从一个 EC2 实例创建启动模板，再创建自动扩展组。扩展组的所需容量为 2，最大容量为 3，最小容量为 2，平均 CPU 利用率达到 60% 时自动扩展组的大小。

任务 10.2.1　知识预备与方案设计

1. Auto Scaling 介绍

Auto Scaling 组是多个 EC2 实例的集合，这些实例被视为逻辑单元。人们可以为 Auto Scaling 组及实例配置设置，并可以定义 Auto Scaling 组的最低、最高和所需容量。设置不同的最低和最高容量值将构成组的界限，这使组可以根据需求随着应用程序负载的增加或减少进行扩展。要扩展 Auto Scaling 组，可以对所需的容量进行手动调整，或让 Auto Scaling 自动添加和移除容量，也简称为扩容或缩容，以满足需求变化。Auto Scaling 可以跨可用区预置和平衡容量，以优化系统可用性。它还提供生命周期挂钩、实例运行状况检查和计划扩展，以自动化管理容量。

2. 方案设计

本项目以启动模板的方式配置并创建 Auto Scaling 组，通过手动停止实例的方式来模拟服务器故障，使得实例数量低于预期，从而触发 Auto Scaling 的扩展策略。观察 Auto Scaling 组的活动历史，可以验证 Auto Scaling 的效果。

任务 10.2.2　创建启动模板

1）如图 10–12 所示，在“实例”选项组中单击“启动模板”选项，然后在右侧区域单击“创建启动模板”按钮。如图 10–13 所示，输入模板名称“template–lab”，模板版本说明可以自行输入。

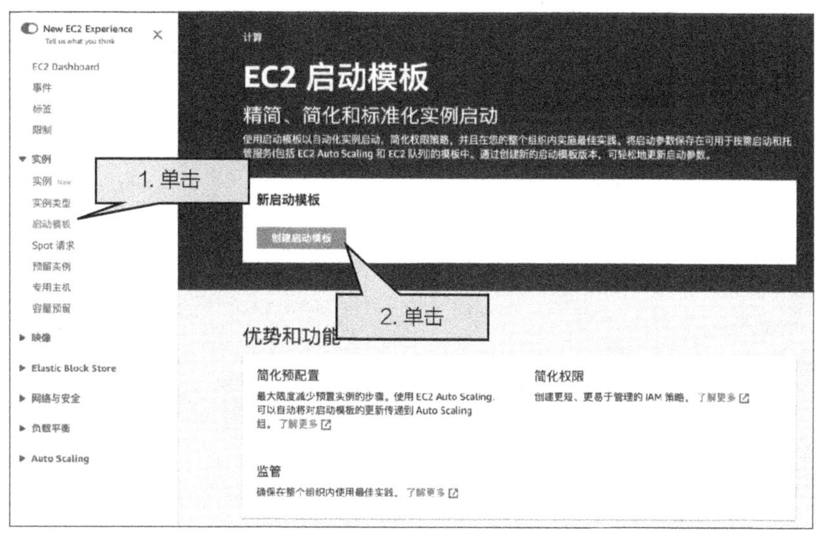

图 10–12　创建 Auto Scaling

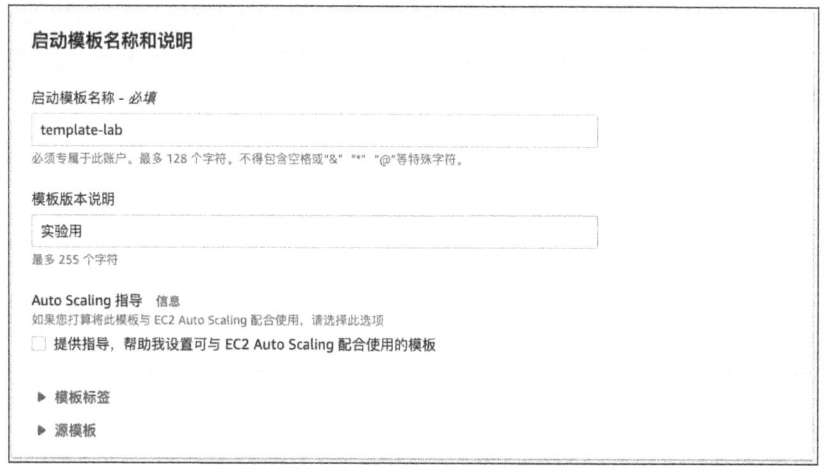

图 10–13　启动模板名称和说明

2）填写启动模板配置。如图 10–14 所示，Amazon Machine Image 选择“Amazon Linux 2 AMI（HVM）, SSD Volume Type”，实例类型选择 t2.micro 或 t2.nano，密钥对选择自己账号下已有的密钥对，网络平台选择 Virtual Private Cloud（VPC），安全组选择默认的安全组。

▼ Amazon Machine Image (AMI) 信息

AMI

Amazon Linux 2 AMI (HVM), SSD Volume Type
ami-050aa794c793770d8
目录: 快速启动　虚拟化: hvm　架构: 64 位(x86)

▼ 实例类型 信息

实例类型

t2.micro　支持免费套餐
系列: t2　1 vCPU　1 GiB 内存　按需 Linux 定价: 0.0945 CNY 每小时
按需 Windows 定价: 0.126 CNY 每小时

比较实例类型

▼ 密钥对(登录) 信息
您可以使用密钥对以安全的方式连接到实例。在启动实例之前，请确保您有权访问所选密钥对。

密钥对名称

qhz_szpt_ningxia

创建新密钥对

▼ 网络设置

网络平台 信息

Virtual Private Cloud (VPC)
在 AWS 云内您自己的逻辑隔离区域中的虚拟网络中启动

EC2-Classic
在您可与其他客户共享的单个平面网络中启动。

安全组

选择安全组

default sg-6c258805
VPC: vpc-55fe393c

图 10-14　启动模板配置

3）展开“高级详细信息”，在“用户数据”处输入命令。该命令将创建一个网站，提供 CPU 负载测试功能。

```
#!/bin/bash -ex
yum -y install httpd php mysql php-mysql
chkconfig httpd on
service httpd start
if [ ! -f /var/www/html/lab2-app.tar.gz ]; then
cd /var/www/html
wget https://us-west-2-aws-training.s3.amazonaws.com/awsu-ilt/AWS-100-ESS/v4.2/
lab-2-configure-website-datastore/scripts/lab2-app.tar.gz
tar xvfz lab2-app.tar.gz
chown apache:root /var/www/html/rds.conf.php
fi
```

4）单击“创建启动模板”按钮完成创建，在“启动模板”一栏可以看到已经创建好的启动模板，并可以看到图 10-15 所示的列表。

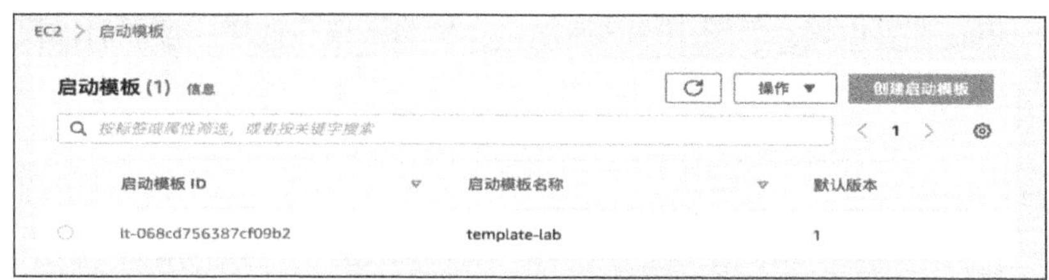

图 10–15　启动模板列表

任务 10.2.3　创建 Auto Scaling 组

1）打开 EC2 页面的 Auto Scaling 栏，单击 Auto Scaling 组，在新的页面中单击“创建 Auto Scaling 组”按钮，如图 10–16 所示。

图 10–16　创建 Auto Scaling 组

2）选择启动模板或配置。如图 10–17 所示，输入 Auto Scaling 组名称为 asg–lab，启动模板选择 template–lab，单击“下一步”按钮（该按钮图中未显示）。

图 10–17　进行 Auto Scaling 组配置

3）Auto Scaling 配置设置。如图 10–18 所示，实例购买选项选择“遵照启动模板”，网络选择 vpc–lab，需要选择两个子网，单击“下一步”按钮（该按钮图中未显示）。

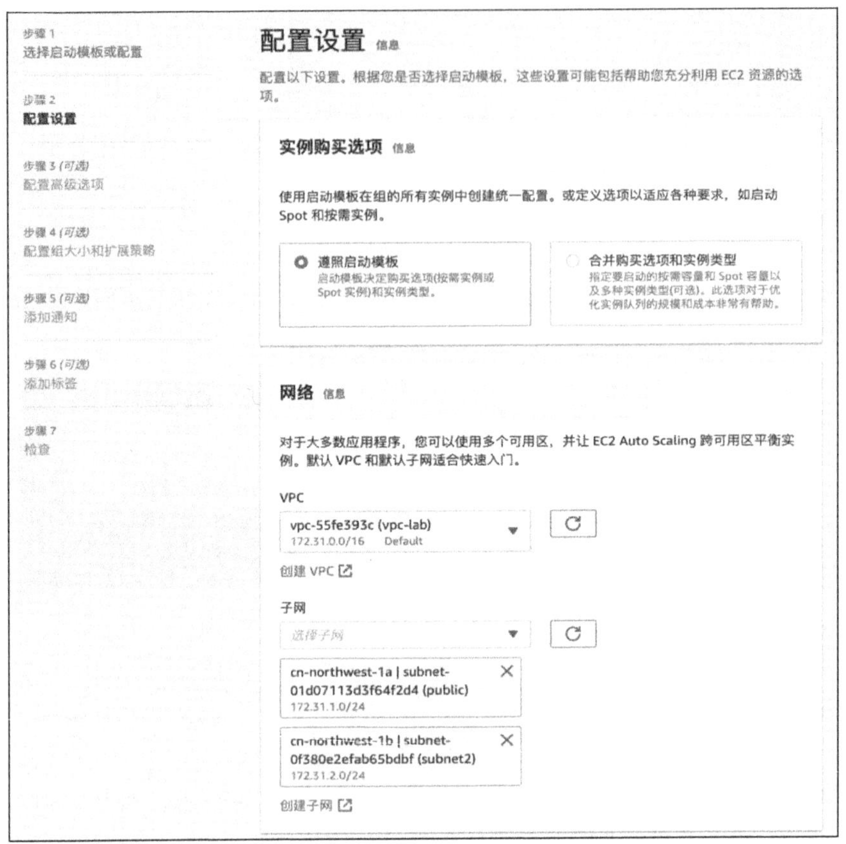

图 10–18　Auto Scaling 组配置设置

4）调整运行状况检查。如图 10–19 所示，将运行状况检查宽限期设置为 60s，以便于观察，设置完成后单击“下一步”按钮（该按钮图中未显示）。

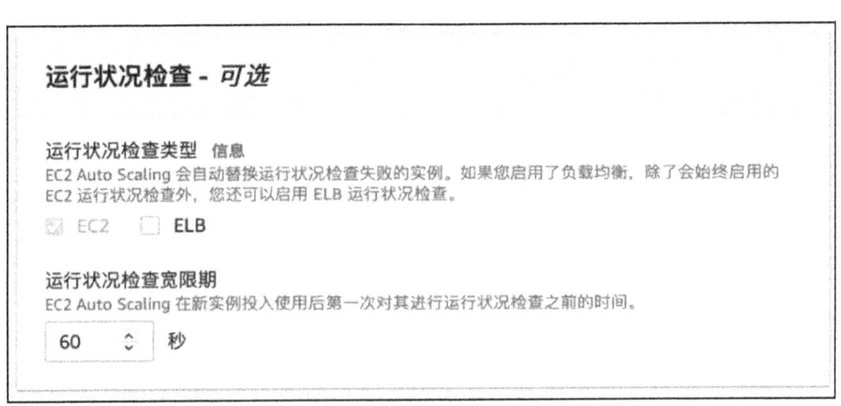

图 10–19　运行状况检查

5）配置组大小和扩展策略。如图 10–20 所示，将所需容量设置为 2，将最大容量设置为 3，将最小容量设置为 2，单击“跳至检查”按钮。选择“目标跟踪扩展策略”单选按钮，目标值设置为 60，则平均 CPU 利用率达到 60% 时将自动扩展组的大小（即 EC2 实例的个数）。

配置组大小和扩展策略 Info

设置 Auto Scaling 组的所需容量、最小容量和最大容量。您也可以选择添加扩展策略，从而动态扩展组中的实例数量。

组大小 - 可选 Info

通过更改所需容量来指定 Auto Scaling 组的大小。您还可以指定最小和最大容量限制。您的所需容量必须在限制范围内。

所需容量
2

最小容量
2

最大容量
3

扩展策略 - 可选

选择是否使用扩展策略来动态调整您的 Auto Scaling 组大小，以满足需求更改。 Info

目标跟踪扩展策略
选择所需的结果，然后让扩展策略根据需要添加和移除容量，以实现该结果。

无

扩展策略名称
Target Tracking Policy

指标类型
平均 CPU 利用率

目标值
60

实例需要
300 包括在指标内之前的预热秒数

禁用缩减，以便只创建扩大策略

图 10-20　配置组大小和扩展策略

6）在跳转后的页面可以看到 Auto Scaling 组的状态，如图 10-21 所示。单击 asg-lab，可以查看详情，在“活动”选项卡中可以看到 Auto Scaling 组的活动历史记录，这个 Auto Scaling 组已经成功创建了两个实例，如图 10-22 所示。在 EC2 控制台同样可以看到这两个创建的实例。

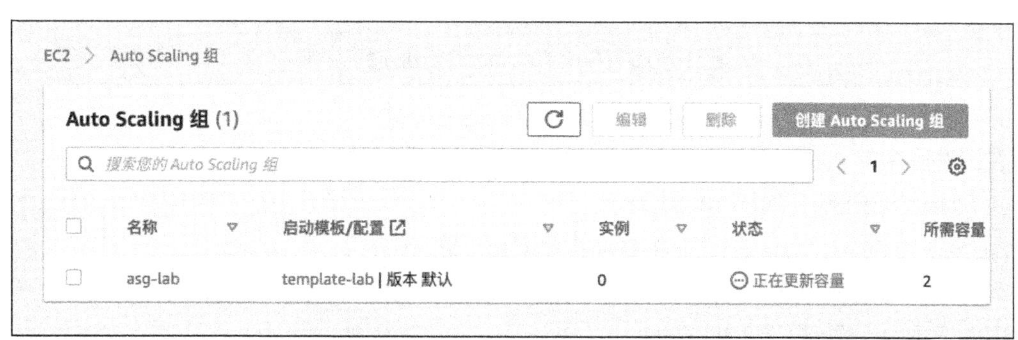

图 10-21　Auto Scaling 组状态

图 10-22　Auto Scaling 组活动历史记录

任务 10.2.4　测试 Auto Scaling

1）打开 EC2 实例列表，可以看到 Auto Scaling 创建出来的实例。

2）选择其中一个实例，并终止该实例，这样可以模拟实例故障，使得 Auto Scaling 组的实例数量低于设置的最小值。

3）返回到 Auto Scaling 组的详情页面，打开“活动”选项卡，可以看到 Auto Scaling 创建了新的实例，如图 10-23 所示。

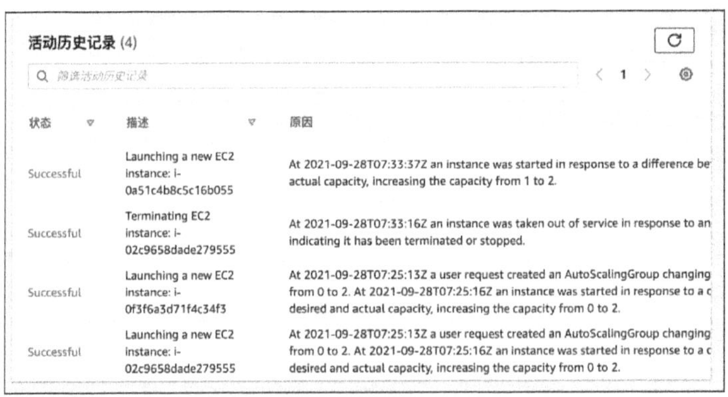

图 10-23　Auto Scaling 组创建新的实例

4）在 EC2 列表中单击一个实例，找到该实例的公有地址，在浏览器中输入该地址，单击“Load Test”，则实例的 CPU 负载将达到 100%，如图 10-24 所示。

5）等待约 5min，Auto Scaling 将自动扩展实例。在 EC2 实例列表中可以看到新增的实例，同时在图 10-25 所示的活动历史记录中也看到了新增的实例。

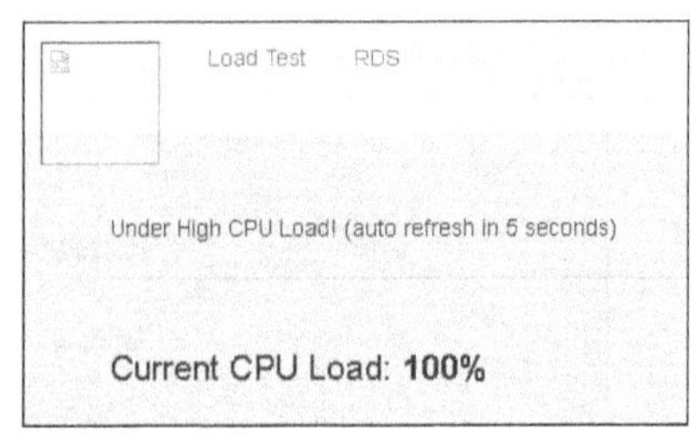

图 10-24　提升实例的 CPU 负载

活动历史记录 (3)

筛选活动历史记录

状态	描述	原因
Successful	Launching a new EC2 instance: i-0c8b6331a79b371eb	At 2022-06-04T09:13:01Z a monitor alarm TargetTracking-asg-lab-AlarmHigh-273d4910-a26f-4727-b6a1-d94399b7092e in state ALARM triggered policy Target Tracking Policy changing the desired capacity from 2 to 3. At 2022-06-04T09:13:09Z an instance was started in response to a difference between desired and actual capacity, increasing the capacity from 2 to 3.

图 10–25　Auto Scaling 自动扩展了实例

习题

1. 以下哪个组件不是负载均衡器的目标类型？(　　)

A. 实例　B. IP 地址　C. Amazon Lambda 函数　D. Amazon EBS

2. 负载均衡器的作用有哪 3 个？(　　)

A. 处理突变的流量模式　B. 降低故障影响

C. 支持长时间运行的连接　D. 降低使用成本

3. 什么时候推荐使用 Amazon Auto Scaling？(　　)

A. 负载稳定　B. 负载不稳定

C. 资源可扩展　D. 资源不可扩展

4. Amazon Auto Scaling 的优势是什么？(　　)

A. 快速设置扩展　B. 制定明智的扩展决策

C. 自动维持性能　D. 预计成本并避免超支

5. 以下关于 Amazon Auto Scaling 的说法错误的是哪项？(　　)

A. 可以搭配 Amazon 负载均衡器使用

B. 可以扩展 Amazon EC2 Auto Scaling 组

C. 可以扩展超过最大容量

D. 可以替代 CloudWatch 监控

6. 操作题：参照实验部分，在亚马逊云科技上创建两个 Linux 实例，以及负载均衡器 LB 和 Auto Scaling 组 AS，在测试 Auto Scaling 时采用简单的压力测试模拟高负载场景中的 CPU 高使用率，并观察实验效果。在 Linux 环境下执行以下命令进行测试，注意执行时将 xxx.xxx.xxx.xxx 替换为其中一个实例的公有 IP 地址。

```
for i in {1..10000};
do
curl -s xxx.xxx.xxx.xxx: 80 &
done
```

单元 11 无服务器架构、消息队列、消息通知服务

单元概述

无服务器（Serverless）架构也称为 FaaS（Function as a Service，函数即服务），这些函数运行在独立的容器里，基于事件驱动，并由第三方厂商托管。由于无须维护服务器，因此无服务器架构进一步降低了使用云服务的成本。大型的应用常采用分层架构，如 Web 层、应用层、数据库层等，层与层之间相互依赖，一层的变化容易引起其他层的变化。解耦是指使用一些服务或者组件打断层与层之间的直接依赖，可以使用负载均衡器、消息队列、消息通知等服务实现解耦。

学习目标

通过学习本单元，读者应掌握以下知识点和技能点。

知识点：

- 无服务器架构
- Amazon Lambda 服务
- Amazon SQS
- Amazon SNS

技能点

- Amazon Lambda 函数的创建和测试
- 创建队列
- 创建 SNS 主题
- 测试 SNS

使用 Amazon Lambda 服务

项目描述

本项目通过 Amazon Lambda 实现对用户上传到 S3 存储桶（text-uploaded-XXXXX）的文本自动生成大写文本并放到 S3 存储桶（text-capitalized-XXXXX）。

任务 11.1.1　知识预备与方案设计

1. 无服务器架构

无服务器（Serverless）架构是云服务提供商动态管理服务器资源分配的云计算技术。无服务器架构允许开发人员运行后端代码，而无须管理自己的服务器系统或服务器端应用程序。当某个条件或事件触发时，业务进程会被隔离运行。开发人员可以将他们自己的代码与其他最佳的服务相结合，创建应用程序，以便他们可以通过用户测试进行快速发布和迭代。而运行业务进程需要的资源通常由云服务商管理。通过将多样的触发器与第三方云服务、客户端逻辑和调用云服务的功能集成起来，无服务器架构通常称为“函数即服务（FaaS）”。

2. Amazon Lambda 介绍

Amazon Lambda 是一项无服务器计算服务，可以运行用户提供的代码来响应事件并自动管理计算资源，无须用户手动部署和管理代码运行环境，从而可以让开发人员轻松构建快速响应新信息的应用程序。无服务器架构有几个优点。第一，不考虑基础设施，可以减轻开发人员运行的应用程序的复杂性。第二，横向扩展是完全自动化的和具有弹性的。第三，减少封装和部署复杂性，可使开发人员快速迭代。第四，资源利用水平是前所未有的，允许用户按照使用量准确付费。

Amazon Lambda 可在事件发生后的几毫秒内运行设计好的代码，如图像上传、网站单击或联网设备的输出。人们还可以使用 Amazon Lambda 来创建新的后端服务，其中的计算资源会根据自定义的请求被自动触发。

3. 方案设计

本项目将文本文件上传到 Amazon S3 中的存储桶（text-uploaded-XXXXX）中，产生对象创建事件。Amazon S3 调用 Amazon Lambda 并将事件数据作为参数进行传递。Amazon Lambda 执行设计好的函数代码，该函数会通过事件数据中包含的信息从存储桶中读取用户上传的文本，并将大写后的文本存储到目标桶（text-capitalized-XXXXX）中。

任务 11.1.2　创建 Lambda 函数

1）创建 S3 存储桶，桶的名称分别为 text-uploaded-XXXXX 和 text-capitalized-XXXXX。这

里可将 XXXXX 替换为随机数以避免名称冲突。

2）在亚马逊云科技服务控制台的“服务”一栏搜索 Lambda 并单击进入，在打开的界面中单击“创建函数”按钮，如图 11-1 所示。

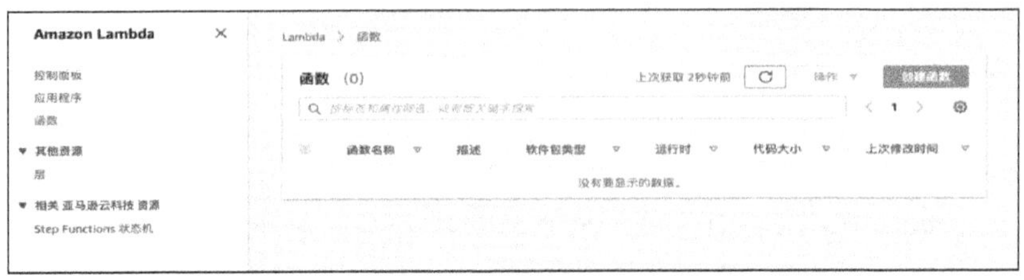

图 11-1　创建 Lambda 函数

3）进入创建函数页面，选择“从头开始创作”。如图 11-2 所示，输入函数名称“s3-text-capitalize”，运行时选择“Python 3.8”，执行角色选择“使用现有角色”，现有角色选择“lambda-s3-execution-role”，单击“创建函数”按钮（该按钮图中未显示）。

图 11-2　Lambda 函数的基本信息设置

4）如图 11-3 所示，在“函数概述”选项区中单击“+ 添加触发器”按钮。

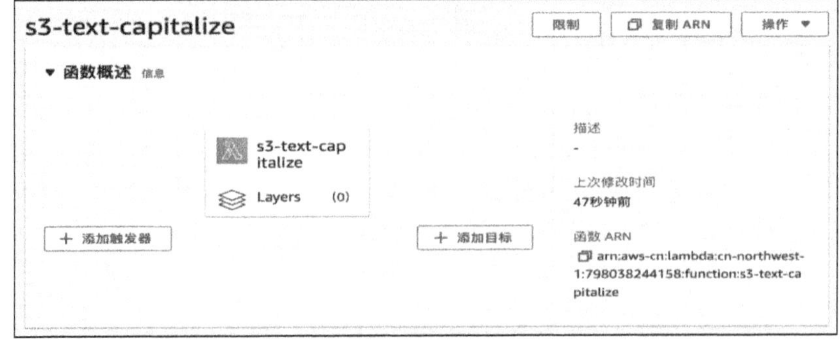

图 11-3　“函数概述”选项区

5）如图 11-4 所示，在弹出的“触发器配置”选项的下拉列表框中输入“S3”并选择“S3”。如图 11-5 所示，存储桶选择“text-uploaded”，事件类型选择“所有对象创建事件”，选择“递归调用”提示框中的复选框，最后单击“添加”按钮完成触发器的添加。

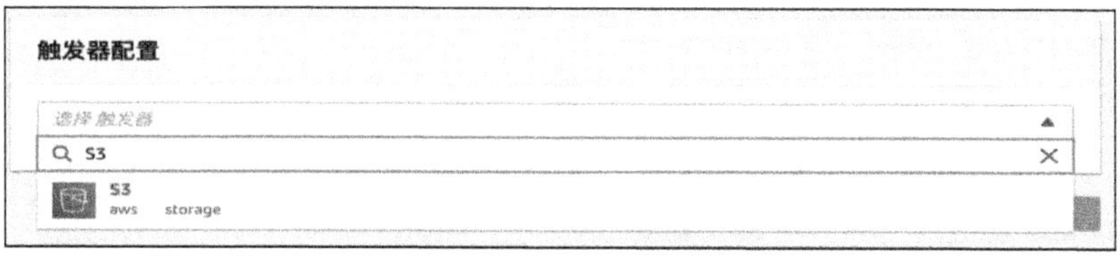

图 11-4　触发器选择

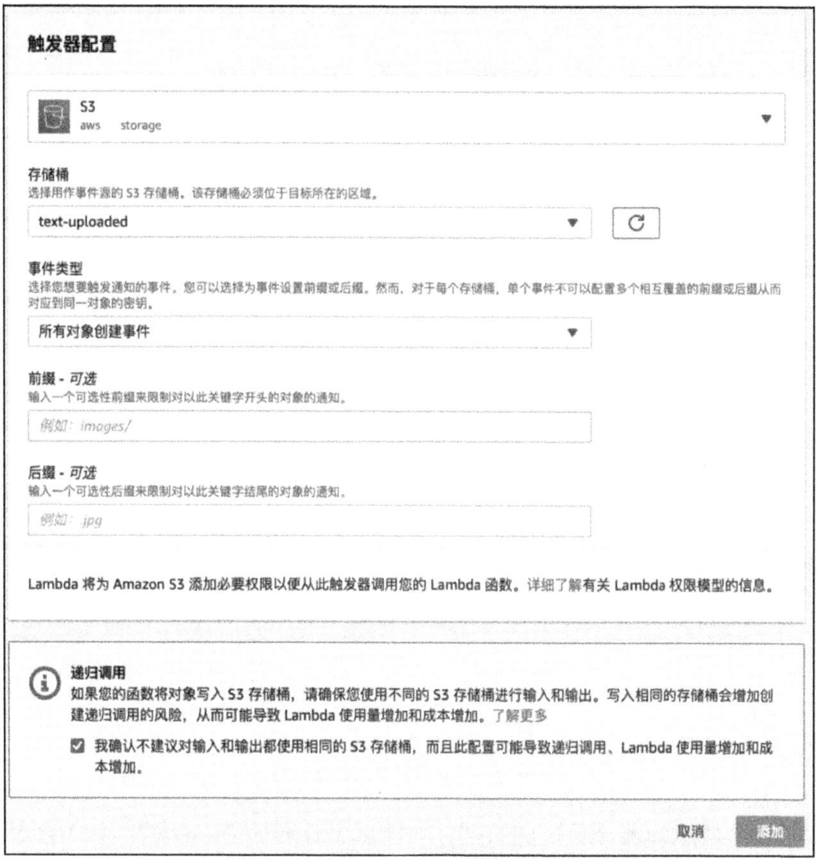

图 11-5　触发器配置

6）在代码框中粘贴以下 Python 代码并单击“Depoly”按钮进行部署。

```
import boto3
import uuid
import os
from urllib.parse import unquote_plus

s3_client = boto3.client('s3')

def save_capitalized_text(source_path, dest_path):
    with open(source_path) as source_file,open(dest_path, "w+") as dest_file:
```

```
            for line in source_file:
                dest_file.write(line.upper())

def lambda_handler(event, context):
    for record in event['Records']:
        key = unquote_plus(record['s3']['object']['key'])
        tmp_key = key.replace('/', '')

        fname_source = f'/tmp/{uuid.uuid4()}{key}'
        s3_client.download_file("text-uploaded-XXXXX", key, fname_source)

        fname_dest = f'/tmp/capitalized-{tmp_key}'
        save_capitalized_text(fname_source, fname_dest)
        s3_client.upload_file(fname_dest, f'text-capitalized-XXXXX', key)

        os.remove(fname_source)
        os.remove(fname_dest)

        return
```

任务 11.1.3　测试 Lambda 函数

1）打开“测试”选项卡，如图 11-6 所示，模板选择“s3-put”，名称输入“fileUpload”。

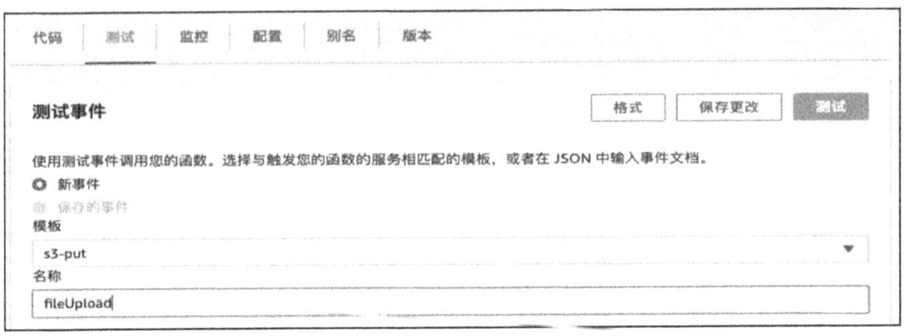

图 11-6　测试事件

2）参照图 11-7 所示的测试事件的数据，将测试 JSON 中的 arn 设置为 S3 存储桶的 arn，将 name 设置为“text-uploaded-XXXXX”，将 key 设置为“test.txt”，完成后保存更改。

3）新建一个文本文件，命名为“test.txt”，文件内容为“test aws lambda”，并上传到 S3 存储桶 text-uploaded-XXXXX。

4）如图 11-8 所示，回到代码页面，单击“Test”选项进行测试。如图 11-9 所示，可以看到测试成功。

5）S3 存储桶的测试结果如图 11-10 所示。打开 S3 存储桶 text-capitalized-XXXXX，可以看

```
      "s3": {
        "s3SchemaVersion": "1.0",
        "configurationId": "testConfigRule",
        "bucket": {
          "name": "example-bucket",
          "ownerIdentity": {
            "principalId": "EXAMPLE"
          },
          "arn": "arn:aws:s3:::text-uploaded-XXXXX"
        },
        "object": {
          "key": "test.txt",
          "size": 1024,
          "eTag": "0123456789abcdef0123456789abcdef",
          "sequencer": "0A1B2C3D4E5F678901"
        }
      }
    }
  ]
}
```

图 11-7　测试事件的数据

到 Lambda 函数已经将文本转换为大写后存储到了 test.txt 中，如图 11-11 所示。

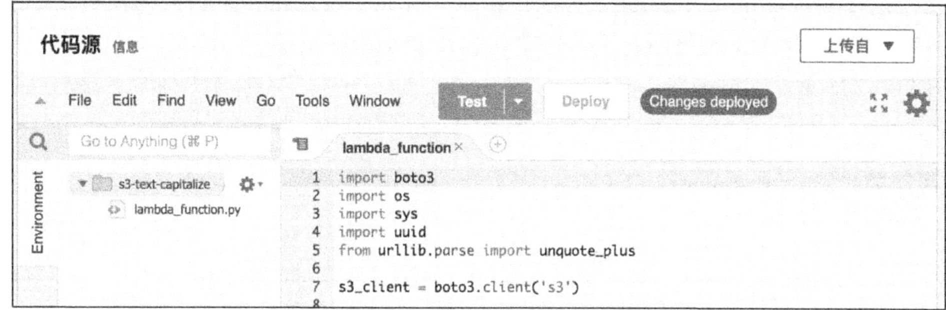

图 11-8　单击“Test”选项进行测试

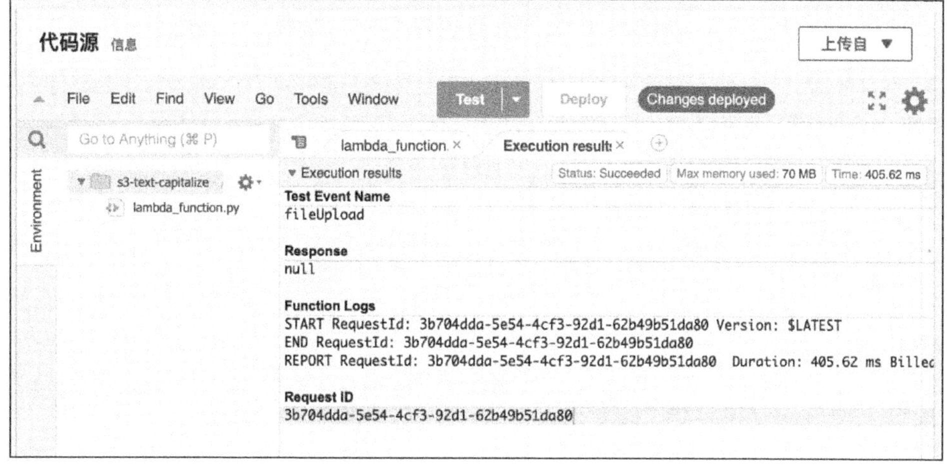

图 11-9　Lambda 函数测试成功

图 11-10　S3 存储桶的测试结果

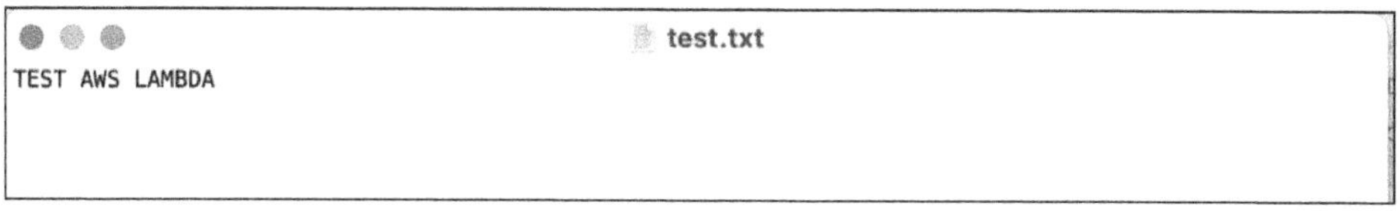

test.txt

TEST AWS LAMBDA

图 11-11　Lambda 函数输出到 S3 存储桶的文本文件的内容

6）在以上测试步骤中，使用测试功能手动触发事件，验证了 Lambda 函数可以正常运行。现在模拟真实环境中用户上传文件触发事件，进而触发 Lambda 函数的执行。打开 text-uploaded-XXXXX 存储桶上传页面，上传一个包含英文小写字符串“hello world！”的文件 hello.txt，如图 11-12 所示。

图 11-12　待上传至 text-uploaded-XXXXX 存储桶的 hello.txt 文件的内容

7）text-capitalized-XXXXX 存储桶的生成文件如图 11-13 所示。查看 text-capitalized-XXXXX 存储桶，可以看到大写转换后的文本文件已经生成，如图 11-14 所示。

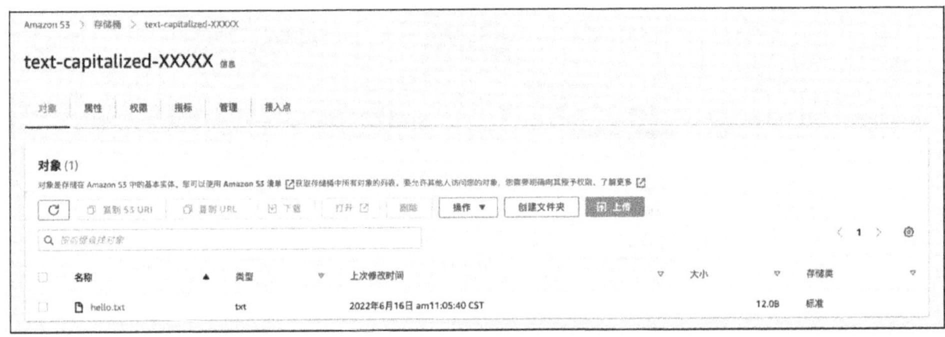

图 11-13　text-capitalized-XXXXX 存储桶的生成文件

图 11-14　Lambda 函数转换为大写后的文本内容

8）在 Lambda 函数的“监控”选项卡中，可以看到 Lambda 函数执行的时间、时长、错误率等信息，如图 11-15 所示。

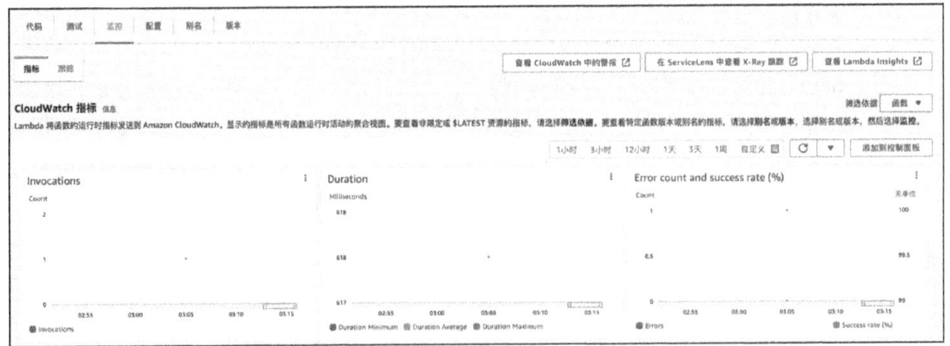

图 11-15　Lambda 函数的“监控”选项卡

项目 11.2 使用 Amazon SQS 和 Amazon SNS 服务

项目描述

本项目通过创建和测试 Amazon SQS 标准队列和 Amazon SQS 主题并设置订阅，对消息收发和订阅收取进行了解和测试。

任务 11.2.1　知识预备与方案设计

1. 解耦基础设施

云架构中，各种基础设施常相互依赖，Web 服务器需要依赖应用程序服务器完成它的功能。图 11-16a 中，Web 服务器和应用程序服务器为紧耦合关系，当应用程序服务器增加、减少时，需要在 Web 服务器进行相应的更改，灵活性和拓展性受到很大限制。可以利用解耦减少基础设施间的依赖性，以使得一个组件的更改或故障不会影响其他组件。图 11-16b 中，Web 服务器和应用程序服务器间增加了负载均衡器组件，Web 服务器通过负载均衡器访问应用程序服务器，当应用程序服务器增加、减少时，负载均衡器会自动把流量转发到正常的应用程序服务器上，不需要对 Web 服务器进行更改。系统耦合越松，就越容易扩展，容错能力就越高。

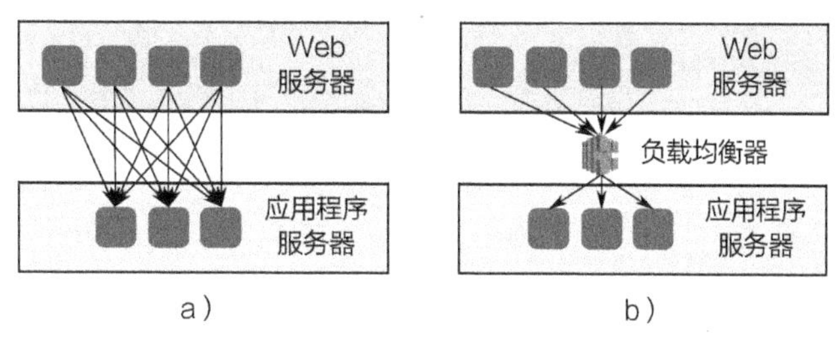

图 11-16　紧耦合、松耦合对比

a）紧耦合　b）松耦合

在亚马逊云科技中，可以使用负载均衡器（ELB）、Amazon SQS（Simple Queue Service）、Amazon SNS（Simple Notification Service）实现基础设施解耦。需要说明的是，虽然 SQS、SNS 可以实现基础设施的解耦，但是解耦并不是它们的全部功能。SQS、SNS 的主要作用是把相互交互的应用程序从同步模式变为异步模式。

2. 简单队列服务（SQS）介绍

Amazon SQS（Simple Queue Service）是一种完全托管的消息队列服务，可以帮助人们分离和扩展微服务、分布式系统和无服务器应用程序。SQS 消除了与管理和运营消息型中间件相关的复杂性和开销，并使开发人员能够专注于重要工作。借助 SQS，可以在各组件之间发送、存储和接收任何规模的消息，而不会丢失消息，并且不需要其他服务即可保持高可用性。使用亚马逊云科技控制台、命令行界面或 SDK 和 3 个简单的命令，在几分钟内即可开始使用 SQS。SQS 提供两种消息队列类型。标准队列提供最高吞吐量、最大努力排序和至少一次传送。FIFO 队列则确保按照消息的发送顺序对消息进行严格依次处理。

3. 简单消息服务（SNS）介绍

Amazon SNS（Simple Notification Service）是一项应用与应用之间（A2A）以及应用与人之间（A2P）通信的完全托管型消息收发服务。A2A 的发布 / 订阅功能为分布式系统、微服务和事件驱动型无服务器应用程序之间的高吞吐量、基于推送的多对多消息传递提供主题。借助 Amazon SNS 主题，发布系统可以向大量订阅系统（包括 Amazon SQS 队列、Amazon Lambda 函数和 HTTP/S 终端节点）扇出（Fan out）消息，从而实现并行处理，以及将消息发送到 Amazon Kinesis Data Firehose。使用 A2P 功能，可以通过短信、移动推送和电子邮件将消息大规模发送给用户。

4. 方案设计

首先创建 Amazon SQS 标准队列，并通过控制台提供的工具测试消息收发功能。然后创建 Amazon SNS 主题，并使用创建好的 SQS 进行订阅，通过控制台提供的工具测试消息发布和接收功能。

任务 11.2.2　创建队列

1）在亚马逊云科技控制台中找到 SQS 服务，如图 11-17 所示，单击“创建队列”按钮。

图 11-17　创建队列

参照图 11-18，对待创建的队列进行配置。类型选择“标准”，队列名称输入“lab-queue”，其他配置保持默认即可，最后单击“创建队列”按钮（该按钮图中未显示）。

2）创建完成后会跳转至队列详细信息界面，可以看到 SQS 队列已经创建成功，如图 11-19 所示。

3）成功创建队列后，可以直接在页面上测试队列。在图 11-19 中单击“发送和接收消息”按钮，会跳转到“发送和接收消息”界面，如图 11-20 所示。在“消息正文”文本框中输入“test message”并单击“发送消息”按钮，一条消息即发送到了队列 lab-queue 中。

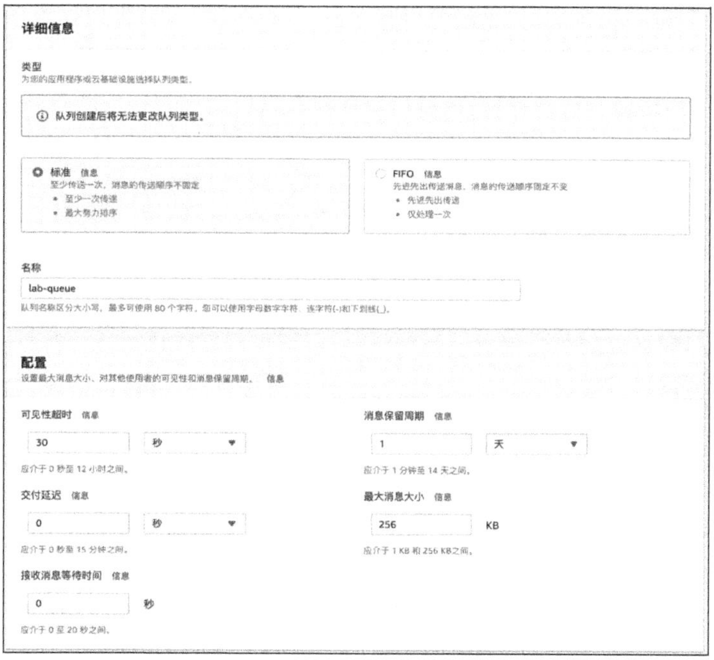

图 11-18　队列配置

图 11-19　队列详细信息

图 11-20　“发送和接收消息”界面

4）此时队列中有一条消息，现在可以接收这一条消息。如图 11–21 所示，在“接收消息”区域，单击“轮询消息”按钮，成功接收消息后可以看到接收消息界面出现了一条消息（如图 11–22 所示）。单击消息 ID，会弹出消息内容（如图 11–23 所示），该内容与上一步骤中发送消息填写的内容一致。

图 11–21　接收消息界面（未收到消息）

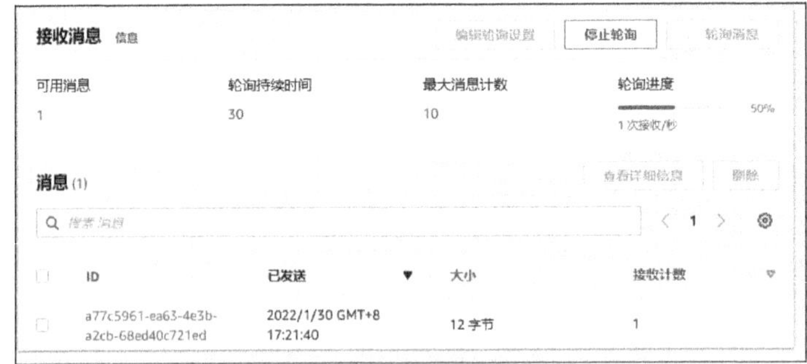

图 11–22　接收消息界面（收到消息）

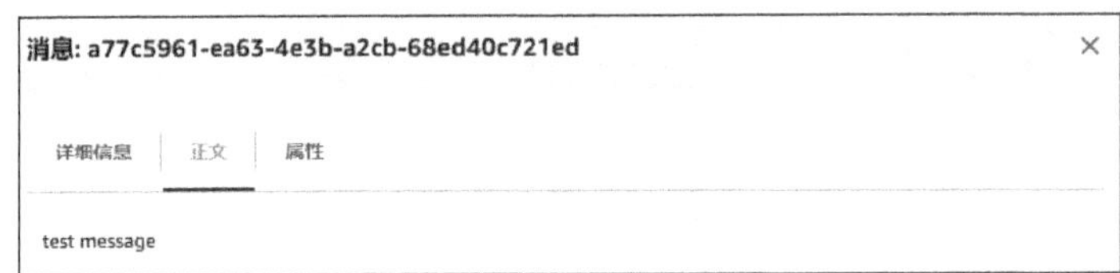

图 11–23　消息内容

任务 11.2.3　创建 SNS 主题

1）在亚马逊云科技控制台找到 Amazon SNS，单击“创建主题”按钮，如图 11–24 所示。参照图 11–25 进行配置，主题的类型选择“标准”，名称输入“lab–topic”，其余选项保持默认值。设置完成后单击“创建主题”按钮（该按钮图中未显示）。

图 11–24　创建主题

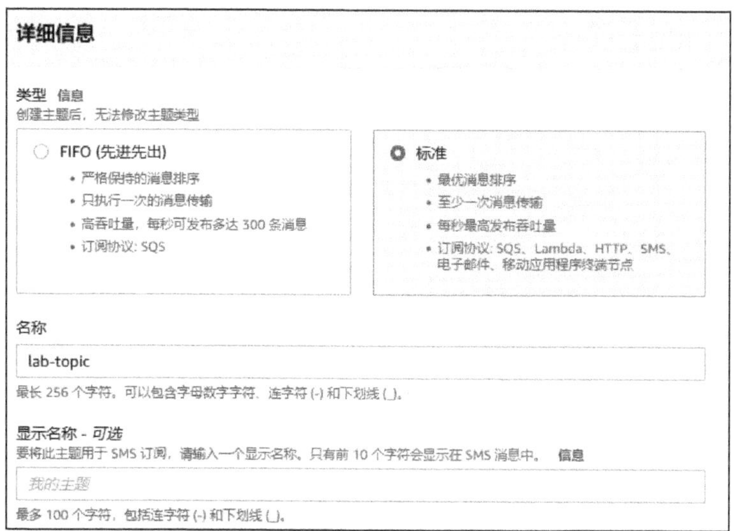

图 11–25　待创建主题的配置信息

2）图 11–26 所示是创建好的主题详细信息。

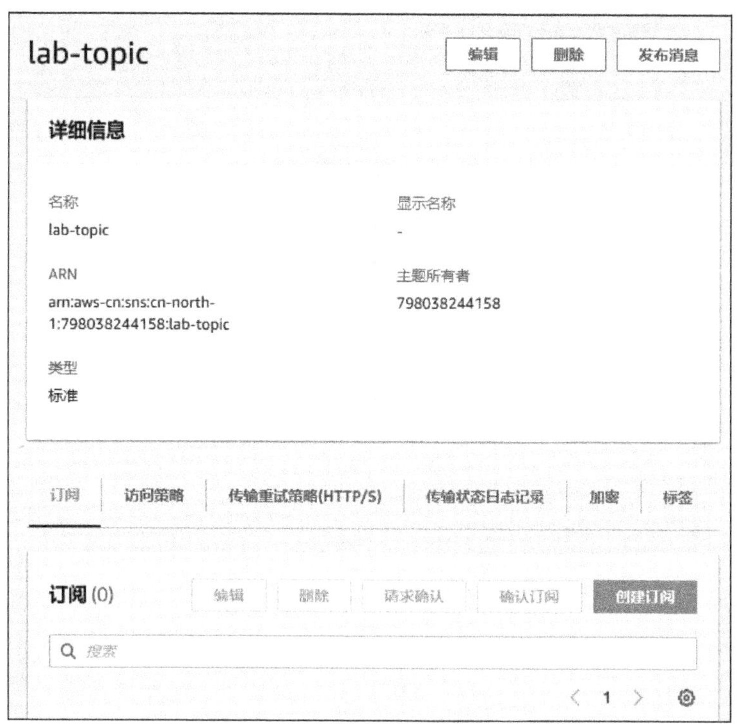

图 11–26　主题详细信息

3）创建好主题后，可以为这个主题创建订阅。单击图 11–26 中的“创建订阅”按钮，打开的界面如图 11–27 所示，协议选择 Amazon SQS，终端节点选择队列 lab-queue，并单击“创建订阅”按钮，完成主题的订阅。

4）如图 11–28 所示，查看队列 lab-queue 的详细信息，可以看到该队列的“SNS 订阅”区域出现了 lab-topic 主题。

创建订阅

详细信息

主题 ARN

arn:aws-cn:sns:cn-north-1:798038244158:lab-topic

协议

要订阅的终端节点的类型

Amazon SQS

终端节点

将仅列出 Amazon SQS 标准队列，并可接收来自 Amazon SNS 标准主题的通知。

arn:aws-cn:sqs:cn-north-1:798038244158:lab-queue

启用原始消息传输

在订阅创建后，您必须确认它。 信息

▸ 订阅筛选策略 - *可选*

此策略将筛选订阅者收到的消息。 信息

▸ 重新驱动策略(死信队列) - *可选*

将无法交付的消息发送到死信队列。 信息

取消 创建订阅

图 11–27 创建订阅

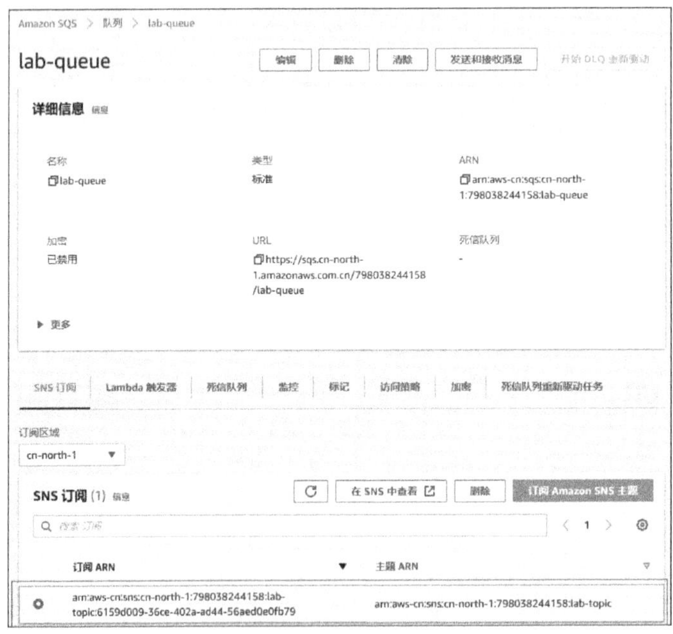

图 11–28 使用 SQS 进行主题订阅

任务 11.2.4 测试 SNS

1）完成了主题的创建和订阅，便可以开始测试 SNS。在图 11–26 中单击“发布消息”按钮，进入“将消息发布到主题”界面，如图 11–29 所示。消息结构选择“每个传输协议的自定义有效负载”，要发送到终端节点的消息正文输入如下内容并单击“发布消息”按钮（该按钮图中未显示）。

```
{
  "default": "",
  "sqs": "Hello from SNS"
}
```

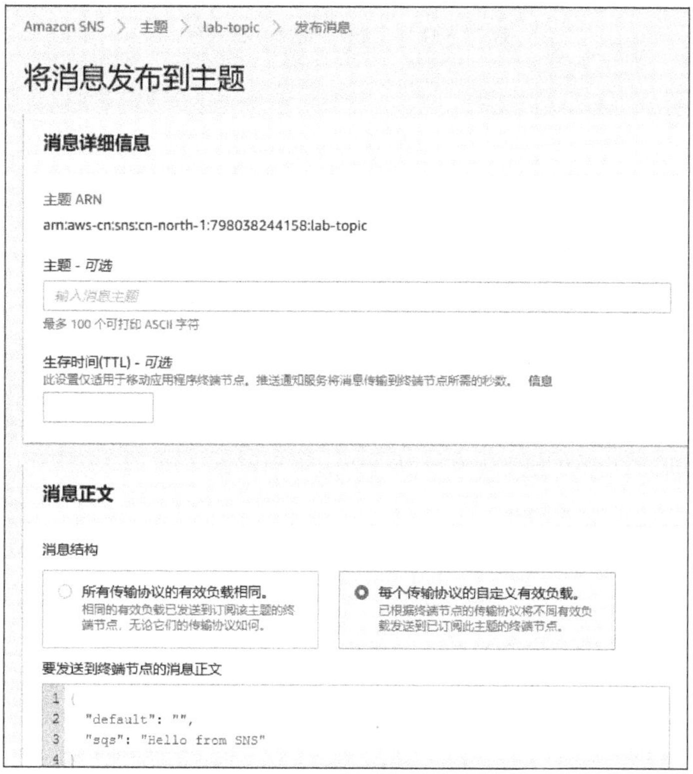

图 11–29　发布消息到主题

2）在 lab-queue 队列中进行接收消息操作，如图 11–30 所示，可以看到队列已经收到了来自主题的消息。图 11–31 所示为主题发布的消息内容。

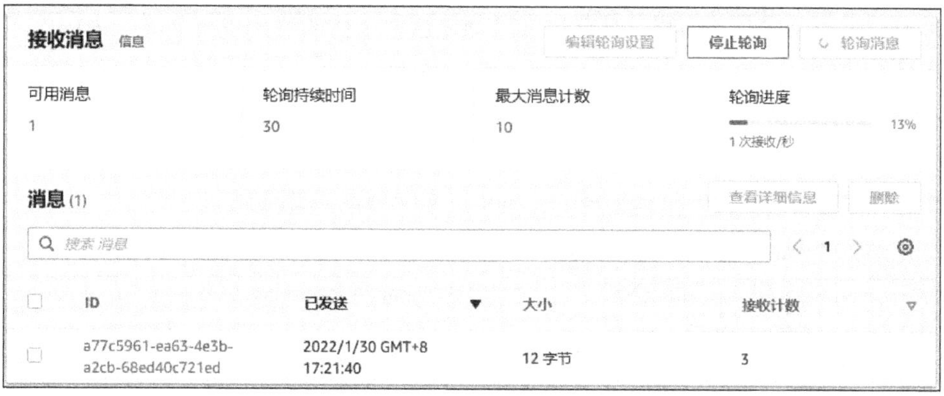

图 11–30　接收主题发布的消息

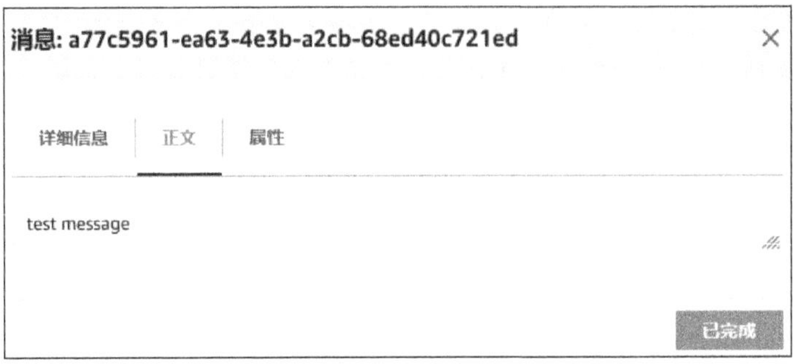

消息: a77c5961-ea63-4e3b-a2cb-68ed40c721ed

详细信息 正文 属性

test message

已完成

图 11-31 主题发布的消息内容

习题

1. 以下关于 Amazon Lambda 的说法错误的是哪项？(　　)

   A. 无须预置或管理服务器即可运行　　B. 未运行时不产生费用

   C. Amazon Lambda 可以是有状态的或者无状态的

   D. 可以访问 Amazon Lambda 运行所在的基础设施

2. 以下关于 Amazon SQS 的说法正确的是哪项？(　　)

   A. 可以保留消息的顺序　　B. 可以保证消息至少传送一次

   C. 可以在不进行任何配置的情况下增加或减少消息量

   D. 可以再次接收删除的消息

3. 以下关于 Amazon SNS 的说法正确的是哪项？(　　)

   A. 无须定期检查或"轮询"新信息和更新

   B. 同一条消息可以推送给多个下游订阅者

   C. 可以完全替代 Amazon SQS

   D. 订阅主题时可以进行筛选

4. 使用 Amazon SNS 有哪些好处？(　　)

   A. 基于推送的即时传送（无轮询）　　B. 简单的 API，与应用程序轻松集成

   C. 经由多种传输协议灵活传送消息

   D. 经济高效、按实际使用量付费的模式，无前期费用

5. 某公司需要研发一个系统，该系统会自动将用户上传的照片进行裁剪，采用以下哪个搭配最合理？(　　)

   A. Amazon Lambda 和 Amazon SQS　　B. Amazon Lambda 和 Amazon SNS

   C. Amazon SQS 和 Amazon SNS　　D. Amazon Lambda、Amazon SQS 和 Amazon SNS

6. 某医院需要研发邮件短信通知系统，采用以下哪种搭配最合理？(　　)

   A. Amazon Lambda 和 Amazon SQS　　B. Amazon Lambda 和 Amazon SNS

   C. Amazon SQS 和 Amazon SNS　　D. Amazon Lambda、Amazon SQS 和 Amazon SNS

7. 操作题：参照实验部分，在亚马逊云科技上创建一个 Amazon Lambda 函数、两个 S3 存储桶（A 和 B），该函数可以将 A 桶内上传的文本字符串长度输出到 B 桶内。

单元 12

成本优化

单元概述

经过成本优化的工作负载能够充分利用所有资源，以尽可能低的价格实现成果，并满足企业的功能要求。Amazon Web Services 提供了成本优化的相关工具，计费与成本管理（Amazon Billing and Cost Management）工具可用于查看和支付 Amazon 账单、监控使用量以及分析和控制成本；定价计算器（Pricing Calculator）工具可以用于浏览 Amazon Web Services 服务并创建使用案例的成本的估计值。

学习目标

通过学习本单元，读者应掌握以下知识点和技能点。

知识点：

- 亚马逊云常用的主要三种收费模型
- 什么是预留实例
- 账单与成本管理服务

技能点：

- 购买预留实例
- 使用亚马逊云科技中国（宁夏）区域免费套餐
- 查看、支付账单
- 创建成本和使用率报告
- 使用 Cost Explorer 工具查看和分析成本与使用情况
- 使用定价计算器

项目 12.1 了解成本

项目描述

亚马逊云科技良好架构的支柱之一是成本优化。成本优化支柱包括以最低价格运行系统来交付业务价值的能力。本项目主要介绍如何查看亚马逊云产品的定价、如何购买预留实例及亚马逊云科技中国（宁夏）区域的免费套餐，以帮助用户降低云成本。

任务 了解亚马逊云科技中国区域定价

亚马逊云科技常用的主要 3 种收费（定价）模型如下：

1）按实际使用量付费：按实际使用量付费的模式让用户可以轻松适应不断变化的业务需求，无须投入过多预算，同时还可提高用户对变化的响应能力。采用按实际使用量付费的模式，用户可以根据实际需求而非预测来调整业务，从而降低容量过度预配置或不足的风险。

2）承诺折扣—预留容量：对于有些服务，如 Amazon EC2 和 Amazon RDS，用户可以购买预留容量。与使用按需容量相比，使用预留实例可节省高达 83% 的费用。预留实例有 3 个付款选项：全额预付（All Upfront）、部分预付（Partial Upfront）或无预付（No Upfront）。购买预留实例时，预付金额越高，享受的折扣就越大。要最大程度地节省资金，用户可以预付全部费用，从而享受最大折扣。期限有 1 年和 3 年。

3）使用越多，付费越少：可以享受基于使用量的折扣，且使用量越大，节省的资金越多。对于 Amazon S3 和从 Amazon EC2 传出数据之类的服务而言，分级定价意味着使用量越大，为每 GB 支付的费用就越少。此外，传入数据始终是免费的。因此，随着产品使用需求的上升，用户可以从规模经济中不断受益，而这种规模经济可帮助用户提高使用率并将成本控制在预算范围内。

1. 查看亚马逊云产品定价

可以查看亚马逊云全部产品的定价，步骤如下：

1）打开亚马逊云的网站 https://www.amazonaws.cn。如图 12-1 所示，在主页上单击"定价"选项，再单击"了解亚马逊云科技中国区域定价策略"链接。

图 12-1 了解亚马逊云科技中国区域定价策略

2）如图 12-2 所示，在"查看产品的定价"区域，单击产品的类别（如"计算"），再单击具体的产品（如"Amazon EC2"），可以看到该产品全面的介绍。

图 12–2　查看产品的定价

3）如图 12–3 所示，单击“定价”选项，页面详细介绍了该产品的定价。不同的产品有自己的定价描述，需要进一步单击相应链接了解价格。图 12–4 所示是 EC2 Linux 的部分定价。

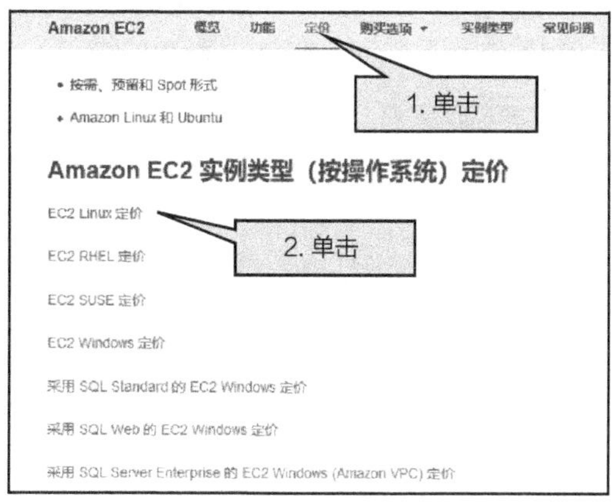

图 12–3　Amazon EC2 的定价介绍

EC2 Linux 定价

中国（宁夏）区域

按需 (OD) 实例

使用按需实例，您只需按小时或秒（最少 60 秒）为计算容量付费，无需签订长期合同。因此，您可以不用考虑计划、购买和维护硬件的成本和复杂性，并可将常见的高额固定成本转换为较小的可变成本。

下面的定价包括在指定操作系统上运行私有和公有 AMI 的费用（"Windows 使用"价格适用于 Windows Server 2003 R2、2008、2008 R2、2012、2012 R2 和 2016）。Amazon 还为您提供了运行 Microsoft Windows with SQL Server 的 Amazon EC2、运行 SUSE Linux Enterprise Server 的 Amazon EC2、运行 Red Hat Enterprise Linux 的 Amazon EC2 和运行 IBM 的 Amazon EC2 的其他实例，它们的定价不同。

实例类型	vCPU	ECU	内存	存储	宁夏 OD 价格（人民币）/每小时
通用型实例					
t4g.nano	2	不适用	0.5GiB	仅限 EBS	0.0185
t4g.micro	2	不适用	1GiB	仅限 EBS	0.037

图 12–4　EC2 Linux 的部分定价

2. 购买预留实例（Reserved Instance，RI）

如果有 EC2 或者 RDS 实例需要持续运行，那么使用预留实例可以大大降低成本。图 12–5 所示是购买和使用预留实例的基本概述。在此场景中，用户的账户中有一个正在运行的按需实例（T2），当前按照按需费率支付。用户购买了一个与正在运行的实例的属性相匹配的预留实例，费用立即下降。接下来，用户为 C4 实例购买了一个预留实例。但账户中没有任何正在运行的实例与此预留实例的属性相匹配，因此仍需为此付费。在最后的步骤中，用户启动了一个与C4预留实例的属性相匹配的实例，费用立即下降。

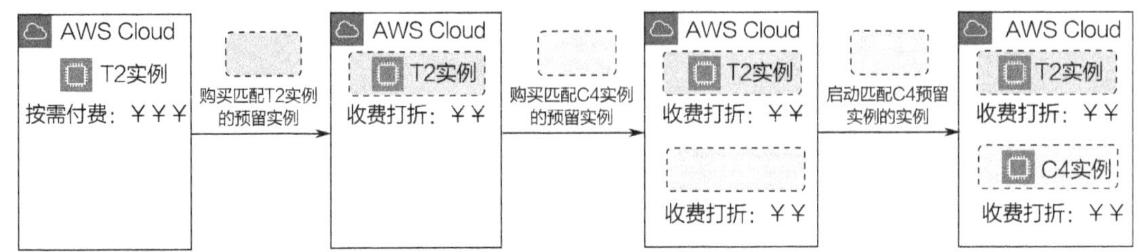

图 12–5　购买和使用预留实例的基本概述

这里以购买EC2预留实例为例说明预留实例的购买步骤：

1）登录亚马逊云科技控制台，单击“服务”→“EC2”→“预留实例”选项，单击“订购预留实例”按钮。如图12–6所示，先设置要购买的预留实例选项，单击“搜索”按钮，在预留实例列表中选择并单击“添加到购物车”按钮，单击“查看购物车”按钮。

图 12–6　订购预留实例

2）如图12–7所示，在购物车中单击“订购”按钮。

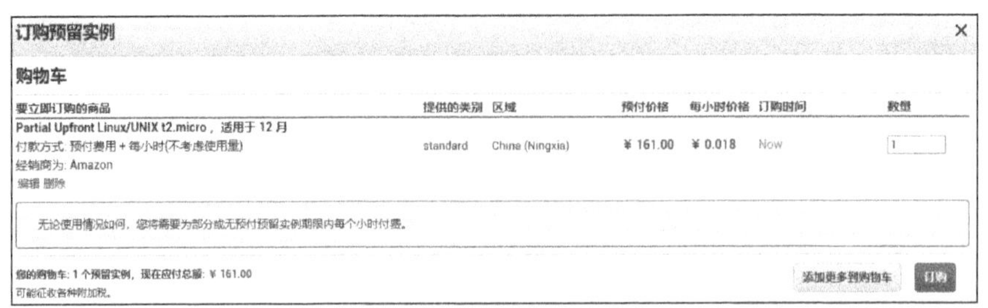

图 12–7　预留实例购物车内容

3）如果提示“Your current quota does not allow you to purchase the required number of reserved instances”，即配额不够，可单击亚马逊云科技控制台右上角的“支持”→“支持中心”→“Create case”选项。如图12–8所示，选择“Service limit increase”，单击“Submit”按钮（该按钮图中未显示），通常需要1~2个工作日才能得到处理，然后重新购买预留实例。

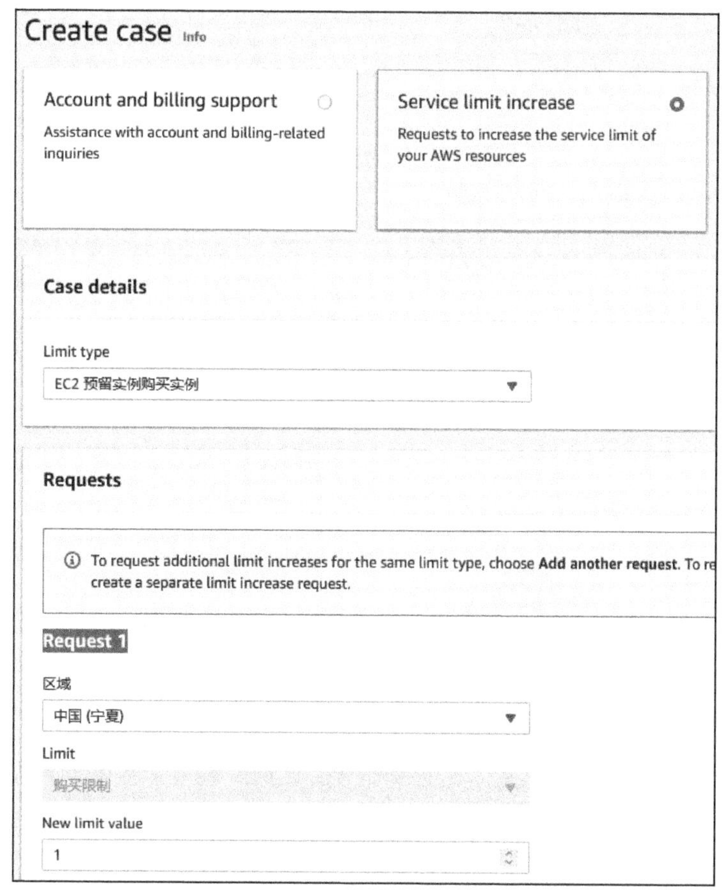

图 12–8　创建案例

4）图 12–9 所示是待付费的预留实例，使用账单与成本管理服务完成该账单的付费，预留实例就可以使用了。在 EC2 管理界面中启动（创建）实例，只要该实例和购买的预留实例匹配，新创建的实例就将打折收费，从而可以降低 EC2 的使用成本。

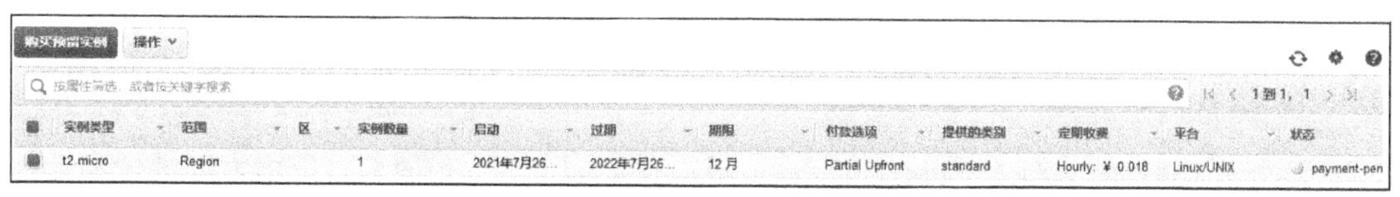

图 12–9　待付费的预留实例

3. 亚马逊云科技中国（宁夏）区域免费套餐

亚马逊云科技中国（宁夏）区域免费套餐有 3 种不同的类型，即 12 个月免费套餐、永久免费套餐和免费试用，可帮助客户降低入门成本，详情见 https：//www.amazonaws.cn/free。12 个月免费套餐服务允许客户自账户创建之日起的一年内在指定限制内免费使用该产品，或者自免费套餐启动之日起的 12 个月内免费使用该产品（适用于现有客户）。永久免费套餐允许客户在指定限制内免费使用该产品。免费试用的服务具体取决于客户选择的服务，可以在指定的时间段内免费使用，或者免费使用一次。图 12–10 所示为 12 个月免费套餐的部分产品，适合云计算初学者使用。

图 12-10　12 个月免费套餐的部分产品

使用成本优化工具

项目描述

估算和监控成本是企业非常关注的。本项目将使用亚马逊云科技的计费与成本管理服务来查看账单或者支付待支付的账单。通过成本和使用率报告可以很好地监控和分析云服务的成本，本项目将创建成本和使用率报告。本项目也将创建预算，并设置警报阈值。Cost Explorer 是一个查看和分析成本与使用情况的工具。掌握该工具的使用，可使企业对成本和云的使用情况清晰明了。最后，本项目将介绍定价计算器的使用。

任务 12.2.1　使用账单与成本管理服务

计费与成本管理（Amazon Billing and Cost Management）是一项服务，可用于支付 Amazon 账单、监控使用量以及分析和控制成本。

1. 查看、支付账单

1）登录亚马逊云科技管理控制台，单击右上角的账户 ID，选择“我的账单控制面板”，进入“账单和成本管理控制面板”，单击左侧的“账单”选项，可以查看账单明细，如图 12-11 所示。在“日期”下拉列表中，可以选择过往的月份。在图 12-11 中展开诸如“Elastic Compute Cloud”等服务，可以查看各服务的详细收费明细。

2）在“账单和成本管理控制面板”中，单击左侧的“账单和支付清单”选项，可以看到待付费的账单。如图 12-12 所示，单击账单所在行的“验证和支付”，可以使用企业网银在线支付。也可以通过对公转账进行支付，转账时要注明账单的 ID。在图 12-12 所示界面的下方可以看到历史账单和费用明细。

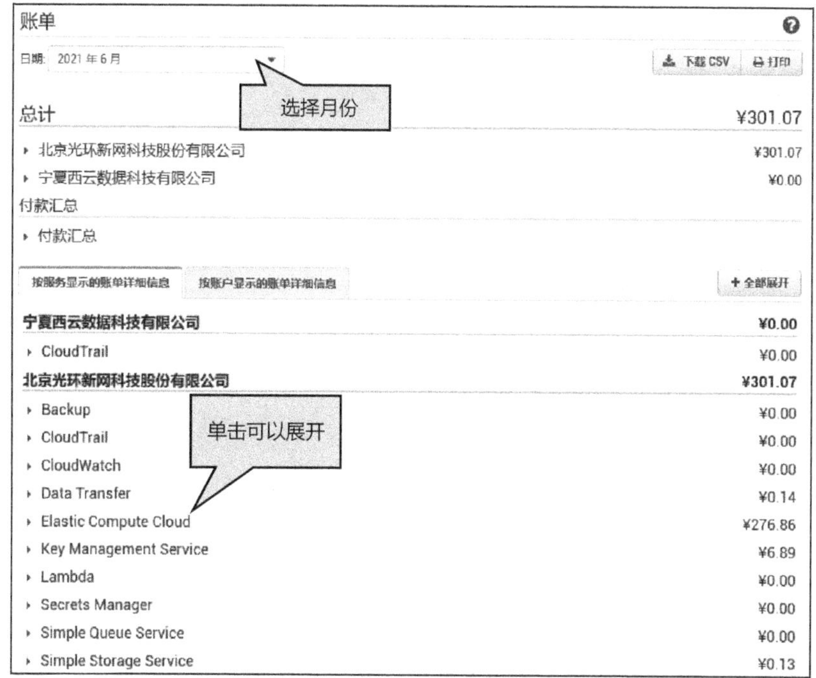

图 12-11　查看账单明细

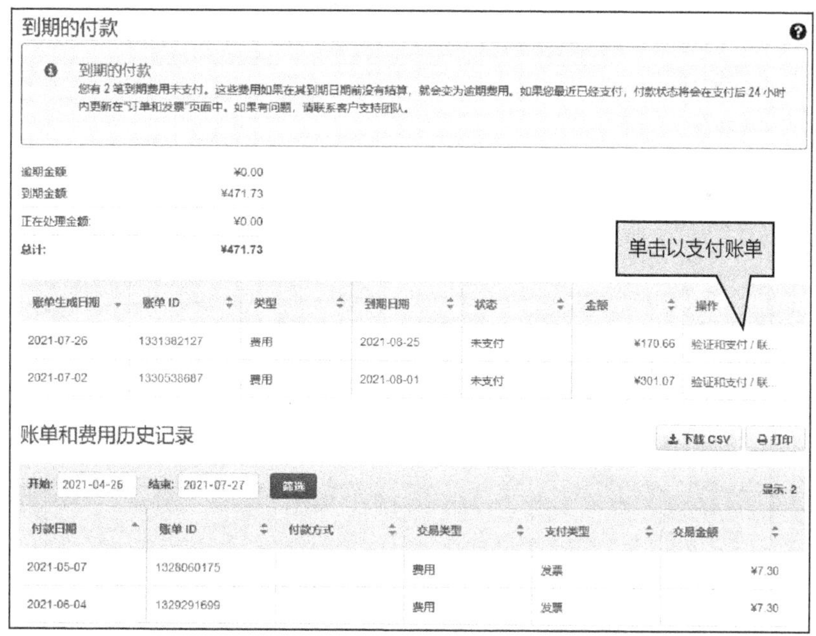

图 12-12　账单和支付清单

2. 成本和使用率报告

通过成本和使用率报告（Cost & Usage Reports）可访问详细数据，从而使用户能够更好地分析和了解云服务成本，以及具体产品和使用情况。

1）在“账单和成本管理控制面板”中单击左侧的“Cost & Usage Reports”选项，单击“创建报告”按钮，输入成本和使用率报告名称，单击“下一步”按钮，如图 12-13 所示。

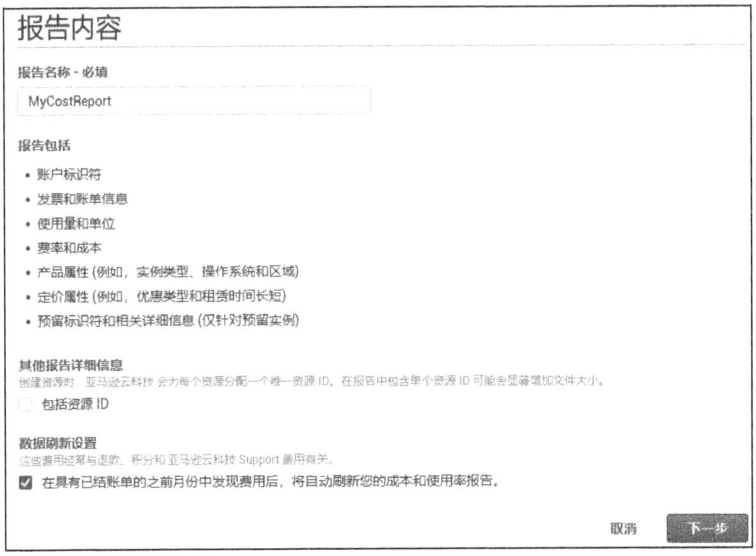

报告内容

报告名称 - 必填

MyCostReport

报告包括

- 账户标识符
- 发票和账单信息
- 使用量和单位
- 费率和成本
- 产品属性(例如，实例类型、操作系统和区域)
- 定价属性(例如，优惠类型和租赁时间长短)
- 预留标识符和相关详细信息(仅针对预留实例)

其他报告详细信息

创建资源时，亚马逊云科技会为每个资源分配一个唯一资源 ID。在报告中包含单个资源 ID 可能会显著增加文件大小。

包括资源 ID

数据刷新设置

这些费用经常与退款、积分和亚马逊云科技 Support 费用有关。

在具有已结账单的之前月份中发现费用后，将自动刷新您的成本和使用率报告。

取消 下一步

图 12–13 输入成本和使用率报告名称

2）如图 12–14 所示，单击“S3 存储桶”下的“配置”按钮，选择现有的存储桶或者创建一个新的存储桶，系统需要更新存储桶的策略以便能够往存储桶写入报告，因此需要确认策略。在“报告路径前缀”文本框中填入便于辨认的前缀。选择“时间粒度”“压缩类型”后，单击“下一步”按钮，再单击“查看和完成”按钮。

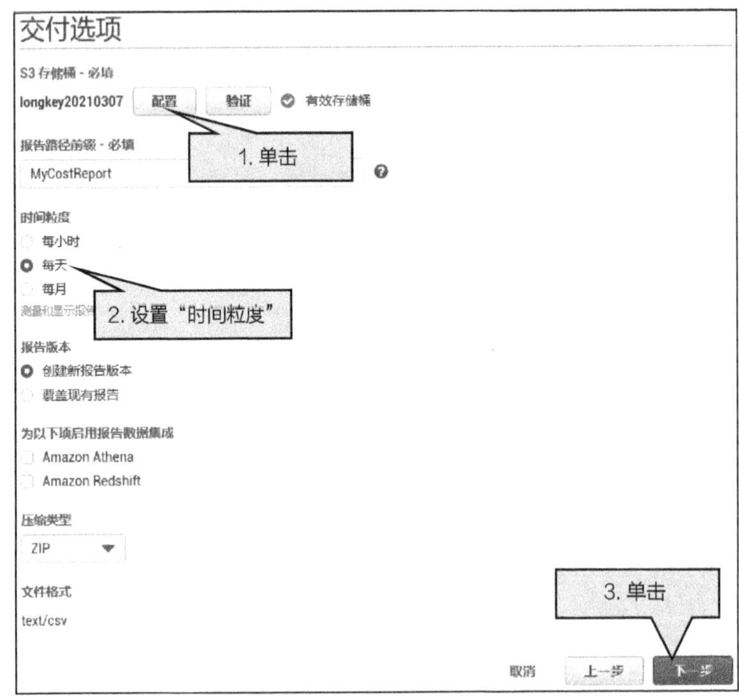

图 12–14 配置成本和使用率报告的交付选项

3）图 12–15 所示是创建好的成本和使用率报告。在图 12–15 中单击存储桶的链接，依次展开存储桶的目录，可以看到报告所在的目录，并可以下载目录下的报告，如图 12–16 所示。

图 12-15 创建好的成本和使用率报告

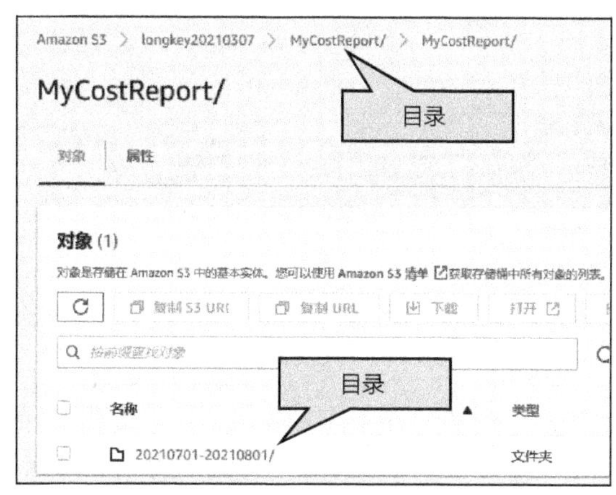

图 12-16 报告所在的目录

3. 预算

借助 Amazon 预算（Budgets），当实际或预测的成本和使用率超出预算阈值时，或者当实际的预留实例（RI）使用率或覆盖率降至所需的阈值以下时，可通过电子邮件或 SNS 通知接收警报。使用 Amazon 预算操作，用户还可以配置特定操作，以响应账户中的成本和使用状况。这样，如果用户的成本或使用率超出或预计将超出阈值，系统就可以自动执行或经用户批准后执行相关操作，以减少无意中的超支。预算的使用步骤如下：

1）在“账单和成本管理控制面板”中单击左侧的“Budgets”选项，单击“创建预算”按钮。预算类型有 3 种，如图 12-17 所示。本实例选择“成本预算”，单击“下一步”按钮。

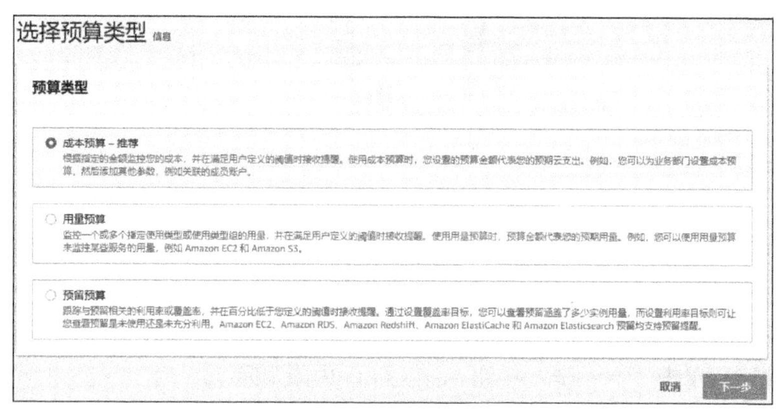

图 12-17 选择预算类型

2）如图 12-18 所示，设置预算周期、生效日期和预算金额。图 12-18 中的含义是从 2021 年 7 月起，预算每月 500 元。

图 12-18　设置预算金额

3）如图 12-19 所示，单击“添加筛选条件”按钮，在“维度”“值”下拉列表中设置条件，单击“应用筛选条件”按钮。图 12-19 中的含义是筛选出中国北京区域的预算，也就是说，该实例的预算是中国北京区域为 500 元。

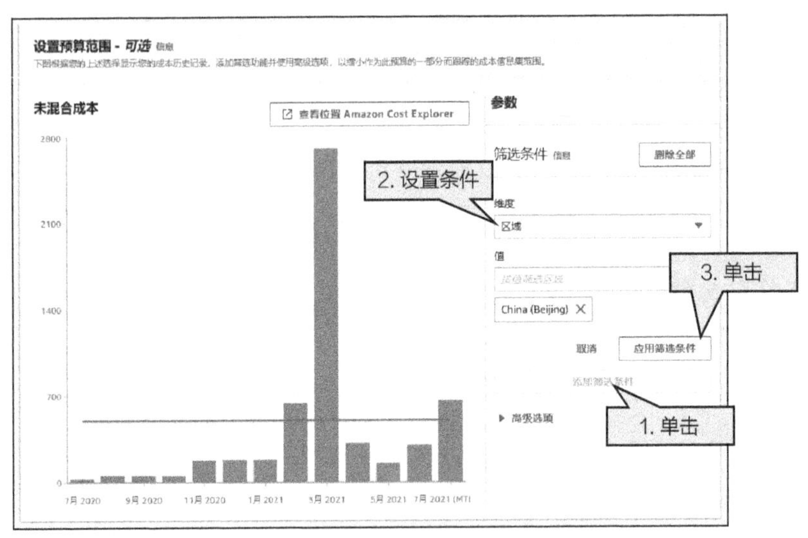

图 12-19　设置预算范围

4）在“预算名称”文本框中输入预算的名称，如“预算 -1”，单击“下一步”按钮。图 12-20 所示为“提醒”选项区，从中可以设置警报的“阈值”和警报发生时电子邮件的接收人。图 12-20 中的含义是当使用的金额达到预算金额的 80%（即 400 元）时，发送电子邮件进行提醒。设置完成后单击“下一步”按钮（该按钮图中未显示）。

5）在“附加操作”界面可以设置在超过提醒阈值时运行的操作，例如，停止 EC2 实例以免产生任何进一步的成本。本实例不做设置，单击“下一步”按钮。在下一页面单击“创建预算”按钮。图 12-21 所示是创建好的预算。由于当前已使用的金额已经超过 400 元，因此系统在“阈值”列提示“已超过”。

图 12-20　配置预算警报

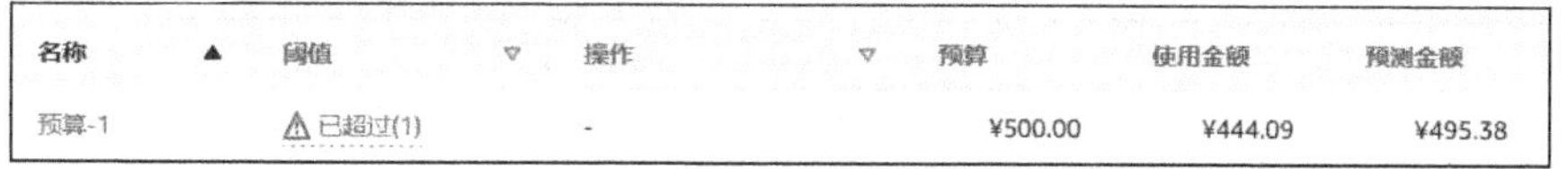

名称	阈值	操作	预算	使用金额	预测金额
预算-1	⚠ 已超过(1)	-	¥500.00	¥444.09	¥495.38

图 12-21　创建好的预算

6）可以配置报告以每日、每周或每月一次的频率监控现有预算的绩效。在“账单和成本管理控制面板”中单击左侧的“Budgets Reports”选项，单击“创建预算报告”按钮。参照图 12-22 所示进行设置，则系统每天给指定的电子邮件接收人发送步骤 1）~5）创建的“预算 -1”的情况。

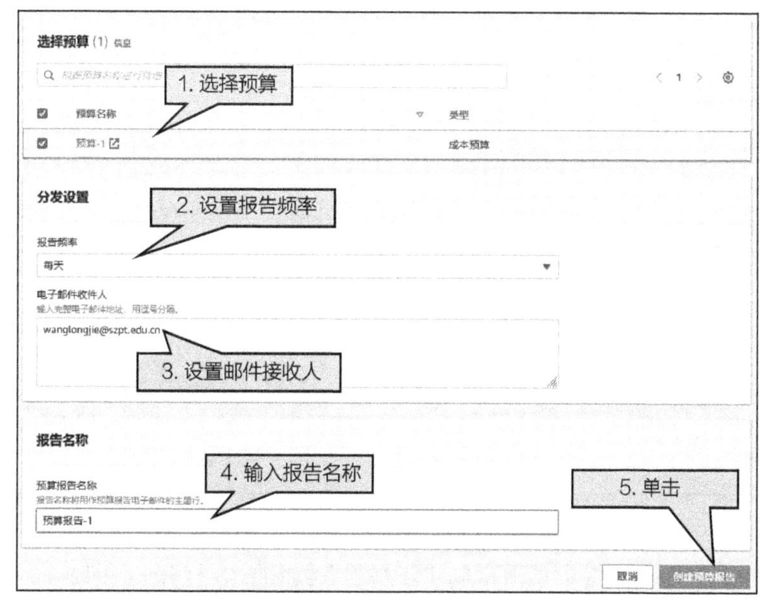

图 12-22　创建预算报告

4. Cost Explorer

Cost Explorer 是一个可让用户查看和分析成本与使用情况的工具。用户可以使用主图表、Cost Explorer 成本和使用情况报告或 Cost Explorer RI 报告来探索使用情况和成本。使用步骤如下：

1）在“账单和成本管理控制面板”中单击左侧的“Cost Explorer”选项，单击“启动 Cost Explorer”按钮。首次启动时需要等待 24h 才能生效。如图 12-23 所示，单击“报告”选项，可以看到已有的报告。

图 12-23　Cost Explorer 中的报告列表

2）在图 12-23 中单击报告名称，可打开图 12-24 所示的报告详情。在“过去 6 个月”下拉列表中可以设置报告的开始时间和结束时间；在“每月”下拉列表中可以设置报告的时间颗粒度。单击“分组依据”区的选项，可以设置报告图标分组的原则。在右侧，展开“筛选条件”后，可以设置不同条件来过滤报告。

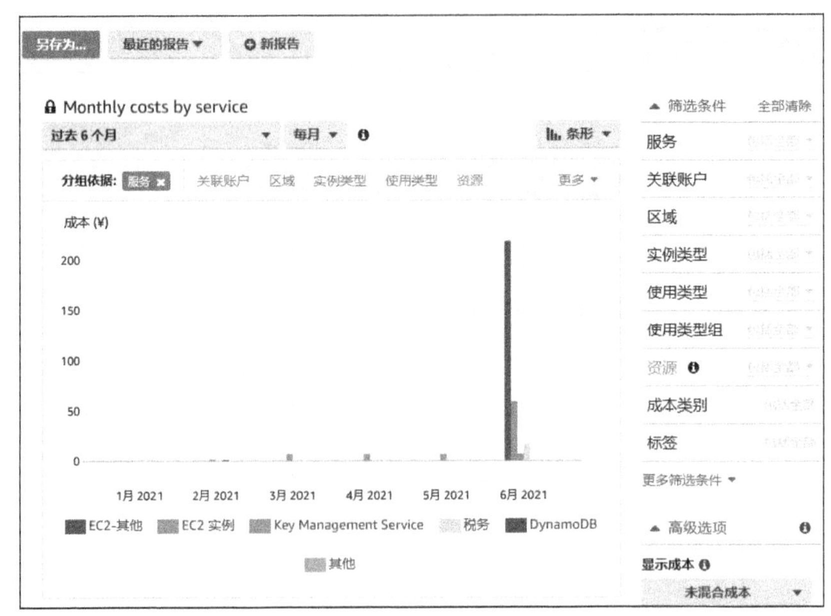

图 12-24　查看 Cost Explorer 报告详情

3）创建报告。在图 12-23 中单击“创建新报告”按钮，在打开的图 12-25 中仔细阅读并选择报告的类型，单击“创建报告”按钮，出现和图 12-24 一样的界面。按照步骤 2）设置好报告的各种选项，单击“另存为”按钮，输入报告名称并保存，新创建的报告将出现在图 12–23 的列表中，供以后查看。

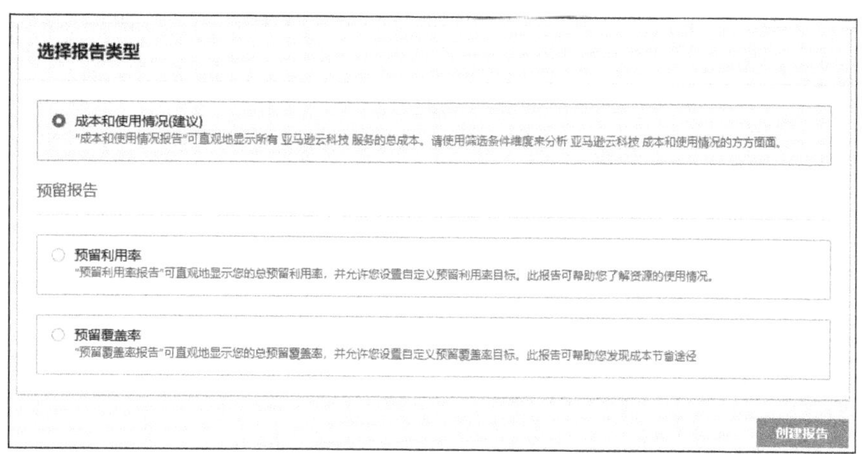

图 12–25　选择报告类型

任务 12.2.2　使用定价计算器

亚马逊云科技提供了定价计算器（Pricing Calculator）。定价计算器允许用户浏览亚马逊云科技服务并创建亚马逊云科技上使用案例的成本的估计值。用户可以在构建解决方案之前对其进行建模，探究估计后的价格点，并找到满足需求的可用实例类型和合同条款。这使用户能够做出有关使用亚马逊云科技的明智决策。用户可以计划亚马逊云科技的成本和使用量，或者设置一组新的实例和服务以降低价格。定价计算器使用步骤如下：

1）打开 https：//calculator.amazonaws.cn/ 网页，单击“创建估算”选项。如图 12–26 所示，在“亚马逊云科技”文本框中输入服务名称，或者直接在页面中找到服务，单击“配置”按钮。

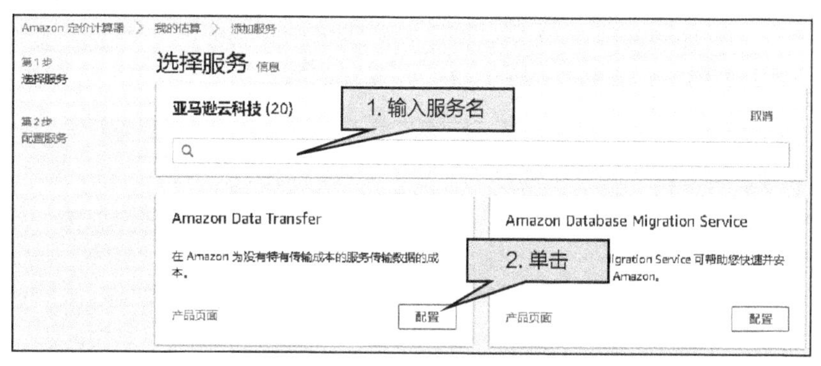

图 12–26　选择服务

2）如图 12–27 所示，根据用户的需要配置实例。随着配置的改变，页面底部的估算价格也会相应变化，如图 12–28 所示。最后单击“添加到我的估算”按钮。

3）图 12–29 所示是已生成的估算。单击“添加服务”按钮，可以添加新的服务估算；单击“添加支持”按钮，可以添加新的支持服务的估算；单击“导出估算”按钮，可以把估算的价格导出到 Excel 表格。

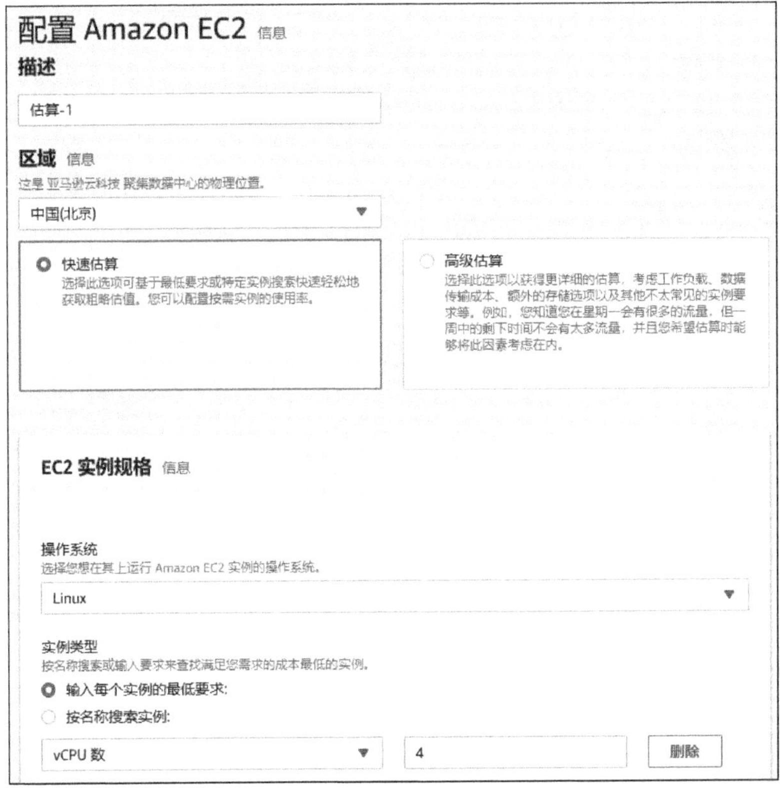

图 12-27　配置实例

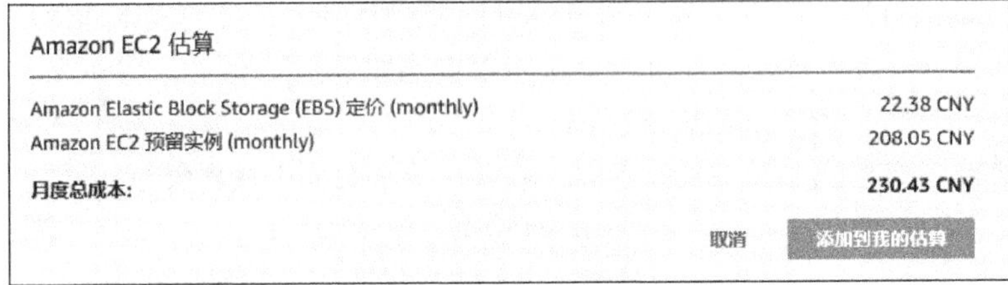

图 12-28　估算的价格

图 12-29　已生成的估算

习题

1. 亚马逊云科技常用的主要收费（定价）模型有哪几种？（　　）

A. 按实际使用量付费　　B. 承诺折扣—预留容量

C. 使用越多，付费越少　　D. 惩罚性收费

2. 关于预留实例，以下描述正确的是哪项？（　　）

A. 购买预留实例，会立即启动和预留实例匹配的实例

B. 如果有持续的 EC2 或者 RDS 实例需要持续运行，则使用预留实例可以大大降低成本

C. 如果没有任何实例和预留实例匹配，那么预留实例仍将收费

D. 购买预留实例需要先取得配额

3. 亚马逊云科技中国（宁夏）区域免费套餐有哪几种不同的类型？（　　）

A. 12 个月免费套餐　　B. 永久免费套餐

C. 免费试用　　D. 3 年免费套餐

4. 计费与成本管理服务（Amazon Billing and Cost Management）可用于哪项？（　　）

A. 查看账单或者支付待支付的账单

B. 分析云服务的成本

C. 当使用量超出设定预算值时发送警报

D. 查看云服务使用情况

5. 操作题：以管理员登录亚马逊云科技控制台，查询本年度里每月的云服务账单。根据所在企业的预算金额创建预算，当使用量达到 80% 预算值时，发送电子邮件提醒。创建“Cost Explorer”报告，详细分析企业云服务的成本与使用情况。

参考文献

[1] DecadeLive. 对象存储 3：对象存储的原理、构造和详解 [EB/OL]. (2020-03-25) [2022-12-27] .https：//blog.csdn.net/DecadeLive/article/details/105094939?utm_medium=distribute.pc_relevant.none-task-blog-2%7Edefault%7EBlogCommendFromBaidu%7Edefault-5.control&dist_request_id=&depth_1-utm_source=distribute.pc_relevant.none-task-blog-2%7Edefault%7EBlogCommendFromBaidu%7Edefault-5.control.

[2] AWS Well-Architected Framework [EB/OL]. (2022-10-20) [2022-12-27] .https：//docs.aws.amazon.com/wellarchitected/latest/framework/welcome.html.